U0961684

传世经典书丛
Eternal Classics

More Effective C++ 中文版

35个改善编程与设计的有效方法

More Effective C++:
35 New Ways to Improve Your Programs and Designs

[美] Scott Meyers 著
侯捷 译

電子工業出版社
Publishing House of Electronics Industry
北京•BEIJING

内 容 简 介

继 *Effective C++*之后，Scott Meyers 于 1996 推出这本“续集”。条款变得比较少，页数倒是多了一些，原因是这次选材比“第一集”更高阶，尤其是第 5 章。Meyers 将此章命名为技术（techniques），并明白告诉你，其中都是一些 patterns，例如 virtual constructors，smart pointers，reference counting，proxy classes，double dispatching……这一章的每个条款篇幅都达 15~30 页之多，实在让人有“山重水复疑无路，柳暗花明又一村”之叹。

虽然出版年代稍嫌久远，但本书并没有第 2 版，原因是当其出版之时（1996），C++ Standard 已经几乎定案，本书即依当时的标准草案而写，其与现今的C++标准规范几乎相同。而且可能变化的几个弹性之处，Meyers也都有所说明与提示。读者可以登录作者提供的网址，看看上下两集的勘误与讨论（数量之多，令人惊恐。幸好多是技术讨论或文字斟酌，并没有什么重大误失）。

Authorized translation from the English language edition, entitled More Effective C++: 35 New Ways to Improve Your Programs and Designs, 1st Edition, 020163371X by Scott Meyers, published by Pearson Education, Inc., publishing as Addison Wesley Professional, Copyright©1996 Pearson Education Inc.

All rights reserved. No part of this book may be reproduced or transmitted in any form or by any means, electronic or mechanical, including photocopying, recording or by any information storage retrieval system, without permission from Pearson Education, Inc.

CHINESE SIMPLIFIED language edition published by PEARSON EDUCATION ASIA LTD., and PUBLISHING HOUSE OF ELECTORNICS INDUSTRY Copyright ©2010

本书简体中文版专有出版权由 Pearson Education 培生教育出版亚洲有限公司授予电子工业出版社。未经出版者预先书面许可，不得以任何方式复制或抄袭本书的任何部分。

本书简体中文版贴有 Pearson Education 培生教育出版集团激光防伪标签，无标签者不得销售。

版权贸易合同登记号　图字：01-2010-7892

图书在版编目（CIP）数据

More Effective C++：35 个改善编程与设计的有效方法/（美）梅耶（Meyers,S.）著；侯捷译. 北京：电子工业出版社，2011.1
（传世经典书丛）
书名原文：More Effective C++:35 New Ways to Improve Your Programs and Designs
ISBN 978-7-121-12570-6

Ⅰ.①M… Ⅱ.①梅… ②侯… Ⅲ.①C 语言－程序设计 Ⅳ.①TP312

中国版本图书馆 CIP 数据核字（2010）第 247371 号

策划编辑：张春雨
责任编辑：付　睿　　李云静
印　　刷：三河市君旺印务有限公司
装　　订：三河市君旺印务有限公司
出版发行：电子工业出版社
　　　　　北京市海淀区万寿路 173 信箱　　　　邮编：100036
开　　本：787×980　　1/16　　印张：21　　字数：500 千字
版　　次：2011 年 1 月第 1 版
印　　次：2023 年 6 月第 35 次印刷
定　　价：89.00 元

凡所购买电子工业出版社图书有缺损问题，请向购买书店调换。若书店售缺，请与本社发行部联系，联系及邮购电话：（010）88254888。

质量投诉请发邮件至 zlts@phei.com.cn，盗版侵权举报请发邮件至 dbqq@phei.com.cn。

服务热线：（010）88258888。

出版说明

悦读上品 得乎益友

孔子云:“取乎其上,得乎其中;取乎其中,得乎其下;取乎其下,则无所得矣”。

对于读书求知而言,这句古训教我们去读好书,最好是好书中的上品——经典书。其中,科技人员要读的技术书,因为直接关乎客观是非与生产效率,阅读选材本更应慎重。然而,随着技术图书品种的日益丰富,发现经典书越来越难,尤其对于涉世尚浅的新读者,更为不易,而他们又往往是最需要阅读、提升的重要群体。

所谓经典书,或说上品,是指选材精良、内容精练、讲述生动、外延丰盈、表现手法体贴入微的读品,它们会成为读者的知识和经验库中的重要组成部分,并且拥有从不断重读中汲取养分的空间。因此,选择阅读上品的问题便成了有效阅读的首要问题。当然,这不只是效率问题,上品促成的既是对某一种技术、思想的真正理解和掌握,同时又是一种感悟或享受,是一种愉悦。

与技术本身类似,经典 IT 技术书多来自国外。深厚的积累、良好的写作氛围,使一批大师为全球技术学习者留下了璀璨的智慧瑰宝。就在那个年代即将远去之时,无须回眸,也能感受到这一部部厚重而深邃的经典著作,在造福无数读者后从未蒙尘的熠熠光辉。而这些凝结众多当今国内技术中坚美妙记忆与绝佳体验的技术图书,虽然尚在国外图书市场上大放异彩,却已逐渐淡出国人的视线。最为遗憾的是,迟迟未有可以填补空缺的新书问世。而无可替代,不正是经典书被奉为圭臬的原因?

为了不让国内读者,尤其是即将步入技术生涯的新一代读者,就此错失这些滋养过先行者们的好书,以出版 IT 精品图书,满足技术人群需求为己任的我们,愿意承担这一使命。本次机遇惠顾了我们,让我们有机会携手权威的 Pearson 公司,精心推出“传世经典书丛”。

在我们眼中,“传世经典”的价值首先在于——既适合喜爱科技图书的读者,也符合专家们挑剔的标准。幸运的是,我们的确找到了这些堪称上品的佳作。丛书带给我们的幸运颇多,细数一下吧。

得以引荐大师著作

有恐思虑不周,我们大量参考了国外权威机构和网站的评选结果,并得到了 Pearson 的专业支持,又进一步对符合标准之图书的国内外口碑与销售情况进行细致分析，也听取了国内技术专家的宝贵建议，才有幸选出对国内读者最富有技术养分的大师上品。

向深邃的技术内涵致敬

中外技术环境存在差异，很多享誉国外的好书未必适用于国内读者；且技术与应用瞬息万变，很容易让人心生迷惘或疲于奔命。本丛书的图书遴选，注重打好思考方法与技术理念的根基，旨在帮助读者修炼内功，提升境界，将技术真正融入个人知识体系，从而可以一通百通，从容面对随时涌现的技术变化。

翻译与评注的双项选择

引进优秀外版著作，将其翻译为中文供国内读者阅读，较为有效与常见。但另有一些外语水平较高、喜好阅读原版的读者，苦于对技术理解不足，不能充分体会原文表述的精妙，需要有人指导与点拨。而一批本土技术精英经过长期经典熏陶及实践锤炼，已足以胜任这一工作。有鉴于此，本丛书在翻译版的同时推出融合英文原著与中文点评、注释的评注版，供不同志趣的读者自由选择。

承蒙国内一流译（注）者的扶持

优秀的英文原著最终转化为真正的上品，尚需跨越翻译鸿沟，外版图书的翻译质量一直屡遭国内读者诟病。评注版的增值与含金量，同样依赖于评注者的高卓才具。好在，本丛书得到了久经考验的权威译（注）者的认可和支持，首肯我们选用其佳作，或亲自参与评注工作。正是他们的参与保证了经典的品质，既再次为我们的选材把关，更提供了一流的中文表述。

期望带给读者良好的阅读体验

一本好书带给人的愉悦不止于知识收获，良好的阅读感受同样不可缺少，且对学业不无助益。为让读者收获与上品相称的体验，我们在图书装帧设计与选材用料上同样不敢轻率，惟愿送到读者手中的除了珠玑章句，还有舒适与熨帖的视觉感受。

所有参与丛书出版的人员，尽管能力有限，却无不心怀严谨之心与完美愿望。如果读者朋友能从潜心阅读这些上品中偶有获益，不啻为对我们工作的最佳褒奖。若有阅读感悟，敬请拨冗告知，以鼓励我们继续在这一道路上贡献绵薄之力。如有不周之处，也请不吝指教。

电子工业出版社博文视点

二〇一〇年十二月

More Effective C++ 的荣耀：

这是一本多方面发人深省的 C++ 书籍：不论在你偶尔用到的语言特性上，或是在你自以为十分熟悉的语言特性上。只有深刻了解 C++ 编译器如何解释你的代码，你才有可能用 C++ 语言写出健壮的软件。本书是协助你获得此等层级的了解过程中，一份极具价值的资源。读过本书之后，我感觉像是浏览了 C++ 编程大师所检阅过的代码，并获得许多极具价值的洞见。

——Fred Wild, Vice President of Technology,
Advantage Software Technologies

本书内含大量重要的技术，这些技术是撰写优良 C++ 程序所不可或缺的。本书解释如何设计和实现这些观念，以及潜伏在其他某些替代方案中的陷阱。本书亦含晚些加入的 C++特性的详细说明。任何人如果想要好好地运用这些新特性，最好买一本并且放在随手可得之处，以备查阅。

——Christopher J. Van Wyk, Professor
Mathematics and Computer Science, Drew University

这是一本具备工业强度的最佳书籍。对于已经阅读过 *Effective C++* 的人，这是完美的续集。

——Eric Nagler, C++ Instructor and Author,
University of California Santa Cruz Extension

More Effective C++ 是一本无微不至且很有价值的书籍，是 Scott 第一本书 *Effective C++* 的续集。我相信每一位专业的 C++ 软件开发人员都应该读过并记忆 *Effective C++* 和 *More Effective C++* 两本书内的各种招式，以及其中重要（而且有时候不可思议）的语言的方方面面。我强烈推荐这两本书给软件开发人员、测试人员、管理人员……，每个人都可以从 Scott 专家级的知识与卓越的表达能力中获益。

——Steve Burkett, Software Consultant

For Clancy,
my favorite enemy within.

献给每一位对 C++/OOP 有所渴望的人

正确的观念 重于一切

– 侯 捷 –

译序

C++ 是一门难学易用的语言！

C++ 的难学，不仅在其广博的语法、语法背后的语义、语义背后的深层思维、深层思维背后的对象模型；C++ 的难学，还在于它提供了 4 种不同（相辅相成）的编程思维模型：procedural-based，object-based，object-oriented，generic paradigm。

世上没有白吃的午餐。又要有效率，又要有弹性，又要前瞻望远，又要回溯相容，又要能治大国，又要能烹小鲜，学习起来当然就不可能太简单。

在如此庞大复杂的机制下，万千使用者前赴后继的动力是：一旦学成，妙用无穷。

C++ 相关书籍之多，车载斗量，如天上繁星，如过江之鲫。广博如四库全书者有之（*The C++ Programming Language*、*C++ Primer*），深奥如重山复水者有之（*The Annotated C++ Reference Manual*, *Inside the C++ Object Model*），细说历史者有之（*The Design and Evolution of C++*, *Ruminations on C++*），独沽一味者有之（*Polymorphism in C++*, *Genericity in C++*），独树一帜者有之（*Design Patterns*, *Large Scale C++ Software Design*, *C++ FAQs*），程序库大全有之（*The C++ Standard Library*），另辟蹊径者有之（*Generic Programming and the STL*），工程经验之累积亦有之（*Effective C++*, *More Effective C++*, *Exceptional C++*）。

这其中，“工程经验之累积”对已具 C++ 相当基础的程序员而言，有着致命的吸引力与立竿见影的帮助。Scott Meyers 的 *Effective C++* 和 *More Effective C++* 是此类佼佼，Herb Sutter 的 *Exceptional C++* 则是后起之秀。

这类书籍的一个共同特色是轻薄短小，并且高密度地纳入作者浸淫于 C++/OOP 领域多年而广泛的经验。它们不但开扩读者的视野，也为读者提供各种

C++/OOP 常见问题或易犯错误的解决模型。某些小范围主题诸如“在 base classes 中使用 virtual destructor”、“令 operator= 传回 *this 的 reference”，可能在百科型 C++ 语言书籍中亦曾概略提过，但此类书籍以深度探索的方式，让我们了解问题背后的成因、最佳的解法，以及其他可能的牵扯。至于大范围主题，例如 smart pointers，reference counting，proxy classes，double dispatching，基本上已属 design patterns 的层级！

这些都是经验的累积和心血的结晶！

我很高兴将以下两本优秀书籍，规划为一个系列，以郑重的形式呈现给您：

1. *Effective C++* 2/e, by Scott Meyers, AW 1998
2. *More Effective C++*, by Scott Meyers, AW 1996

本书不但与英文版页页对译，保留索引，并加上译注、交叉索引[1]、读者服务[2]。

这套书将对于您的程序设计生涯带来重大帮助。翻译这套书籍的过程中，我感觉来自技术体会上的极大快乐。我祈盼（并相信）您在阅读此书时拥有同样的心情。

侯捷 2003/03/07 于台湾新竹

jjhou@jjhou.com

http://www.jjhou.com

[1] *Effective C++* 2/e 和 *More Effective C++* 之中译本，实际上是以 Scott Meyers 的另一个产品 *Effective C++ CD* 为本，不仅数据更新，同时亦将 CD 版中的两书交叉参考保留下来，可为读者带来旁征博引时的莫大帮助。

[2] 欢迎读者对本书所及主题提出讨论，并感谢读者对本书任何失误提出指正。来信请寄 jjhou@jjhou.com。勘误网站：http://www.jjhou.com（繁），http://jjhou.csdn.net（简）

本书保留大量简短易读之英文术语，时而中英并陈。以下用语请读者特别注意：

英文术语	本书译词	英文术语	本书译词
argument	自变量 （i.e. 实参）	instantiated	实例化、具现化
by reference	传址	library	程序库
by value	传值	resolve	决议
dereference	解引（i.e. 解参考）	parameter	参数 （i.e. 形参）
evaluate	评估、核定	type	型别 （i.e. 类型）
instance	实例		

译注：借此版面提醒读者，本书之中如果出现“条款 5”这样的参考指示，指的是本书条款 5；如果出现“条款 **E**5”这样的参考指示，**E** 是指 *Effective C++ 2/e*）

目录

导读

Introduction

对 C++ 程序员而言，日子似乎有点过于急促。虽然只商业化不到 10 年，C++ 却俨然成为几乎所有主要计算环境的系统程序语言霸主。面临程序设计方面极具挑战性问题的公司和个人，不断投入 C++ 的怀抱。而那些尚未使用 C++ 的人，最常被询问的一个问题则是：你打算什么时候开始用 C++。C++ 标准化已经完成，其所附带的标准程序库幅员广大，不仅涵盖 C 函数库，也使之相形见绌。这么一个大型程序库使我们有可能在不必牺牲移植性的情况下，或是在不必从头撰写常用算法和数据结构的情况下，完成琳琅满目的各种复杂程序。C++ 编译器的数量不断增加，它们所供应的语言性质不断扩充，它们所产生的代码质量也不断改善。C++ 开发工具和开发环境愈来愈丰富，威力愈来愈强大，健壮（robust）的程度也愈来愈高。商业化程序库几乎能够满足各个应用领域中的编程需求。

一旦语言进入成熟期，我们对它的使用经验也就愈来愈多，我们所需要的信息也就随之改变了。1990 年人们想知道 C++ 是什么东西。到了 1992 年，他们想知道如何运用它。如今 C++ 程序员问的问题更高级：我如何能够设计出适应未来需求的软件？我如何能够改善代码的效率而不折损正确性和易用性？我如何能够实现语言不能直接支持的精巧功能？

这本书中我要回答这些问题，以及其他许多类似问题。

本书将告诉你如何更具实效地设计并实现 C++ 软件：让它行为更正确，面对异常时更健壮、更有效率、更具移植性，将语言特性发挥得更好，更优雅地调整适应，在“混合语言”开发环境中运作得更好，更容易被正确运用，更不容易被误用。简单地说就是如何让软件更好。

本书内容分为 35 个条款。每个条款都在特定主题上精简摘要出 C++ 程序设计社区所积累的智能。大部分条款以准则的形式呈现，随附的说明则阐述这条准则为什么存在，如果不遵循会发生什么后果，以及什么情况下可以合理违反该准则。

所有条款被我分为数大类。某些条款关心特定的语言性质，特别是你可能少有使用经验的一些新性质。例如条款 9~15 专注于 exceptions（就像 Tom Cargill，Jack Reeves，Herb Sutter 所发表的那些杂志文章一样）。其他条款解释如何结合语言的不同特性以达成更高阶目标。例如条款 25~31 描述如何限制对象的个数或诞生地点，如何根据一个以上的对象类型产生出类似虚函数的东西，如何产生 smart pointers 等。其他条款解决更广泛的题目。条款 16~24 专注于效率上的议题。不论哪一个条款，提供的都是与其主题相关且意义重大的做法。在 *More Effective C++* 一书中你将学习到如何更实效、更精锐地使用 C++。大部分 C++ 教科书中对语言性质的大量描述，只能算是本书的一个背景信息而已。

这种处理方式意味着，你应该在阅读本书之前便熟悉 C++。我假设你已了解 classes（类）、保护层级（protection levels）、虚函数、非虚函数，我也假设你已通晓 templates 和 exceptions 背后的概念。我并不期望你是一位语言专家，所以涉及较罕见的 C++ 特性时，我会进一步解释。

本书所谈的 C++

我在本书所谈、所用的 C++，是 ISO/ANSI 标准委员会于 1997 年 11 月完成的 C++ 国际标准最后草案（Final Draft International Standard）。这暗示了我所使用的某些语言特性可能并不在你的编译器（s）支持能力之列。别担心，我认为对你而言唯一所谓的“新”特性，应该只有 templates，而 templates 如今几乎已是各家编译器的必备功能。我也运用 exceptions，并大量集中于条款 9~15。如果你的编译器（s）未能支持 exceptions，没什么大不了，这并不影响本书其他部分带给你的好处。但是，听我说，即使你不需要用到 exceptions，亦应阅读条款 9~15，因为那些条款（及其相关篇幅）检验了某些不论什么场合下你都应该了解的主题。

我承认，就算标准委员会授意某一语言特性或是赞同某一实务做法，并非就保证该语言特性已出现在目前的编译器上，或该实务做法已可应用于既有的开发环境上。

一旦面对“标准委员会所议之理论”和“真正能够有效运作之实务”间的矛盾，我便将两者都加以讨论，虽然我其实更重视实务。由于两者我都讨论，所以当你的编译器（s）和 C++ 标准不一致时，本书可以协助你，告诉你如何使用目前既有的架构来模拟编译器（s）尚未支持的语言特性。而当你决定将一些原本绕道而行的解决办法以新支持的语言特性取代时，本书亦可引导你。

注意当我说到编译器（s）时，我使用复数。不同的编译器对 C++ 标准的满足程度各不相同，所以我鼓励你在至少两种编译器（s）平台上发展代码。这么做可以帮助你避免不经意地依赖某个编译器专属的语言延伸性质，或是误用某个编译器对标准规格的错误阐释。这也可以帮助你避免使用过度先进的编译器技术，例如，独家厂商才做得出的某种语言新特性。如此特性往往实现得不够精良（臭虫多，要不就表现得迟缓，或是两者兼具），而且 C++ 社区往往对这些特性缺乏使用经验，无法给你应用上的忠告。雷霆万钧之势固然令人兴奋，但当你的目标是要产生可靠的代码，恐怕还是步步为营（并且能够与人合作）的好。

本书用了两个你可能不太熟悉的 C++ 性质，它们都是晚些才加入 C++ 标准之中的。某些编译器支持它们，但如果你的编译器不支持，你可以轻易地用你所熟悉的其他性质来模拟它们。

第一个性质是 `bool` 类型，其值必为关键词 `true` 或 `false`。如果你的编译器尚未支持 `bool`，有两个方法可以模拟它。第一个方法是使用一个 global `enum`：

```
enum bool { false, true };
```

这允许你将参数为 `bool` 或 `int` 的不同函数加以重载（overloading）。缺点是，内建的“比较操作符（comparison operators）”如 `==`，`<`，`>=`，等仍旧返回 `ints`。所以以下代码的行为不如我们所预期：

```
void f(int);
void f(bool);
int x, y;
...
f( x < y );        // 调用 f(int)，但其实它应该调用 f(bool)。
```

一旦你改用真正支持 `bool` 的编译器，这种 enum 近似法可能会造成程序行为的改变。

另一种做法是利用 typedef 来定义 bool，并以常量对象作为 true 和 false：

```
typedef int bool;
const bool false = 0;
const bool true = 1;
```

这种手法与传统的 C/C++ 语义兼容。使用这种仿真法的程序，在移植到一个支持有 bool 类型的编译器平台之后，行为并不会改变。缺点则是无法在函数重载（overloading）时区分 bool 和 int。以上两种近似法都有道理，请选择最适合你的一种。

第二个新性质，其实是 4 个转型操作符：static_cast，const_cast，dynamic_cast 和 reinterpret_cast。如果你不熟悉这些转型操作符，请翻到条款 2 仔细阅读其中内容。它们不只比它们所取代的 C 旧式转型做得更多，也更好。书中任何时候当我需要执行转型动作，我都使用新式的转型操作符。

C++ 拥有比语言本身更丰富的东西。是的，C++ 还有一个伟大的标准程序库（见条款 E49）。我尽可能使用标准程序库所提供的 string 类型来取代 char* 指针，而且我也鼓励你这么做。string objects 并不比 char*-based 字符串难操作，它们的好处是可以免除你大部分的内存管理工作。而且如果发生 exception 的话（见条款 9 和 10），string objects 比较不会出现 memory leaks（内存泄漏）问题。实现良好的 string 类型甚至可和对应的 char* 比赛效率，而且可能会赢（条款 29 会告诉你其中的故事）。如果你不打算使用标准的 string 类型，你当然会使用类似 string 的其他 classes，是吧？是的，用它，因为任何东西都比直接使用 char* 来得好。

我将尽可能使用标准程序库提供的数据结构。这些数据结构来自 Standard Template Library（“STL”——见条款 35）。STL 包含 bitsets，vectors，lists，queues，stacks，maps，sets，以及更多东西，你应该尽量使用这些标准化的数据结构，不要情不自禁地想写一个自己的版本。你的编译器或许没有附带 STL 给你，但不要因为这样就不使用它。感谢 Silicon Graphics 公司的热心，你可以从 SGI STL 网站下载一份免费产品，它可以和多种编译器配合使用。

如果你目前正在使用一个内含各种算法和数据结构的程序库，而且用得相当愉快，那么就没必要只为了“标准”两个字而改用 STL。然而如果你在“使用 STL”和“自行撰写同等功能的代码”之间可以选择，你应该让自己倾向使用 STL。记得代码的复用性吗？STL（以及标准程序库的其他组件）之中有许多代码是十分值得重复运用的。

惯例与术语

任何时候如果我谈到 inheritance（继承），我的意思是 public inheritance（见条款 E35）。如果我不是指 public inheritance，我会明确地指出。绘制继承体系图时，我对 base-derived 关系的描述方式，是从 derived classes 往 base classes 画箭头。例如，下面是条款 31 的一张继承体系图。

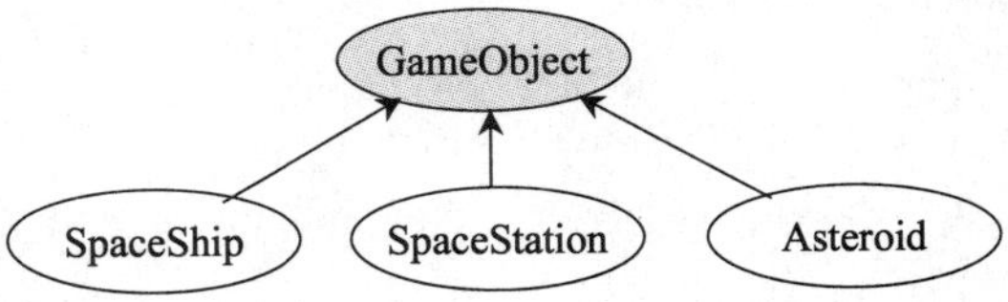

这样的表现方式和我在 *Effective C++* 第一版（注意，不是第二版）所采用的习惯不同。现在我决定使用这种最被广泛接受的箭头画法：从 derived classes 画往 base classes，而且我很高兴事情终能归于一统。此类示意图中，抽象类（abstract classes，例如上图的 `GameObject`）被我加上阴影而具体类（concrete classes，例如上图的 `SpaceShip`）未加阴影。

Inheritance（继承）机制会引发“pointers（或 references）拥有两个不同的类型”的议题，两个类型分别是静态类型（static type）和动态类型（dynamic type）。Pointer 或 reference 的“静态类型”是指其声明时的类型，“动态类型”则由它们实际所指的对象来决定。下面是根据上图所写的一个例子：

```
GameObject *pgo =                  // pgo 的静态类型是 GameObject*,
  new SpaceShip;                   // 动态类型是 SpaceShip*。
Asteroid *pa = new Asteroid;       // pa 的静态类型是 Asteroid*,
                                   // 动态类型也是 Asteroid*。
pgo = pa;                          //pgo 的静态类型仍然（永远）是 GameObject*,
                                   // 至于其动态类型如今是 Asteroid*。
```

```
GameObject& rgo = *pa;          // rgo 的静态类型是 GameObject，
                                // 动态类型是 Asteroid。
```

这些例子也示范了我喜欢的一种命名方式。pgo 是一个 pointer-to-GameObject；pa 是一个 pointer-to-Asteroid；rgo 是一个 reference-to-GameObject。我常常以此方式来为 pointer 和 reference 命名。

我很喜欢两个参数名称：lhs 和 rhs，它们分别是"left-hand side"和"right-hand side"的缩写。为了了解这些名称背后的基本原理，请考虑一个用来表示分数（rational numbers）的 class：

```
class Rational { ... };
```

如果我想要一个"用来比较两个 Rational objects"的函数，我可能会这样声明：

```
bool operator==(const Rational& lhs, const Rational& rhs);
```

这使我得以写出这样的代码：

```
Rational r1, r2;
...
if (r1 == r2) ...
```

在调用 operator== 的过程中，r1 位于"=="左侧，被绑定于 lhs，r2 位于"=="右侧，被绑定于 rhs。

我使用的其他缩写名称还包括：ctor 代表"constructor"，dtor 代表"destructor"，RTTI 代表 C++ 对 runtime type identification 的支持（在此性质中，dynamic_cast 是最常被使用的一个组件）。

当你分配内存而没有释放它，你就有了 memory leak（内存泄漏）问题。Memory leaks 在 C 和 C++ 中都有，但是在 C++ 中，memory leaks 所泄漏的还不只是内存，因为 C++ 会在对象被产生时，自动调用 constructors，而 constructors 本身可能亦配有资源（resources）。举个例子，考虑以下代码：

```
class Widget { ... };           // 某个 class——它是什么并不重要。
Widget *pw = new Widget;        // 动态分配一个 Widget 对象。
...                             // 假设 pw 一直未被删除（deleted）。
```

这段代码会泄漏内存，因为 pw 所指的 Widget 对象从未被删除。如果 Widget constructor 分配了其他资源（例如 file descriptors，semaphores，window handles，

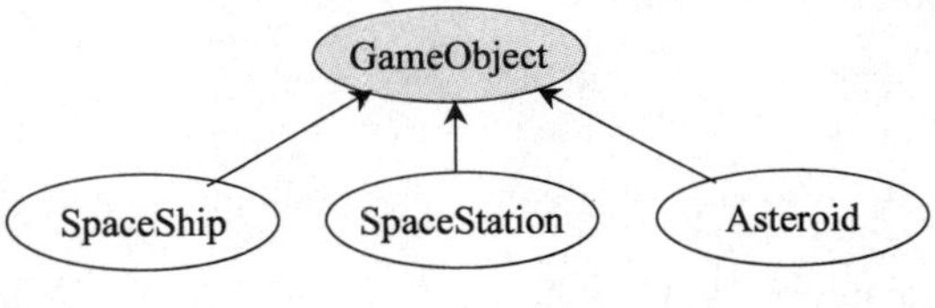

database locks），这些资源原本应该在 `Widget` 对象被销毁时释放，而现在也像内存一样都泄漏掉了。为了强调在 C++ 中 memory leaks 往往也会泄漏其他资源，我在书中常以 resource leaks 一词取代 memory leaks。

你不会在本书中看到许多 inline 函数。并不是我不喜欢 inlining，事实上我相信 inline 函数是 C++ 的一项重要性质。然而决定一个函数是否应被 inlined，条件十分复杂、敏感，而且与平台有关（见条款 E33）。所以我尽量避免 inlining，除非其中有个关键点非使用 inlining 不可。当你在本书中看到一个 non-inline 函数，并不意味我认为把它声明为 `inline` 是个坏主意，而只是说，它"是否为 inline"与当时讨论的主题无关。

有一些传统的 C++ 性质已明确地被标准委员会排除。这样的性质被列于语言的最后撤除名单，因为新性质已经加入，取代那些传统性质的原本工作，而且做得更好。这本书中我会找出被撤除的性质，并说明其取代者。你应该避免使用被撤除的性质，但是过度在意倒也不必，因为编译器厂商为了挽留其客户，会尽力保存向下兼容性，所以那些被撤除的性质大约还会存活好多年。

所谓 **client**，是指你所写代码的客户。或许是某些人（程序员），或许是某些物（classes 或 functions）。举个例子，如果你写了一个 `Date` class（用来表现生日、最后期限、耶稣再次降临日等），任何使用了这个 class 的人，便是你的 client。任何一段使用了 `Date` class 的代码，也是你的 clients。Clients 是重要的，事实上 clients 是游戏的主角。如果没有人使用你写的软件，你又何必写它呢？你会发现我很在意如何让 clients 更轻松，通常这会导致你的行事更困难，因为好的软件"以客为尊"。如果你讥笑我太过滥情，不妨反躬自省一下。你曾经使用过自己写的 classes 或 functions 吗？如果是，你就是你自己的 client，所以让 clients 更轻松，其实就是让自己更轻松，利人利己。

当我讨论 class templates 或 function templates，以及由它们所产生出来的 classes 或 functions 时，请容我保留偷懒的权利，不一一写出 templates 和其 instantiations（实例）之间的差异。举个例子，如果 `Array` 是个 class template，有个类型参数 `T`，我可能会以 `Array` 代表此 template 的某个特定实例（instantiation）——虽然其实

Array<T> 才是正式的 class 名称。同样道理，如果 swap 是个 function template，有个类型参数 T，我可能会以 swap 而非 swap<T> 表示其实例。如果这样的简短表示法在当时情况下不够清楚，我便会在表示 template 实例时加上 template 参数。

臭虫报告，意见提供，内容更新

我尽力让这本书技术精准、可读性高，而且有用，但是我知道一定仍有改善空间。如果你发现任何错误——技术性的、语言上的、错别字，或任何其他问题——请告诉我，我会试着在本书重印时修正。如果你是第一位告诉我的人，我会很高兴将你的大名记录到本书致谢文（acknowledgments）内。如果你有改善建议，我也非常欢迎。

我将继续收集 C++ 程序设计的实效准则。如果你有任何这方面的想法并愿意与我分享，我会十分高兴。请将你的建议、你的见解、你的批评，以及你的臭虫报告，寄至：

```
Scott Meyers
c/o Editor-in-Chief, Corporate and Professional Publishing
Addison-Wesley Publishing Company
1 Jacob Way
Reading, MA 01867
U. S. A.
```

或者你也可以发送电子邮件到 mec++@awl.com。

我整理了一份本书第一次印刷以来的修订记录，其中包括错误修正、文字修润，以及技术更新。你可以从本书网站取得这份记录及与本书相关的其他信息。你也可以通过 anonymous FTP，从 ftp.awl.com 的 cp/mec++ 目录中取得它。如果你希望拥有这份数据，但又无法上网，请寄申请函到上述地址，我会邮寄一份给你。

这篇序文够长的了，让我们开始正题吧。

基础议题

Basics

基础议题。是的，pointers（指针）、references（引用）、casts（类型转换）、arrays（数组）、constructors（构造函数）——再没有比这些更基础的议题了。几乎最简单的 C++ 程序也会用到其中大部分特性，而许多程序会用到上述所有特性。

尽管你可能已经十分熟悉语言的这一部分，但有时候它们还是会令你吃惊。特别是对那些从 C 转战到 C++ 的程序员，因为 references，dynamic casts，default constructors 及其他 non-C 性质背后的观念，往往带有一股黝黯阴郁的色彩。

这一章描述 pointers 和 references 的差异，并告诉你它们的适当使用时机。本章介绍新的 C++ 转型（casts）语法，并解释为什么新式转型法比旧式的 C 转型法优越。本章也检验了 C 的数组概念及 C++ 的多态（polymorphism）概念，并说明为什么将这两者混用是不智之举。最后，本章讨论 default constructors（默认构造函数）的正方和反方意见，并提出一些建议做法，让你回避语言的束缚（因为在你不需要 default constructors 的情况下，C++ 也会给你一个）。

只要留心下面各条款的各项忠告，你将向着一个很好的目标迈进：你所编写的软件可以清楚而正确地表现出你的设计意图。

条款 1：仔细区别 pointers 和 references

Pointers 和 references 看起来很不一样（pointers 使用“*”和“->”操作符，references 则使用“.”），但它们似乎做类似的事情。不论 pointers 或是 references 都使你得间接参考其他对象。那么，何时使用哪一个？你心中可有一把尺？

首先你必须认知一点，没有所谓的 null reference。一个 reference 必须总代表某个对象。所以如果你有一个变量，其目的是用来指向（代表）另一个对象，但是也有可能它不指向（代表）任何对象，那么你应该使用 pointer，因为你可以将 pointer 设为 null。换个角度看，如果这个变量总是必须代表一个对象，也就是说如果你的设计并不允许这个变量为 null，那么你应该使用 reference。

“但是等等”你说，“下面这样的东西，底层意义是什么呢？”

```
char *pc = 0;          // 将 pointer 设定为 null。
char& rc = *pc;        // 让 reference 代表 null pointer 的解引值。
```

哦，这是有害的行为，其结果不可预期（C++ 对此没有定义），编译器可以产生任何可能的输出，而写出这种代码的人，应该与大众隔离，直到他们允诺不再有类似行为。如果你在你的软件中还需担心这类事情，我建议你还是完全不要使用 references 的好，要不就是另请一个比较高明的程序员来负责这类事情。从现在起，我们将永远不再考虑“reference 成为 null”的可能性。

由于 reference 一定得代表某个对象，C++ 因此要求 references 必须有初值：

```
string& rs;                // 错误！references 必须被初始化。
string s("xyzzy");
string& rs = s;            // 没问题，rs 指向 s。
```

但是 pointers 就没有这样的限制：

```
string *ps;             // 未初始化的指针，有效，但风险高。
```

“没有所谓的 null reference”这个事实意味使用 references 可能会比使用 pointers 更富效率。这是因为使用 reference 之前不需要测试其有效性：

```
void printDouble(const double& rd)
{
    cout << rd;      // 不需要测试 rd，它一定代表某个 double。
}
```

如果使用 pointers，通常就得测试它是否为 null：

```
void printDouble(const double *pd)
{
  if (pd) {        // 检查是否为 null pointer。
    cout << *pd;
  }
}
```

Pointers 和 references 之间的另一个重要差异就是，pointers 可以被重新赋值，指向另一个对象，reference 却总是指向（代表）它最初获得的那个对象：

```
string s1("Nancy");
string s2("Clancy");

string& rs = s1;          // rs 代表 s1。
string *ps = &s1;         // ps 指向 s1。
rs = s2;                  // rs 仍然代表 s1，
                          // 但是 s1 的值现在变成了“Clancy”。
ps = &s2;                 // ps 现在指向 s2，
                          // s1 没有变化。
```

一般而言，当你需要考虑“不指向任何对象”的可能性时，或是考虑“在不同时间指向不同对象”的能力时，你就应该采用 pointer。前一种情况你可以将 pointer 设为 null，后一种情况你可以改变 pointer 所指对象。而当你确定“总是会代表某个对象”，而且“一旦代表了该对象就不能够再改变”，那么你应该选用 reference。

还有其他情况也需要使用 reference，例如当你实现某些操作符的时候。最常见的例子就是 `operator[]`。这个操作符很特别地必须返回某种“能够被当做 assignment 赋值对象”的东西：

```
vector<int> v(10);    // 产生一个 int vector，大小为 10。
                      // vector 是 C++ 标准程序库（见条款 35）
                      // 提供的一个 template。
v[5] = 10;            // assignment 的赋值对象是 operator[] 的返回值。
```

如果 `operator[]` 返回 pointer，上述最后一个语句就必须写成这样子：

```
*v[5] = 10;
```

但这使 `v` 看起来好像是个以指针形成的 `vector`，事实上它不是。为了这个因素，你应该总是令 `operator[]` 返回一个 reference。条款 30 有一个例外，十分有趣。

因此，让我做下结论：当你知道你需要指向某个东西，而且绝不会改变指向其他东西，或是当你实现一个操作符而其语法需求无法由 pointers 达成，你就应该选择 references。任何其他时候，请采用 pointers。

条款 2：最好使用 C++ 转型操作符

想想低阶转型动作。它几乎像 goto 一样被视为程序设计上的“贱民”。尽管如此，它却仍能够苟延残喘，因为当某种情况愈来愈糟，转型可能是必要的。是的，当某种情况愈来愈糟，转型是必要的！

不过，旧式的 C 转型方式并非是唯一选择。它几乎允许你将任何类型转换为任何其他类型，这是十分拙劣的。如果每次转型都能够更精确地指明意图，则更好。举个例子，将一个 pointer-to-const-object 转型为一个 pointer-to-non-const-object（也就是说只改变对象的常量性），和将一个 pointer-to-base-class-object 转型为一个 pointer-to-derived-class-object（也就是完全改变了一个对象的类型），其间有很大的差异。传统的 C 转型动作对此并无区分（这应该不会造成你的惊讶，因为 C 式转型是为 C 设计的，不是为了 C++）。

旧式转型的第二个问题是它们难以辨识。旧式转型的语法结构是由一对小括号加上一个对象名称（标识符）组成，而小括号和对象名称在 C++ 的任何地方都有可能被使用。因此，我们简直无法回答最基本的转型相关问题“这个程序中有使用任何转型动作吗？”。因为人们很可能对转型动作视而不见，而诸如 grep 之类的工具又无法区分语法上极类似的一些非转型写法。

为解决 C 旧式转型的缺点，C++ 导入 4 个新的转型操作符（cast operators）：static_cast，const_cast，dynamic_cast 和 reinterpret_cast。对大部分使用目的而言，面对这些操作符你唯一需要知道的便是，过去习惯的写码形式：

```
(type) expression
```

现在应该改为这样：

```
static_cast<type>(expression)
```

举个例子，假设你想要将一个 int 转型为一个 double，以强迫一个整数表达式导出一个浮点数值来。采用 C 旧式转型，可以这么做：

```
int firstNumber, secondNumber;
...
double result = ((double)firstNumber)/secondNumber;
```

如果采用新的 C++ 转型法，应该这么写：

```
double result = static_cast<double>(firstNumber)/secondNumber;
```

这种形式十分容易被辨识出来，不论是对人类或是对工具程序而言。

static_cast 基本上拥有与 C 旧式转型相同的威力与意义，以及相同的限制。例如，你不能够利用 static_cast 将一个 struct 转型为 int，或将一个 double 转型为 pointer；这些都是 C 旧式转型动作原本就不可以完成的任务。static_cast 甚至不能够移除表达式的常量性（constness），因为有一个新式转型操作符 const_cast 专司此职。

其他新式 C++ 转型操作符适用于更集中（范围更狭窄）的目的。const_cast 用来改变表达式中的常量性（constness）或变易性（volatileness）。使用 const_cast，便是对人类（以及编译器）强调，通过这个转型操作符，你唯一打算改变的是某物的常量性或变易性。这项意愿将由编译器贯彻执行。如果你将 const_cast 应用于上述以外的用途，那么转型动作会被拒绝。下面是个例子：

```
class Widget { ... };
class SpecialWidget: public Widget { ... };
void update(SpecialWidget *psw);
SpecialWidget sw;                // sw 是个 non-const 对象，
const SpecialWidget& csw = sw;   // csw 却是一个代表 sw 的 reference，
                                 // 并视之为一个 const 对象。

update(&csw);          // 错误！不能将 const SpecialWidget*
                       // 传给一个需要 SpecialWidget* 的函数。

update(const_cast<SpecialWidget*>(&csw));
                       // 可！&csw 的常量性被去除了。也因此，
                       // csw（亦即 sw）在此函数中可被更改。

update((SpecialWidget*)&csw);
                       // 情况同上，但使用的是较难辨识
                       // 的 C 旧式转型语法。

Widget *pw = new SpecialWidget;
update(pw);            // 错误！pw 的类型是 Widget*，但
                       // update() 需要的却是 SpecialWidget*。

update(const_cast<SpecialWidget*>(pw));
                       // 错误！const_cast 只能用来影响
                       // 常量性或变易性，无法进行继承体系
                       // 的向下转型（cast down）动作。
```

显然，const_cast 最常见的用途就是将某个对象的常量性去除掉。

第二个特殊化的转型操作符是 dynamic_cast，用来执行继承体系中“安全的向下转型或跨系转型动作”。也就是说你可以利用 dynamic_cast，将“指向 base class objects 的 pointers 或 references”转型为“指向 derived（或 sibling base）class objects 的 pointers 或 references”，并得知转型是否成功[1]。如果转型失败，会以一个 null 指针（当转型对象是指针）或一个 exception（当转型对象是 reference）表现出来：

```
Widget *pw;
...
update(dynamic_cast<SpecialWidget*>(pw));
                          // 很好，传给 update() 一个指针，指向
                          // pw 所指的 SpecialWidget——如果 pw
                          // 真的指向这样的东西；否则传过去的
                          // 将是一个 null 指针。
void updateViaRef(SpecialWidget& rsw);
updateViaRef(dynamic_cast<SpecialWidget&>(*pw));
                          // 很好，传给 updateViaRef() 的是
                          // pw 所指的 SpecialWidget——如果
                          // pw 真的指向这样的东西；否则
                          // 抛出一个 exception。
```

dynamic_cast 只能用来协助你巡航于继承体系之中。它无法应用在缺乏虚函数（请看条款 24）的类型身上，也不能改变类型的常量性（constness）：

```
int firstNumber, secondNumber;
...
double result =
dynamic_cast<double>(firstNumber)/secondNumber;
                          // 错误！未涉及继承机制。
const SpecialWidget sw;
...
update(dynamic_cast<SpecialWidget*>(&sw));
                          // 错误！dynamic_cast 不能改变常量性。
```

如果你想为一个不涉及继承机制的类型执行转型动作，可使用 static_cast；要改变常量性（constness），则必须使用 const_cast。

最后一个转型操作符是 reinterpret_cast。这个操作符的转换结果几乎总是与编译平台息息相关。所以 reinterpret_casts 不具移植性。

---

1 dynamic_cast 的第二个（与第一个不相干）用途是找出被某对象占用的内存的起始点。我将在条款 27 解释这项能力。

reinterpret_cast 的最常用用途是转换“函数指针”类型。假设有一个数组，存储的都是函数指针，有特定的类型：

```
typedef void (*FuncPtr)();      // FuncPtr 是个指针，指向某个函数。
                                // 后者无须任何自变量，返回值为 void。
FuncPtr funcPtrArray[10];       // funcPtrArray 是个数组，
                                // 内有 10 个 FuncPtrs。
```

假设由于某种原因，你希望将以下函数的一个指针放进 funcPtrArray 中：

```
int doSomething();
```

如果没有转型，不可能办到这一点，因为 doSomething 的类型与 funcPtrArray 所能接受的不同。funcPtrArray 内各函数指针所指函数的返回值是 void，但 doSomething 的返回值却是 int：

```
funcPtrArray[0] = &doSomething;     // 错误！类型不符。
```

使用 reinterpret_cast，可以强迫编译器了解你的意图。

```
funcPtrArray[0] =                   // 这样便可通过编译。
  reinterpret_cast<FuncPtr>(&doSomething);
```

函数指针的转型动作，并不具移植性（C++ 不保证所有的函数指针都能以此方式重新呈现），某些情况下这样的转型可能会导致不正确的结果（见条款 31），所以你应该尽量避免将函数指针转型，除非你已走投无路，像是被逼到墙角，而且有一把刀子抵住你的喉咙。一把锐利的刀子，非常锐利的刀子。

如果你的编译器尚未支持这些新式转型动作，你可以使用传统转型方式来取代 static_cast，const_cast 和 reinterpret_cast。甚至可以利用宏（macros）来仿真这些新语法。

```
#define static_cast(TYPE,EXPR)      ((TYPE)(EXPR))
#define const_cast(TYPE,EXPR)       ((TYPE)(EXPR))
#define reinterpret_cast(TYPE,EXPR) ((TYPE)(EXPR))
```

上述新语法的使用方式如下：

```
double result = static_cast(double, firstNumber)/secondNumber;
update(const_cast(SpecialWidget*, &sw));
funcPtrArray[0] = reinterpret_cast(FuncPtr, &doSomething);
```

这些近似法当然不像其本尊那么安全，但如果你现在就使用它们，一旦你的编译器开始支持新式转型，程序升级的过程便可简化。

至于 dynamic_cast，没有什么简单方法可以模拟其行为，不过许多程序库提供了一些函数，用来执行继承体系下的安全转型动作。如果你手上没有这些函数，而却必须执行这类转型，你也可以回头使用旧式的 C 转型语法，但它们不可能告诉你转型是否成功。当然，你也可以定义一个宏，看起来像 dynamic_cast，就像你为其他转型操作符所做的那样：

```
#define dynamic_cast(TYPE,EXPR)     ((TYPE)(EXPR))
```

这个近似法并非执行真正的 dynamic_cast，所以它无法告诉你转型是否成功。

我知道，我知道，这些新式转型操作符看起来又臭又长。如果你实在看它们不顺眼，值得安慰的是 C 旧式转型语法仍然可继续使用。然而这么一来也就丧失了新式转型操作符所提供的严谨意义与易辨识度。如果你在程序中使用新式转型法，比较容易被解析（不论是对人类还是对工具而言），编译器也因此得以诊断转型错误（那是旧式转型法侦测不到的）。这些都是促使我们舍弃 C 旧式转型语法的重要因素。至于可能的第三个因素是：让转型动作既丑陋又不易键入（typing），或许未尝不是件好事。

条款 3：绝对不要以多态（polymorphically）方式处理数组

继承（inheritance）的最重要性质之一就是：你可以通过"指向 base class objects"的 pointers 或 references，来操作 derived class objects。如此的 pointers 和 references，我们说其行为是多态的（polymorphically）——犹如它们有多重类型似的。C++ 也允许你通过 base class 的 pointers 和 references 来操作"derived class objects 所形成的数组"。但这一点也不值得沾沾自喜，因为它几乎绝不会如你所预期般地运作。

举个例子，假设你有一个 class BST（意思是 binary search tree）及一个继承自 BST 的 class BalancedBST：

```
class BST { ... };
class BalancedBST: public BST { ... };
```

在一个真正具规模的程序中，这样的 classes 可能会被设计为 templates，不过这不是此处重点；如果加上 template 各种语法，反而使程序更难阅读。针对目前的讨论，我假设 BST 和 BalancedBST 都只内含 ints。

现在考虑有个函数，用来打印 BSTs 数组中的每一个 BST 的内容：

```
void printBSTArray(ostream& s, const BST array[], int numElements)
{
  for (int i = 0; i < numElements; ++i) {
    s << array[i];                // 假设 BST objects 有一个
  }                               // operator<< 可用。
}
```

当你将一个由 BST 对象组成的数组传给此函数，没问题：

```
BST BSTArray[10];
...
printBSTArray(cout, BSTArray, 10);          // 运行良好。
```

然而如果你将一个 BalancedBST 对象所组成的数组交给 printBSTArray 函数，会发生什么事：

```
BalancedBST bBSTArray[10];
...
printBSTArray(cout, bBSTArray, 10);         // 可以正常运行吗？
```

你的编译器会毫无怨言地接受它，但是看看这个循环（就是稍早出现的那一个）。

```
for (int i = 0; i < numElements; ++i) {
  s << array[i];
}
```

array[i] 其实是一个“指针算术表达式”的简写：它代表的其实是 *(array+i)。我们知道，array 是个指针，指向数组起始处。array 所指内存和 array+i 所指内存两者相距多远？答案是 i*sizeof(数组中的对象)，因为 array[0] 和 array[i] 之间有 i 个对象。为了让编译器所产生的代码能够正确走访整个数组，编译器必须有能力决定数组中的对象大小。很容易呀，参数 array 不是被声明为“类型为 BST”的数组吗？所以数组中的每个元素必然都是 BST 对象，所以 array 和 array+i 之间的距离一定是 i*sizeof(BST)。

至少你的编译器是这么想的。但如果你交给 printBSTArray 函数一个由 BalancedBST 对象组成的数组，你的编译器就会被误导。这种情况下它仍假设数组中每一元素的大小是 BST 的大小，但其实每一元素的大小是 BalancedBST 的大小。由于 derived classes 通常比其 base classes 有更多的 data members，所以 derived class objects 通常都比其 base class objects 来得大。因此，我们可以合理地预期一个 BalancedBST object 比一个 BST object 大。如果是这样，编译器为 printBSTArray 函数所产生的指针算术表达式，对于 BalancedBST objects 所组成的数组而言就是错误的。至于会发生什么结果，不可预期。无论如何，结果不会令人愉快。

如果你尝试通过一个 base class 指针，删除一个由 derived class objects 组成的数组，那么上述问题还会以另一种不同面貌出现。下面是你可能做出的错误尝试：

```
// 删除一个数组，但是首先记录一个有关此删除动作的消息。
void deleteArray(ostream& logStream, BST array[])
{
  logStream << "Deleting array at address "
            << static_cast<void*>(array) << '\n';
  delete [] array;
}

BalancedBST *balTreeArray =         // 产生一个 BalancedBST 数组。
  new BalancedBST[50];
...
deleteArray(cout, balTreeArray);    // 记录此删除动作。
```

虽然你没有看到，但其中一样有“指针算术表达式”的存在。是的，当数组被删除，数组中每一个元素的 destructor 都必须被调用（见条款 8），所以当编译器看到这样的句子：

```
delete [] array;
```

必须产生出类似这样的代码：

```
// 将 *array 中的对象以其构造顺序的相反顺序加以析构。
for (int i = the number of elements in the array - 1; i >= 0; --i)
{
  array[i].BST::~BST();         // 调用 array[i] 的 destructor。
}
```

如果你这么写，便是一个行为错误的循环。编译器如果产生类似代码，当然同样是个行为错误的循环。C++语言规范中说，通过 base class 指针删除一个由 derived classes objects 构成的数组，其结果未定义。我们知道所谓“未定义”的意思就是：执行之后会产生苦恼。简单地说，多态（polymorphism）和指针算术不能混用。数组对象几乎总是会涉及指针的算术运算，所以数组和多态不要混用。

注意，如果你避免让一个具体类（如本例之 BalancedBST）继承自另一个具体类（如本例之 `BST`），你就不太能够犯“以多态方式来处理数组”的错误。如条款 33 所说，设计你的软件使“具体类不要继承自另一个具体类”，可以带来许多好处。我鼓励你翻开条款 33，好好看看完整内容。

条款 4：非必要不提供 default constructor

所谓 default constructor（也就是说不给任何自变量就可调用者）是 C++ 一种“无中生有”的方式。Constructors 用来将对象初始化，所以 default constructors 的意思是在没有任何外来信息的情况将对象初始化。有时候可以想象，例如，数值之类的对象，可以被合理地初始化为 0 或一个无意义值。其他诸如指针之类的对象（条款 28）亦可被合理地初始化为 null 或无意义值。数据结构如 linked lists，hash tables，maps 等，可被初始化为空容器。

但是并非所有对象都落入这样的分类。有许多对象，如果没有外来信息，就没办法执行一个完全的初始化动作。例如，一个用来表现通信簿字段的 class，如果没有获得外界指定的人名，产生出来的对象将毫无意义。在某些公司，所有仪器设备都必须贴上一个识别号码。为这种用途（用以模拟出仪器设备）而产生的对象，如果其中没有供应适当的 ID 号码，将毫无意义。

在一个完美的世界中，凡可以“合理地从无到有生成对象”的 classes，都应该内含 default constructors，而“必须有某些外来信息才能生成对象”的 classes，则不必拥有 default constructors。但我们的世界毕竟不是完美的世界，所以我们必须纳入其他考虑。更明确地说，如果 class 缺乏一个 default constructor，当你使用这个 class 时便会有某些限制。

考虑下面这个针对公司仪器而设计的 class，在其中，仪器识别码是一定得有的一个 constructor 自变量：

```
class EquipmentPiece {
public:
  EquipmentPiece(int IDNumber);
  ...
};
```

由于 `EquipmentPiece` 缺乏 default constructor，其运行可能在 3 种情况下出

现问题。第一个情况是在产生数组的时候。一般而言没有任何方法可以为数组中的对象指定 constructor 自变量，所以几乎不可能产生一个由 EquipmentPiece objects 构成的数组：

```
EquipmentPiece bestPieces[10]; // 错误！无法调用EquipmentPiece ctors。

EquipmentPiece *bestPieces =
  new EquipmentPiece[10];     // 错误！另有一些问题。
```

有 3 个方法可以侧面解决这个束缚。第一个方法是使用 non-heap 数组，于是便能够在定义数组时提供必要的自变量：

```
int ID1, ID2, ID3, ..., ID10;     // 变量，用来放置仪器识别代码。
...
EquipmentPiece bestPieces[] = {    // 很好，ctor 获得了必要的自变量。
  EquipmentPiece(ID1),
  EquipmentPiece(ID2),
  EquipmentPiece(ID3),
  ...,
  EquipmentPiece(ID10)
};
```

不幸的是此法无法延伸至 heap 数组。

更一般化的做法是使用“指针数组”而非“对象数组”：

```
typedef EquipmentPiece* PEP;     // PEP 是个指向 EquipmentPiece 的指针。

PEP bestPieces[10];              // 很好，不需要调用 ctor。
PEP *bestPieces = new PEP[10]; // 也很好。
```

数组中的各指针可用来指向一个个不同的 EquipmentPiece object：

```
for (int i = 0; i < 10; ++i)
  bestPieces[i] = new EquipmentPiece( ID Number );
```

此法有两个缺点。第一，你必须记得将此数组所指的所有对象删除。如果你忘了，就会出现 resource leak（资源泄漏）问题；第二，你需要的内存总量比较大，因为你需要一些空间用来放置指针，还需要一些空间用来放置 EquipmentPiece objects。

“过度使用内存”这个问题可以避免，方法是先为此数组分配 raw memory，然后使用“placement new”（见条款 8）在这块内存上构造 EquipmentPiece objects。

```
// 分配足够的 raw memory，给一个预备容纳 10 个 EquipmentPiece
// objects 的数组使用。条款 8 对于 operator new[] 有详细说明。
void *rawMemory =
  operator new[](10*sizeof(EquipmentPiece));

// 让 bestPieces 指向此块内存，使这块内存
// 被视为一个 EquipmentPiece 数组。
EquipmentPiece *bestPieces =
  static_cast<EquipmentPiece*>(rawMemory);

// 利用“placement new”（见条款 8）构造这块
// 内存中的 EquipmentPiece objects。
for (int i = 0; i < 10; ++i)
  new (&bestPieces[i]) EquipmentPiece( ID Number );
```

注意，你还是必须供给 constructor 一个自变量，作为每个 `EquipmentPiece` objects 的初值。这项技术（以及“由指针构成数组”的主意）允许你在“缺乏 default constructor”的情况下仍能产生对象数组；但并不意味你可以因此回避供给 constructor 自变量。噢，那是不可能的。如果可能，constructors 的目标便受到了严厉的挫败，因为 constructors 保证对象会被初始化。

placement `new` 的缺点是，大部分程序员不怎么熟悉它，维护起来比较困难。此外，你还得在数组内的对象结束生命时，以手动方式调用其 destructors，最后还得以调用 `operator delete[]`（见条款 8）的方式释放 raw memory：

```
// 将 bestPieces 中的各个对象，以其构造顺序的相反顺序析构掉。
for (int i = 9; i >= 0; --i)
  bestPieces[i].~EquipmentPiece();

// 释放 raw memory。
operator delete[](rawMemory);
```

如果你对 `rawMemory` 采用一般的数组删除语法，程序行为将不可预期。因为，删除一个不以 `new` operator 获得的指针，其结果没有定义：

```
delete [] bestPieces;        // 没有定义！因为 bestPieces
                             // 并非来自 new operator。
```

关于 `new` operator 和 placement `new`，以及它们如何与 constructors 和 destructors 互动，细节请见条款 8。

Classes 如果缺乏 default constructors，带来的第二个缺点是：它们将不适用于许多 template-based container classes。对那些 templates 而言，被实例化（*instantiated*）的“目标类型”必须得有一个 default constructors。这是一个普遍的共同需求，因为在那些 templates 内几乎总是会产生一个以“template 类型参数”作为类型而架构起来的数组。例如，一个为 `Array` class 而写的 template 可能看起来像这样：

```
template<class T>
class Array {
public:
  Array(int size);
  ...
private:
  T *data;
};

template<class T>
Array<T>::Array(int size)
{
  data = new T[size];     // 数组中的每个元素都调用 T::T()。
  ...
}
```

大部分情况下，如果谨慎设计 template，可以消除对 default constructor 的需求。例如，标准的 `vector` template（会产生出行为类似“可扩展数组”的各种 classes），就不要求其类型参数拥有一个 default constructor。不幸的是许多 templates 的设计什么都有，独缺谨慎。因此缺乏 default constructors 的 classes 将不兼容于许多（不够严谨的）templates。当 C++ 程序员学到更多的 template 设计技术与观念后，这个问题的重要性应该会降低。至于这一天什么时候才会到来，嗯，每个人猜测的都不一样。

到底“要还是不要”提供一个 default constructor 呢？就像哈姆雷特的难题一样，to be or not to be？在进退维谷的情况下，最后一个考虑点和 virtual base classes（见条款 E43）有关。Virtual base classes 如果缺乏 default constructors，与之合作将是一种刑罚。因为 virtual base class constructors 的自变量必须由欲产生的对象的派生层次最深（所谓 most derived）的 class 提供。于是，一个缺乏 default constructor 的 virtual base class，要求其所有的 derived classes——不论距离多么遥远——都必须知道、了解其意义，并且提供 virtual base class 的 constructors 自变量。derived classes 的设计者既不期望也不欣赏这样的要求。

由于“缺乏 default constructors”带来诸多束缚，有些人便认为所有 classes 都应该提供 default constructors——甚至即使其 default constructor 没有足够信息将对象做完整的初始化。依照这样的哲学，`EquipmentPiece` 可能会被修改如下：

```
class EquipmentPiece {
public:
  EquipmentPiece(int IDNumber = UNSPECIFIED);
  ...
private:
  static const int UNSPECIFIED;    // 一个魔术数字，
                                   // 意味没有被指定 ID 值。
};
```

这就允许 `EquipmentPiece` objects 被这样产生出来：

```
EquipmentPiece e;                  // 现在，这样可行。
```

这几乎总是会造成 class 内的其他 member functions 变得复杂，因为这便不再保证一个 `EquipmentPiece` object 的所有字段都是富有意义的初值。如果“一个无 ID 值的 `EquipmentPiece` object”竟然是可以生存的，大部分 member functions 便必须检查 ID 是否存在，否则就会出现大问题。通常，这部分的实现策略并不明朗，许多编译器选择的解决办法是：什么都不做，仅提供便利性，它们抛出一个 exception，或是调用某函数将程序结束掉。这样的事情一旦发生，我们实在很难认为软件的整体质量会因为“为一个不需要 default constructor 的 class 画蛇添足地加上一个 default constructor”而获得提升。

添加无意义的 default constructors，也会影响 classes 的效率。如果 member functions 必须测试字段是否真被初始化了，其调用者便必须为测试行为付出时间代价，并为测试代码付出空间代价，因为可执行文件和程序库都变大了。万一测试结果为否定，对应的处理程序又需要一些空间代价。如果 class constructors 可以确保对象的所有字段都会被正确地初始化，上述所有成本便都可以免除。如果 default constructors 无法提供这种保证，那么最好避免让 default constructors 出现。虽然这可能会对 classes 的使用方式带来某种限制，但同时也带来一种保证：当你真的使用了这样的 classes，你可以预期它们所产生的对象会被完全地初始化，实现上亦富有效率。

操作符

Operators

“可加以重载的操作符（overloadable operators）”，啊哈，你一定爱死它了。它让你所定义的类型有着和 C++ 内建类型一样的语法，允许你在“操作符背后的支撑函数”内放置威力强大的手段，那是内建类型不可能有的待遇。当然，“可让诸如‘+’和‘==’符号做任何事情”这个事实，也意味你可能利用重载操作符写出一些令人难以理解的程序。成熟的 C++ 程序员知道如何驾驭操作符重载的强大威力，不落入令人费解的沉沦中。

可叹的是，稍有不慎，便向下沉沦。单自变量 constructors 及隐式类型转换操作符尤其麻烦，因为它们可以在没有任何外在迹象的情况下被调用。这可能会导致程序行为难以理解。另一类问题会在你将诸如 `&&` 和 `||` 等操作符重载之后发生，因为从“内建操作符”移转到“用户定制函数”所导致的各种语义敏感变化，很容易被忽略。最后，许多操作符和其他操作符之间有某种标准关系，但“操作符重载（operators overloading）”这个能力却使这种标准关系有被破坏的可能。

以下各个条款，我把焦点放在“重载操作符”被调用的时机、被调用的方法、它们的行为、它们应该如何与其他操作符产生关系，以及你如何夺取“重载操作符”的控制权。有了本章带给你的信息，你就可以像专家一样地将“重载操作符”玩弄于股掌之间了。

条款 5：对定制的“类型转换函数”保持警觉

C++ 允许编译器在不同类型之间执行隐式转换（implicit conversions）。继承了 C 的伟大传统，这个语言允许默默地将 `char` 转换为 `int`，将 `short` 转换为 `double`。这便是为什么你可以将一个 `short` 交给一个“期望获得 `double`”的函数而仍能成功的原因。C++ 还存在更令人害怕的转型（我指的是可能遗失信息的那种），包括将 int 转换为 short，以及将 double（或其他东西）转换为 char。

你对这类转型无能为力，因为它们是语言提供的。然而当你自己的类型登场，你便有了更多的控制能力，因为你可以选择是否提供某些函数，供编译器拿来作为隐式类型转换之用。

两种函数允许编译器执行这样的转换：单自变量 constructors 和隐式类型转换操作符。所谓单自变量 constructors 是指能够以单一自变量成功调用的 constructors。如此的 constructor 可能声明拥有单一参数，也可能声明拥有多个参数，并且除了第一参数之外都有默认值。下面是两个例子：

```
class Name {
public:
 Name(const string& s);            // 可以把 string 转换为 Name。
  ...
};

class Rational {
public:
 Rational(int numerator = 0,       // 可以把 int 转换为 Rational。
          int denominator = 1);
  ...
};
```

所谓隐式类型转换操作符，是一个拥有奇怪名称的 member function：关键词 operator 之后加上一个类型名称。你不能为此函数指定返回值类型，因为其返回值类型基本上已经表现于函数名称上。例如，为了让 Rational objects 能够被隐式转换为 doubles（这对掺杂有 Rational objects 的混合型算术运算可能有用），你可能定义 class Rational 如下：

```
class Rational {
public:
  ...
 operator double() const;     // 将 Rational 转换为 double。
};
```

这个函数会在以下情况被自动调用：

```
Rational r(1, 2);             // r 的值是 1/2。
double d = 0.5 * r;           // 将 r 转换为 double,
                              // 然后执行乘法运算。
```

或许这一切对你而言都只是复习。那很好，因为我真正要解释的是，为什么最好不要提供任何类型转换函数。

根本问题在于，在你从未打算也未预期的情况下，此类函数可能会被调用，而其结果可能是不正确、不直观的程序行为，很难调试。

让我们先处理隐式类型转换操作符，因为它比较容易掌握。假设你有一个 class 用来表现分数（rational numbers）。你希望像内建类型一样地输出 `Rational` objects 内容。也就是说你希望能够这么做：

```
Rational r(1, 2);
cout << r;                          // 应该输出“1/2”。
```

更进一步假设你忘了为 `Rational` 写一个 `operator<<`，那么你或许会认为上述打印动作不会成功，因为没有适当的 `operator<<` 可以调用。但是你错了。你的编译器面对上述动作，发现不存在任何 `operator<<` 可以接受一个 `Rational`，但它会想尽各种办法（包括找出一系列可接受的隐式类型转换）让函数调用动作成功。“可被接受的转换程序”定义十分复杂，但本例中你的编译器发现，只要调用 `Rational::operator double`，将 `r` 隐式转换为 `double`，调用动作便能成功。于是上述代码将 `r` 以浮点数而非分数的形式输出。这虽然不至于造成灾难，却显示了隐式类型转换操作符的缺点：它们的出现可能导致错误（非预期）的函数被调用。

解决办法就是以功能对等的另一个函数取代类型转换操作符。为了允许将 `Rational` 转换为 `double`，不妨以一个名为 `asDouble` 的函数取代 `operator double`：

```
class Rational {
public:
  ...
  double asDouble() const;          // 将 Rational 转换为 double。
};
```

如此的 member function 必须被明确调用：

```
Rational r(1, 2);
cout << r;                          // 错误！Rationals 没有 operator<<。
cout << r.asDouble();               // 可！以 double 的形式输出 r。
```

大部分时候，“必须明白调用类型转换函数”虽然带来些许不便，却可因为“不再默默调用那些其实并不打算调用的函数”而获得弥补。一般而言，愈有经验的 C++ 程序员愈可能避免使用类型转换操作符。C++ 标准委员会中隶属标准程序库（见条款 E49 和条款 35）小组的那些成员，应该算是最有经验的 C++ 程序员了吧，这或许便是为什么标准程序库的 `string` 类型并未含有“从 `string` object 至 C-style `char*` 的隐式转换函数”的原因。他们提供的办法是用一个显式的 member function `c_str` 来执行上述转换行为。巧合吗？我想不是。

通过单自变量 constructors 完成的隐式转换，较难消除。此外，这些函数造成的问题在许多方面比隐式类型转换操作符的情况更不好对付。

举个例子，考虑一个针对数组结构而写的 class template。这些数组允许用户指定索引值的上限和下限：

```
template<class T>
class Array {
public:
  Array(int lowBound, int highBound);
  Array(int size);

  T& operator[](int index);
  ...
};
```

上述 class 的第一个 constructor 允许 clients 指定某个范围的数组索引，例如 10~20。身为一个双自变量 constructor，此函数没有资格成为类型转换函数。第二个 constructor 允许用户只指定数组的元素个数，便可定义出 `Array` objects（这很类似内建数组）。它可以被用来作为一个类型转换函数，结果导致无尽苦恼。

例如，考虑一个用来对 `Array<int>` 对象进行比较动作的函数，以及一小段代码：

```
bool operator==( const Array<int>& lhs,
                 const Array<int>& rhs);
```

```
Array<int> a(10);
Array<int> b(10);
...
for (int i = 0; i < 10; ++i)
  if (a == b[i]) {         // 哎哟！“a”应该是“a[i]”才对。
    do something for when
    a[i] and b[i] are equal;
  }
  else {
    do something for when they're not;
  }
```

我试图将 a 的每一个元素拿来和 b 的对应元素比较，但是当我键入 a 时却意外地遗漏了下标（方括号）语法。我当然希望我的编译器发挥挑错功能，将它挑出来，但它却一声也不吭。因为它看到的是一个 operator== 函数调用，夹带着类型为 Array<int> 的自变量 a 和类型为 int 的自变量 b[i]，虽然没有这样的 operator== 函数可被调用，我的编译器却注意到，只要调用 Array<int> constructor（需一个 int 作为自变量），它就可以将 int 转为 Array<int> object。于是它便放手去做，因而产生类似这样的代码：

```
for (int i = 0; i < 10; ++i)
  if (a == static_cast< Array<int> >(b[i]))   ...
```

于是，循环的每一次迭代都拿 a 的内容来和一个大小为 b[i] 的临时数组（其内容想必未定义）做比较。此种行为不仅不令人满意，而且非常没有效率。因为每次走过这个循环，我们都必须产生和销毁一个临时的 Array<int> object（见条款 19）。

只要不声明隐式类型转换操作符，便可将它所带来的害处避免。但是单自变量 constructors 却不那么容易去除，毕竟你可能真的需要提供一个单自变量 constructors 给你的客户使用。与此同时，你也可能希望阻止编译器不分青红皂白地调用这样的 constructors。幸运的是有一种（事实上是两种）做法可以两者兼顾：一个是简易法，另一个可在你的编译器不支持简易法的情况下使用。

简易法是最新使用的 C++ 特性：关键词 explicit。这个特性之所以被导入，就是为了解决隐式类型转换带来的问题。其用法十分直接易懂，只要将 constructors 声明为 explicit，编译器便不能因隐式类型转换的需要而调用它们。不过显式类型转换仍是允许的：

```
template<class T>
class Array {
public:
  ...
  explicit Array(int size);          // 注意，使用“explicit”。
  ...
};

Array<int> a(10);                    // 没问题，explicit ctors 可以
                                     // 像往常一样地作为对象构造之用。

Array<int> b(10);                    // 也没问题。

if (a == b[i]) ...                   // 错误！无法将 int 隐式转换
                                     // 为 Array<int>。

if (a == Array<int>(b[i])) ...       // 没问题，将 int 转换为
                                     // Array<int> 是一种显式行为，
                                     // （不过此行逻辑让人怀疑）。

if (a == static_cast< Array<int> >(b[i])) ...
                                          // 一样地没问题，
                                          // 一样地让人怀疑。

if (a == (Array<int>)b[i]) ...            // C 旧式转型也没问题，
                                          // 但此行逻辑依旧令人质疑。
```

上述使用 static_cast（见条款 2）的那一行中，两个“>”字符之间的空格是有必要的。如果上述那行写成这样：

```
if (a == static_cast<Array<int>>(b[i])) ...
```

它就有了不同的意义，因为 C++ 编译器将“>>”视为单一的词元（token）。所以如果没有在“>”字符之间加上一个（一些）空格，上行语句会发生语法错误。

如果你的编译器尚不支持关键词 explicit，你就只得走回头路，通过以下做法阻止单自变量 constructors 成为隐式类型转换函数。

稍早我曾说过，关于“哪些隐式类型转换程序是合法的，哪些不是”，其间有着复杂的游戏规则。其中一条规则是：没有任何一个转换程序（sequence of conversions）可以内含一个以上的“用户定制转换行为（亦即单自变量 constructor 或隐式类型转换操作符）”。为了适当架构起你的 classes，你可以利用这项规则，让你希望拥有的“对象构造行为”合法化，并让你不希望允许的隐式构造非法化。

让我们再次考虑 Array template。你需要一种方法，不但允许以一个整数作为 constructor 自变量来指定数组大小，又能阻止一个整数被隐式转换为一个临时性 Array 对象。于是你首先产生一个新的 class，名为 ArraySize。此型对象只有一个目的：用来表现即将被产生的数组的大小。然后你修改 Array 的单自变量 constructor，让它接收一个 ArraySize 对象，而非一个 int。代码如下：

```
template<class T>
class Array {
public:

 class ArraySize {                // 这个 class 是新加入的。
 public:
   ArraySize(int numElements): theSize(numElements) {}
   int size() const { return theSize; }

 private:
   int theSize;
 };

  Array(int lowBound, int highBound);
  Array(ArraySize size);          // 注意这个新的声明。
  ...
};
```

在这里，把 ArraySize 嵌套放进 Array 内，强调一个事实：它永远与 Array 搭配使用。我们也把 ArraySize 放在 Array 的 public 区，使任何人都能够使用它。好极了！

现在考虑当我们通过 Array 的“单自变量 constructor”定义一个对象时，会发生什么事：

```
Array<int> a(10);
```

你的编译器被要求调用 Array<int> class 中的一个自变量为 int 的 constructor，但其实并不存在这样的 constructor。编译器知道它能够将 int 自变量转换为一个临时的 ArraySize 对象，而该对象正是 Array<int> constructor 需要的，所以编译器便依其所好执行了这样的转换。于是函数调用（以及随附的对象构造行为）得以成功。

“以一个 int 自变量构造起一个 Array 对象”这个事实依然可靠有效，但是除非“你希望避免的类型转换动作”确实被阻止，否则那也算不上是什么好消息。是的，它们的确是被阻止了。再次考虑这段代码：

```
bool operator==(const Array<int>& lhs,
                const Array<int>& rhs);
Array<int> a(10);
Array<int> b(10);
...
for (int i = 0; i < 10; ++i)
  if (a == b[i]) ...             // 哎哟！“a”应该是“a[i]”，
                                 // 如今这形成了一个错误。
```

编译器需要一个类型为 `Array<int>` 的对象在“==”的右手边，得以针对 `Array<int>` 对象调用 `operator==`，但是此刻并没有“单一自变量，类型为 `int`”这样的 constructor。此外，编译器不能考虑将 `int` 转换为一个临时性的 `ArraySize` 对象，然后再根据这个临时对象产生必要的 `Array<int>` 对象，因为那将调用两个用户定制转换行为，一个将 `int` 转换为 `ArraySize`，另一个将 `ArraySize` 转换为 `Array<int>`。如此的转换程序是禁止的，所以编译器对以上代码发出错误消息。

本例对 `ArraySize` class 的运用，或许看起来像是特殊安排的情况，但它其实是更一般化技术的一个特别实例。类似 `ArraySize` 这样的 classes，往往被称为 proxy classes，因为它的每一个对象都是为了其他对象而存在的，好像其他对象的代理人（proxy）一般。`ArraySize` 对象只是“用来指定 `Array` 大小”的整数替身而已。Proxy objects 让你得以超越外观形式（本例为隐式类型转换），进而控制你的软件行为，是很值得学习的一项技术。如何学习？条款 30 便是一个开始。

然而在你进入 proxy classes 主题之前，请再温习一下本条款的功课。是的，允许编译器执行隐式类型转换，害处将多过好处。所以不要提供转换函数，除非你确定你需要它们。

条款 6：区别 increment/decrement 操作符的前置（prefix）和后置（postfix）形式

很久很久以前（大约 20 世纪 80 年代后期），在一个遥远的语言（我是指当时的 C++）中，没有什么办法可以区分++和—操作符的前置式（prefix）和后置式（postfix）。

但程序员毕竟是程序员，他们动不动就对此情况发个牢骚，于是 C++ 决定扩充，允许 ++ 和 -- 操作符的两种形式（前置式与后置式）拥有重载能力。

这时候出现了一个语法上的问题：重载函数是以其参数类型来区分彼此的，然而不论 increment 或 decrement 操作符的前置式或后置式，都没有参数。为了填平这个语言学上的漏洞，只好让后置式有一个 int 自变量，并且在它被调用时，编译器默默地为该 int 指定一个 0 值：

```
class UPInt {                          // "unlimited precision int"
public:
  UPInt& operator++();                 // 前置式（prefix）++。
  const UPInt operator++(int);         // 后置式（postfix）++。

  UPInt& operator--();                 // 前置式（prefix）--。
  const UPInt operator--(int);         // 后置式（postfix）--。

  UPInt& operator+=(int);              // +=操作符，结合 UPInts和 ints。
  ...
};

UPInt i;

++i;                          // 调用 i.operator++();
i++;                          // 调用 i.operator++(0);

--i;                          // 调用 i.operator--();
i--;                          // 调用 i.operator--(0);
```

这样的规则或许有点怪异，但你很快就会习惯。重要的是，那些操作符的前置式和后置式返回不同的类型，前置式返回一个 reference，后置式返回一个 const 对象。以下我集中讨论 ++ 操作符的前置式和后置式，至于 -- 操作符，故事一样。

从 C 的时代回忆起，你或许还记得所谓 increment 操作符的前置式意义“increment and fetch”（累加然后取出），后置式意义“fetch and increment”（取出然后累加)。这两个词组值得记下来，因为它们几乎成为前置式和后置式 increment 操作符应该如何实现的正式规范：

```
// 前置式：累加然后取出（increment and fetch）。
UPInt& UPInt::operator++()
{
  *this += 1;                    // 累加（increment）。
  return *this;                  // 取出（fetch）。
}
```

```
// 后置式：取出然后累加（fetch and increment）。
const UPInt UPInt::operator++(int)
{
  UPInt oldValue = *this;      // 取出（fetch）。
  ++(*this);                   // 累加（increment）。
  return oldValue;             // 返回先前被取出的值。
}
```

请注意后置式操作符并未动用其参数。是的，其参数的唯一目的只是为了区别前置式和后置式而已。如果你在函数体内没有使用函数的命名参数，许多编译器会对此发出警告（见条款 E48），可能会让你觉得烦。为了避免这类警告，一种常见的策略就是故意略去你不打算使用的参数的名称，这正是以上代码实行的策略。

为什么后置式 increment 操作符必须返回一个对象（代表旧值），原因很清楚。但为什么是个 const 对象呢？想象一下，如果不这样，以下动作是合法的：

```
UPInt i;
i++++;      // 实施“后置式 increment 操作符”两次。
```

这和以下动作相同：

```
i.operator++(0).operator++(0);
```

这就拨云见日了：operator++ 的第二个调用动作施行于第一个调用动作的返回对象身上。

两个理由使我们不欢迎这样的情况。第一，它和内建类型的行为不一致。设计 classes 的一条无上宝典就是：一旦有疑虑，试看 ints 行为如何并遵循之。我们知道，ints 并不允许连续两次使用后置式 increment 操作符：

```
int i;
i++++;     // 错误！    （译注：++++i 则合法）
```

第二个理由是，即使能够两次施行后置式 increment 操作符，其行为也非你所预期。一如上述所示，第二个 operator++ 所改变的对象是第一个 operator++ 返回的对象，而不是原对象。因此即使下式合法：

```
i++++;
```

i 也只被累加一次而已。这是违反直觉的，也容易引起混淆（不论是对 ints 或 UPInts），所以最好的办法就是禁止它合法化。

C++ 针对 ints 禁止了上述行为，而你则必须针对你所设计的 classes 自行动手加以禁止。最简单的做法就是让后置式 increment 操作符返回一个 const 对象。于是当编译器看到：

```
i++++;    // 视同 i.operator++(0).operator++(0);
```

它便认知到，第一次调用 operator++ 所返回的 const 对象，将被用来进行 operator++ 的第二次调用。然而 operator++ 是个 non-const member function，所以 const 对象（亦即本例的后置式 operator++ 返回值）无法调用之。但是，不执行这项限制的编译器也时有所闻。如果你赖此性质撰写程序，请先测试你的编译器以确定它有正确的行为。如果你曾困惑“令函数返回 const 对象是否合理”，现在你知道了：有时候的确需要如此，后置式 increment 和 decrement 操作符就是个例子（其他例子请见条款 E21）。

如果你很担心效率问题，当你初次看到后置式 increment 函数，或许会头冒冷汗。该函数必须产生一个临时对象，作为返回值之用（见条款 19）。上述实现码也的确产生了一个明显的临时对象（oldValue），需要构造也需要析构。前置式 increment 函数就没有如此的临时对象。这导致一个令人吃惊的结论，单以效率因素而言，UPInt 的用户应该喜欢前置式 increment 多过喜欢后置式 increment，除非他们真的需要后置式 increment 的行为。让我们把话说清楚，处理用户定制类型时，应该尽可能使用前置式 increment，因为它天生体质较佳。

现在让我们对 increment 操作符的前置式和后置式做更进一步观察。除了返回值之外，它们做相同的事情：将某值累加。那么，你如何确定后置式 increment 的行为与前置式 increment 的行为一致？你如何保证它们的实现码不会因时间而分道扬镳？说不定不同的程序员对它们分别做了不同的维护与强化。除非遵照上述代码所表现的设计原则，否则你将毫无保障。那个原则是：后置式 increment 和 decrement 操作符的实现应以其前置式兄弟为基础。如此一来你就只需维护前置式版本，因为后置式版本会自动调整为一致的行为。

如你所见，掌握 increment 和 decrement 操作符的前置式和后置式是很容易的。一旦你知道它们应该返回什么类型，以及后置式操作符应以前置式操作符为实现基础，就几乎没有什么更高阶的知识需要学习了。

条款 7：千万不要重载&&，||和，操作符

和 C 一样，C++ 对于“真假值表达式”采用所谓的“骤死式”评估方式。意思是一旦该表达式的真假值确定，即使表达式中还有部分尚未检验，整个评估工作仍告结束。举个例子，在下面情况中：

```
char *p;
...
if ((p != 0) && (strlen(p) > 10)) ...
```

你无须担心调用 strlen 时 p 是否为 null 指针，因为如果“p 是否为 0”的测试结果是否定的，strlen 就绝不会被调用。同样道理，以下代码：

```
int rangeCheck(int index)
{
  if ((index < lowerBound) || (index > upperBound)) ...
  ...
}
```

如果 index 小于 lowerBound，它就绝不会被拿来和 upperBound 比较。

这是 C/C++ 社区中人尽皆知的一个行为，其年代已经古老得不复记忆。这是他们预期而毫不犹豫的行为。甚至他们所写的程序必须依赖这种“骤死式”评估方式才能表现出正确行为。例如，上一段代码所依持的一个重要事实是，如果 p 是个 null 指针，strlen 就不会被调用，因为对 C++ standard（以及 C standard）来说，对一个 null 指针调用 strlen，结果不可预期。

C++ 允许你为“用户定制类型”量身定做 && 和 || 操作符。做法是对 operator&& 和 operator|| 两函数进行重载工作。你可以在 global scope 或是在每个 class 内做这件事儿。然而如果你决定运用这个机会，你必须知道，你正从根本层面改变整个游戏规则，因为从此“函数调用 语义”会取代“骤死式 语义”，也就是说，如果你将 operator&& 重载，下面这个式子：

```
if (expression1 && expression2) ...
```

会被编译器视为以下两者之一：

```
if (expression1.operator&&(expression2)) ...
    // 假设 operator&& 是个 member function。
```

```
if (operator&&(expression1, expression2)) ...
      // 假设 operator&& 是个全局函数。
```

这看起来没什么大不了，但是“函数调用”语义和所谓的“骤死式”语义有两个重大的区别。第一，当函数调用动作被执行，所有参数值都必须评估完成，所以当我们调用 operator&& 和 operator|| 时，两个参数都已评估完成。换句话说没有什么骤死式语义。第二，C++ 语言规范并未明确定义函数调用动作中各参数的评估顺序，所以没办法知道 expression1 和 expression2 哪个会先被评估。这与骤死式评估法形成一个明确的对比，后者总是由左向右评估其自变量。

所以，如果你将 && 或 || 重载，就没有办法提供程序员预期（甚至依赖）的某种行为模式。所以请不要重载 && 或 ||。

逗号（,）操作符的情况类似，但是在探究它之前，我要先暂停一下，让你调匀你那乱掉了的呼吸：“逗号操作符？哦？有所谓的逗号操作符吗？”是的，有！

逗号操作符用来构成表达式，你应该已经在 for 循环的更新区（update part）见过此物。举个例子，以下函数以 Kernighan 和 Ritchie 合著的经典作品 *The C Programming Language* 第二版（Prentice-Hall，1988）为本：

```
// 将字符串 s 的字符顺序颠倒。
void reverse(char s[])
{
  for (int i = 0, j = strlen(s)-1;
        i < j;
        ++i, --j)           // 啊哈，用到了逗号操作符！
  {
    int c = s[i];
    s[i] = s[j];
    s[j] = c;
  }
}
```

在这里，for 循环的最后一个成分中，i 被累加而 j 被递减。这里很适合使用逗号操作符，因为 for 循环的最后一个成分必须是个表达式（expression）；如果用个别语句（statements）来改变 i 和 j 的值，是不合法的。

C++ 有一些规则用来定义 `&&` 和 `||` 面对内建类型的行为，C++ 同样也有一些规则用来定义逗号操作符面对内建类型的行为。表达式如果内含逗号，那么逗号左侧会先被评估，然后逗号的右侧再被评估；最后，整个逗号表达式的结果以逗号右侧的值为代表。所以面对上述循环的最后一个成分，编译器首先评估 `++i`，然后是`--j`，而整个逗号表达式的结果是 `--j` 的返回值。

或许你会奇怪为什么你需要知道这些。是的，你需要知道，因为如果你打算撰写自己的逗号操作符，就必须模仿这样的行为。不幸的是，你无法执行这些必要的模仿。

如果你把操作符写成一个 non-member function，你绝对无法保证左侧表达式一定比右侧表达式更早被评估，因为两个表达式都被当做函数调用时的自变量，传递给该操作符函数，而你无法控制一个函数的自变量评估顺序。所以 non-member 做法不可行。

唯一剩下的可能是将操作符写成一个 member function。但即便如此你仍然不能保证逗号操作符的左操作数会先被评估，因为编译器并不强迫做这样的事情。因此你无法“不但将逗号操作符重载，并保证其行为像它应该有的那样”。所以不要轻率地将它重载。

你或许会疑惑，重载的疯狂行为到底有没有底线？毕竟，如果可以将逗号操作符重载，还有什么是你不能重载的呢？事实证明有底线存在。你不能够重载以下操作符：

```
.              .*             ::            ?:
new            delete         sizeof        typeid
static_cast    dynamic_cast   const_cast    reinterpret_cast
```

你可以重载的操作符有：

```
operator new                operator delete
operator new[]              operator delete[]
+     -     *     /     %     ^     &     |     ~
!     =     <     >     +=    -=    *=    /=    %=
^=    &=    |=    <<    >>    >>=   <<=   ==    !=
<=    >=    &&    ||    ++    --    ,     ->*   ->
()    []
```

（关于 `new` 和 `delete` operators，以及 `operator new`，`operator delete`，`operator new[]` 和 `operator delete[]`，请参考条款 8）

当然啦，只因为可以重载这些操作符，就毫无理由地去进行，是没有道理的。操作符重载的目的是要让程序更容易被阅读、被撰写、被理解，不是为了向别人夸耀你知道“逗号其实是个操作符”。如果你没有什么好理由将某个操作符重载，就不要去做。面对&&，||和,，实在难有什么好理由，因为不管你多么努力，就是无法令其行为像它们应有的行为一样。

条款 8：了解各种不同意义的 new 和 delete

有时候我们觉得，C++ 的术语仿佛是要故意让人难以理解似的。这里就有一个例子：请说明 new operator 和 operator new 之间的差异（译注：本书所说的 new operator，即某些 C++ 教程如 *C++ Primer* 所谓的 new expression）。

当你写出这样的代码：

```
string *ps = new string("Memory Management");
```

你所使用的 new 是所谓的 new operator。这个操作符是由语言内建的，就像 sizeof 那样，不能被改变意义，总是做相同的事情。它的动作分为两方面。第一，它分配足够的内存，用来放置某类型的对象。以上例而言，它分配足够放置一个 string 对象的内存。第二，它调用一个 constructor，为刚才分配的内存中的那个对象设定初值。new operator 总是做这两件事，无论如何你不能够改变其行为。

你能够改变的是用来容纳对象的那块内存的分配行为。new operator 调用某个函数，执行必要的内存分配动作，你可以重写或重载那个函数，改变其行为。这个函数的名称叫做 operator new。头昏了吗？真的，我说的是真的。

函数 operator new 通常声明如下：

```
void * operator new(size_t size);
```

其返回值类型是 void*。此函数返回一个指针，指向一块原始的、未设初值的内存（如果你喜欢，可以写一个新版的 operator new，在其返回内存指针之前先将那块内存设定初值。只不过这种行为颇为罕见就是了）。函数中的 size_t 参数表示需要分配多少内存。你可以将 operator new 重载，加上额外的参数，但第一参数的类型必须总是 size_t（如何撰写 operator new，相关信息请参考条款 E8~E10）。

或许你从未想到要直接调用 operator new，但如果你要，你可以像调用任何其他函数一样地调用它：

```
void *rawMemory = operator new(sizeof(string));
```

这里的 operator new 将返回指针，指向一块足够容纳一个 string 对象的内存。

和 malloc 一样，operator new 的唯一任务就是分配内存。它不知道什么是 constructors，operator new 只负责内存分配。取得 operator new 返回的内存并将之转换为一个对象，是 new **operator** 的责任。当你的编译器看到这样一个句子：

```
string *ps = new string("Memory Management");
```

它必须产生一些代码，或多或少会反映以下行为（见条款 E8 和条款 E10，以及我发表于 *C/C++ Users Journal*, April 1998 的文章《Counting Objects in C++》中的方块内容）：

```
void *memory =                          // 取得原始内存（raw memory）。
  operator new(sizeof(string));         // 用来放置一个 string 对象。
call string::string("Memory Management")   // 将内存中的对象初始化。
on *memory;
string *ps =                            // 让 ps 指向新完成的对象。
  static_cast<string*>(memory);
```

注意上述第二步骤涉及“调用一个 constructor”，身为程序员的你没有权力这么做。然而你的编译器百无禁忌，可以为所欲为。这就是为什么如果你想要做出一个 heap-based object，一定得使用 new **operator** 的原因：你无法直接调用“对象初始化所必需的 constructor”（尤其它可能得为重要成分 vtbl 设定初值，见条款 24）。

Placement new

有时候你真的会想直接调用一个 constructor。针对一个已存在的对象调用其 constructor 并无意义，因为 constructors 用来将对象初始化，而对象只能被初始化一次。但是偶尔你会有一些分配好的原始内存，你需要在上面构建对象。有一个特殊版本的 operator new，称为 **placement** new，允许你那么做。

下面示范如何使用 placement new：

```
class Widget {
public:
  Widget(int widgetSize);
  ...
};

Widget * constructWidgetInBuffer(void *buffer, int widgetSize)
{
 return new (buffer) Widget(widgetSize);
}
```

此函数返回指针，指向一个 Widget object，它被构造于传递给此函数的一块内存缓冲区上。当程序运行到 shared memory 或 memory-mapped I/O，这类函数可能是有用的，因为在那样的运用中，对象必须置于特定地址，或是置于以特殊函数分配出来的内存上（条款 4 列有 placement new 的另一个运用实例）。

在 constructWidgetInBuffer 函数内部，唯一一个表达式是：

```
new (buffer) Widget(widgetSize)
```

乍见之下有点奇怪，其实不足为奇，这只是 new operator 的用法之一，其中指定一个额外自变量（buffer）作为 new operator “隐式调用 operator new”时所用。于是，被调用的 operator new 除了接受“一定得有的 size_t 自变量”之外，还接受了一个 void* 参数，指向一块内存，准备用来接受构造好的对象。这样的 operator new 就是所谓的 placement new，看起来像这样：

```
void * operator new(size_t, void *location)
{
  return location;
}
```

似乎比你预期得更简单，但这便是 placement new 必须做的一切。毕竟 operator new 的目的是要为对象找到一块内存，然后返回一个指针指向它。在 placement new 的情况下，调用者已经知道指向内存的指针了，因为调用者知道对象应该放在哪里。因此 placement new 唯一需要做的就是将它获得的指针再返回。至于没有用到（但一定得有）的 size_t 参数，之所以不赋予名称，为的是避免编译器发出“某物未被使用”的警告（见条款 6）。Placement new 是 C++ 标准程序库（见条款 E49）的一部分。欲使用 placement new，你必须用#include <new>。如果你的编译器尚未支持新式头文件名称的话（见条款 E49），就用#include <new.h>。

花几分钟回头想想 placement new，我们便能了解 new operator 和 operator new 之间的关系，两个术语虽然表面上令人迷惑，概念上却十分直接易懂。如果你希望将对象产生于 heap，请使用 new operator。它不但分配内存而且为该对象调用一个 constructor。如果你只是打算分配内存，请调用 operator new，那就没有任何 constructor 会被调用。如果你打算在 heap objects 产生时自己决定内存分配方式，请写一个自己的 operator new，并使用 new operator，它将会自动调用你所写的 operator new。如果你打算在已分配（并拥有指针）的内存中构造对象，请使用 placement new（若想更深入地了解 new 和 delete，请见条款 E7 及我发表于 *C/C++ Users Journal*, April 1998 的文章《Counting Objects in C++》）。

删除（Deletion）与内存释放（Deallocation）

为了避免 resource leaks（资源泄漏），每一个动态分配行为都必须匹配一个相应但相反的释放动作。函数 operator delete 对于内建的 delete operator，就好像 operator new 对于 new operator 一样。当你写出这样的代码：

```
string *ps;
...
delete ps;            // 使用 delete operator。
```

你的编译器必须产生怎样的代码？它必须既能够析构 ps 所指对象，又能够释放被该对象占用的内存。

内存释放动作是由函数 operator delete 执行，通常声明如下：

```
void operator delete(void *memoryToBeDeallocated);
```

因此，下面这个动作：

```
delete ps;
```

会造成编译器产生近似这样的代码：

```
ps->~string();             // 调用对象的 dtoroperator。
operator delete(ps);       // 释放对象所占用的内存。
```

这里呈现的一个暗示就是，如果你只打算处理原始的、未设初值的内存，应该完全回避 new operator 和 delete operators，改调用 operator new 取得内存并以 operator delete 归还给系统：

```
void *buffer =                          // 分配足够的内存，放置
  operator new(50*sizeof(char));        // 50 个 chars；没有调用任何 ctors
...
operator delete(buffer);                // 释放内存，没有调用任何 dtors。
```

这组行为在 C++ 中相当于调用 malloc 和 free。

如果你使用 placement new，在某内存块中产生对象，你应该避免对那块内存使用 delete operator。因为 delete operator 会调用 operator delete 来释放内存，但是该内存内含的对象最初并非是由 operator new 分配得来的。毕竟 placement new 只是返回它所接收的指针而已，谁知道那个指针从哪里来呢？所以为了抵消该对象的 constructor 的影响，你应该直接调用该对象的 destructor：

```
// 以下函数用来分配及释放 shared memory 中的内存。
void * mallocShared(size_t size);
void freeShared(void *memory);

void *sharedMemory = mallocShared(sizeof(Widget));
Widget *pw =                                   // 和先前相同，运用
  constructWidgetInBuffer(sharedMemory, 10); // placement new。
...
delete pw;              // 无定义！因为 sharedMemory 来自
                        // mallocShared，不是来自 operator new。

pw->~Widget();          // 可！析构 pw 所指的 Widget 对象，
                        // 但并未释放 Widget 占用的内存。

freeShared(pw);         // 可！释放 pw 所指的内存，
                        // 不调用任何 destructor。
```

如此例所示，如果交给 placement new 的原始内存（raw memory）本身是动态分配而得（通过某种非传统做法），那么你最终还是得释放那块内存，以免遭受内存泄漏（memory leak）之苦（请参考我的文章《Counting Objects in C++》之中的方块内容，其中对所谓的“placement delete”有些介绍）。

数组（Arrays）

目前为止一切都好，但我们还有更远的路要走。截至目前我们考虑的每件事情都只在单一对象身上打转。面对数组怎么办？下面会发生什么事情：

```
string *ps = new string[10];          // 分配一个对象数组
```

上述使用的 new 仍然是那个 new operator，但由于诞生的是数组，所以 new operator 的行为与先前产生单一对象的情况略有不同。是的，内存不再以 operator new 分配，而是由其“数组版”兄弟，一个名为 operator new[] 的函数负责分配（通常被称为“array new”）。和 operator new 一样，operator new[] 也可以

被重载。这使你得夺取数组的内存分配权，就像你可以控制单一对象的内存分配一样（不过条款 E8 对此有些警告）。

operator new[] 是相当晚的时候才加入 C++ 的一个特性，所以你的编译器或许尚未支持它。如果是这样，全局 operator new 会被用来为每个数组分配内存——不论数组中的对象类型是什么。在这样的编译器下定制“数组内存分配行为”很困难，因为你得改写全局版的 operator new 才行。这可不是件容易的工作。默认情况下全局版的 operator new 负责程序中所有的动态内存分配，所以其行为的任何改变都可能带来剧烈而普遍的影响。此外，全局版本的 operator new，其正规形式的型构（signature）（我的意思是，只有唯一 size_t 参数的那个，见条款 E9）只有一个，所以如果你决定声称它为你所拥有，你的软件便立刻不容于任何做了相同决定的程序库（见条款 27）。多方考虑之下，如果你面对的是尚未支持 operator new[] 的编译器，定制“数组内存管理行为”往往不是个理想的决定。

“数组版”与“单一对象版”的 new operator 的第二个不同是，它所调用的 constructor 数量。数组版 new operator 必须针对数组中的每个对象调用一个 constructor：

```
string *ps =              // 调用 operator new[] 以分配足够容纳
  new string[10];         // 10 个 string 对象的内存，然后
                          // 针对每个元素调用 string default ctor。
```

同样道理，当 delete operator 被用于数组，它会针对数组中的每个元素调用其 destructor，然后再调用 operator delete[] 释放内存：

```
delete [] ps;             // 为数组中的每个元素调用 string dtor，
                          // 然后调用 operator delete[] 以释放内存。
```

就好像你可以取代或重载 operator delete 一样，你也可以取代或重载 operator delete[]。不过两者的重载有着相同的限制。请你找一本好的 C++ 教程，查阅其细节。说到好的 C++ 教程，本书 p285 列有我的一份推荐名单。

现在，你有了完整的知识。new operator 和 delete operator 都是内建操作符，无法为你所控制，但是它们所调用的内存分配/释放函数则不然。当你想要定制 new operator 和 delete operator 的行为，记住，你其实无法真正办到。你可以修改它们完成任务的方式，至于它们的任务，已经被语言规范固定死了。

异常
Exceptions

C++ 增加了 exceptions 性质后，深远而根本地、并可能令人不舒服地改变了许多事情。例如，原始指针的使用如今竟成为一种高风险行为，资源泄漏（resource leaks）的机会大增，撰写符合期望的 constructors 和 destructors 的难度也大增。程序员必须特别小心，防止程序在执行时突然中止。可执行文件和程序库变得更大、速度更慢。

上述所言都只是我们知道的事情而已。欲将 exceptions 纳入程序设计考虑，还有许多 C++ 社区所不清楚的相关事务，其中最大的部分就是不知如何正确掌握它。至今尚未有某种技术被大家公认，一旦常态性地施行后，便能够引导软件行为在“exceptions 被抛出”时可预期并且稳定。（如果想深入这些主题，请参考本书 p287 所推荐的 Tom Cargill 文章。如果想知道这些主题的最新突破，请看 Jack Reeves 发表于 *C++ Report*, 1996/03 的文章，以及 Herb Sutter 发表于 *C++ Report*, 1997/09,11,12 的文章。）

我们都很清楚一点：程序之所以在 exceptions 出现时仍有良好行为，不是因为碰巧如此，而是因为它们加入了 exceptions 的考虑。“面对 exception 依然安全（所谓 exception-safe）”的程序并非是意外诞生的。一个程序如果没有针对 exceptions 特别做设计，却要求它在 exceptions 出现时有良好的行为，那就好像未针对多线程（multiple threads）做设计，却希望多线程发生时能够有良好表现一样：痴人说梦！

回过头来说，为什么使用 exceptions？自从 C 发明以来，C 程序员用来避免错误的程序技术已经够多的了，为什么要再招惹 exceptions？尤其如果它们像我说的那样带来一大堆问题的话？答案很简单：exceptions 无法被忽略。如果一个函数利用“设定状态变量”的方式或是利用“返回错误码”的方式发出一个异常信号，无法保证此函数的调用者会检查那个变量或检验那个错误码。于是程序的执行可能会一直继续下去，远离错误发生地点。但是如果函数以抛出 exception 的方式发出异常信号，而该 exception 未被捕捉，程序的执行便会立刻中止。

C 程序员唯有以 `setjmp` 和 `longjmp` 才能近似这样的行为。但是 `longjmp` 在 C++ 中有一个严重缺陷：当它调整栈（stack）的时候，无法调用局部（local）对象的 destructors。大部分 C++ 程序很依赖这些 destructors 被调用，所以 `setjmp` 和 `longjmp` 对真正的 exceptions 而言不是个良好的替代品。如果你需要一个“绝对不会被忽略的”异常信号发射方法，而且发射后的 stack 处理过程又能够确保局部对象的 destructors 被调用，那么你需要 C++ exceptions。它是最简单的方法了。

关于如何撰写 exceptions-safe 程序，我们有很多需要学习。以下所列条款只能架构出一个不很完全的“exception-safe 软件”设计指南。尽管如此，它们介绍了在 C++ 中使用 exceptions 时的许多重要考虑。只要留意以下指引，你就可以改善软件的正确性、稳健性、效率，而且你可以避开许多因 exceptions 而产生的问题。

条款 9：利用 destructors 避免泄漏资源

对指针说拜拜。承认吧，你从未真正喜欢过它，对不？

好，你不需要对所有指针说拜拜，但是你真的得对那些用来操控局部性资源（local resources）的指针说莎唷娜拉了。举个例子，你正在为“小动物收养保护中心”（一个专门为小狗小猫寻找收养家庭的组织）编写一个软件。收养中心每天都会产生一个文件，其中有它所安排的当天收养个案。你的工作就是写一个程序，读这些文件，然后为每一个收养个案做适当处理。

合理的想法是定义一个抽象基类（abstract base class）`ALA`（"Adorable Little Animal"），再从中派生出针对小狗和小猫的具体类（concrete classes）。其中有个虚函数 `processAdoption`，负责“因动物种类而异”的必要处理动作。

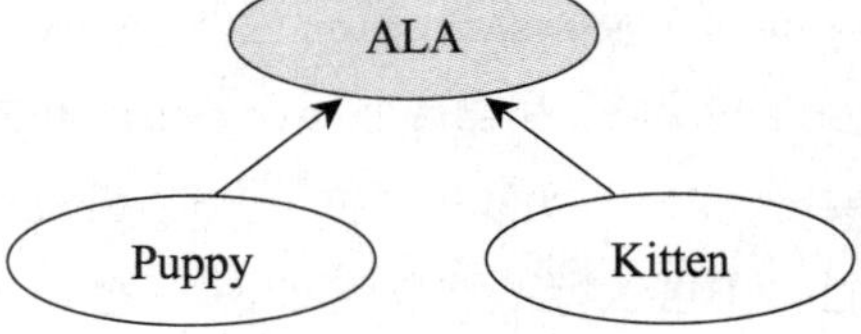

```
class ALA {
public:
  virtual void processAdoption() = 0;
  ...
};

class Puppy: public ALA {
public:
  virtual void processAdoption();
  ...
};

class Kitten: public ALA {
public:
  virtual void processAdoption();
  ...
};
```

你需要一个函数，读取文件内容，并视文件内容产生一个 Puppy object 或一个 Kitten object。这个任务非常适合用 virtual constructor 完成，那是条款 25 中描述的一种函数。对本目的而言，以下声明便是我们所需要的：

```
// 从 s 读取动物信息，然后返回一个指针，指向一个
// 新分配的对象，有着适当的类型（Puppy 或 Kitten）。
ALA * readALA(istream& s);
```

你的程序核心大约是一个类似这样的函数：

```
void processAdoptions(istream& dataSource)
{
  while (dataSource) {                    // 如果还有数据，
    ALA *pa = readALA(dataSource);        // 取出下一只动物，
    pa->processAdoption();                // 处理收养事宜，
    delete pa;                            // 删除 readALA 返回的对象。
  }
}
```

这个函数走遍 dataSource，处理它所获得的每一条信息。唯一需要特别谨慎的是，它必须在每次迭代的最后，记得将 pa 删除。这是必要的，因为每当 readALA 被调用，便产生一个新的 heap object。如果没有调用 delete，这个循环很快便会出现资源泄漏的问题。

现在请考虑：如果 pa->processAdoption 抛出一个 exception，会发生什么事情。processAdoptions 无法捕捉它，所以这个 exception 会传播到 processAdoptions 的调用端。processAdoptions 函数内“位于 pa->processAdoption 之后的所有语句”都会被跳过，不再执行，这也意味 pa 不会被删除。结果呢，只要

pa->processAdoption 抛出一个 exception，processAdoptions 便发生一次资源泄漏。

要避免这一点，很简单：

```
void processAdoptions(istream& dataSource)
{
  while (dataSource) {
    ALA *pa = readALA(dataSource);

    try {
      pa->processAdoption();
    }
    catch (...) {     // 捕捉所有的 exceptions。
      delete pa;      // 当 exception 被抛出，避免资源泄漏。
      throw;          // 将 exception 传播给调用端。
    }
    delete pa;        // 如果没有 exception 被抛出，也要避免资源泄漏。
  }
}
```

但你的程序因而被 try 语句块和 catch 语句块搞得乱七八糟。更重要的是，你被迫重复撰写其实可被正常路线和异常路线共享的清理代码（cleanup code）——本例指的是 delete 动作。这对程序的维护造成困扰，撰写时很烦人，感觉也不理想。不论我们是以正常方式或异常方式(抛出一个 exception)离开 processAdoptions 函数，我们都需要删除 pa，那么何不集中于一处做这件事情呢？

其实不必大费周章，只要我们能够将“一定得执行的清理代码”移到 processAdoptions 函数的某个局部对象的 destructor 内即可。因为局部对象总是会在函数结束时被析构，不论函数如何结束（唯一例外是你调用 longjmp 而结束。longjmp 的这个缺点正是 C++ 支持 exceptions 的最初的主要原因）。于是，我们真正感兴趣的是，如何把 delete 动作从 processAdoptions 函数移到函数内某个局部对象的 destructor 内。

解决办法就是，以一个“类似指针的对象”取代指针 pa。如此一来，当这个类似指针的对象被（自动）销毁，我们可以令其 destructor 调用 delete。“行为类似指针（但动作更多）”的对象我们称为 smart pointers。如条款 28 所言，你可以做出非常灵巧的“指针类似物”。本例倒是不需要什么特别高档的产品，我们只要求它在被销毁（由于即将离开其 scope）之前删除它所指的对象，就可以啦。

技术上这并不困难，我们甚至不需要自己动手。C++ 标准程序库（见条款 E49）提供了一个名为 auto_ptr 的 class template，其行为正是我们所需要的。每个 auto_ptr 的 constructor 都要求获得一个指向 heap object 的指针；其 destructor 会将该 heap object 删除。如果只显示这些基本功能，auto_ptr 看起来像这样：

```
template<class T>
class auto_ptr {
public:
  auto_ptr(T *p = 0): ptr(p) {}          // 存储对象。
  ~auto_ptr() { delete ptr; }            // 删除对象。
private:
  T *ptr;                                // 原始指针（指向对象）。
};
```

auto_ptr 标准版远比上述复杂得多。上述这个剥掉一层皮的东西并不适合实际运用[2]（至少还需加上 copy constructor，assignment operator 及条款 28 所讨论的指针仿真函数 operator* 和 operator->），但是其背后的观念应该很清楚了：以 auto_ptr 对象取代原始指针，就不需再担心 heap objects 没有被删除——即使是在 exceptions 被抛出的情况下。注意，由于 auto_ptr destructor 采用"单一对象"形式的 delete，所以 auto_ptr 不适合取代（或说包装）数组对象的指针。如果你希望有一个类似 auto_ptr 的 template 可用于数组身上，你得自己动手写一个。不过如果真是这样，或许更好的选择是以 vector 取代数组。

以 auto_ptr 对象取代原始指针之后，processAdoptions 看起来像这样：

```
void processAdoptions(istream& dataSource)
{
  while (dataSource) {
    auto_ptr<ALA> pa(readALA(dataSource));
    pa->processAdoption();
  }
}
```

这一版和原先版本的差异只有两处。第一，pa 被声明为一个 auto_ptr<ALA> 对象，不再是原始的 ALA* 指针；第二，循环最后不再有 delete 语句。就这样啦，其他每样东西都没变，除了析构动作外，auto_ptr 对象的行为和正常指针完全一样。很简单，不是吗？

---

2 本书 p291~p294 列有一个近乎标准的 auto_ptr 完全版本。

隐藏在 auto_ptr 背后的观念——以一个对象存放“必须自动释放的资源”，并依赖该对象的 destructor 释放——亦可对“以指针为本”以外的资源施行。考虑图形界面（GUI）应用软件中的某个函数，它必须产生一个窗口以显示某些信息：

```
// 此函数可能会在抛出一个 exception 之后发生资源泄漏问题。
void displayInfo(const Information& info)
{
  WINDOW_HANDLE w(createWindow());

  display info in window corresponding to w;

  destroyWindow(w);
}
```

许多窗口系统都有 C 语言接口，运行诸如 createWindow 和 destroyWindow 这类函数，取得或释放窗口（被视为一种资源）。如果在信息显示于 w 的过程中发生 exception，w 所持有的那个窗口将会遗失，其他动态分配的任何资源也会遗失。

解决之道和先前一样，设计一个 class，令其 constructor 和 destructor 分别取得资源和释放资源：

```
// 这个 class 用来取得及释放一个 window handle。
class WindowHandle {
public:
  WindowHandle(WINDOW_HANDLE handle): w(handle) {}
  ~WindowHandle() { destroyWindow(w); }

  operator WINDOW_HANDLE() { return w; }        // 详述于下。

private:
  WINDOW_HANDLE w;

  // 以下函数被声明为 private，用以阻止产生多个 WINDOW_HANDLE。
  // 条款 28 讨论了一个更弹性的做法。
  WindowHandle(const WindowHandle&);
  WindowHandle& operator=(const WindowHandle&);
};
```

这看起来就像 auto_ptr template 一样，只不过其赋值动作（assignment）和复制动作（copying）被明确禁止了（见条款 E27）。此外，它有一个隐式类型转换操作符，可用来将一个 WindowHandle 转换为一个 WINDOW_HANDLE。这项能力对于 WindowHandle object 的实用性甚有必要，意味你可以像在任何地方正常使用原始的 WINDOW_HANDLE 一样使用一个 WindowHandle（不过条款 5 也告诉你为什么应该特别小心隐式类型转换操作符）。

有了这个 `WindowHandle` class，我们可以重写 `displayInfo` 如下：

```
// 此函数可以在 exception 发生时避免出现资源泄漏问题。
void displayInfo(const Information& info)
{
  WindowHandle w(createWindow());

  display info in window corresponding to w;
}
```

现在即使 `displayInfo` 函数内抛出 exception，`createWindow` 所产生的窗口还是会被销毁。

只要坚持这个规则，把资源封装在对象内，通常便可以在 exceptions 出现时避免泄漏资源。但如果 exception 是在你正取得资源的过程中抛出的，例如在一个“正在抓取资源”的 class constructor 内，会发生什么事呢？如果 exception 是在此类资源的自动析构过程中抛出的，又会发生什么事呢？此情况下 constructors 和 destructors 是否需要特殊设计？是的，它们需要，你可以在条款 10 和条款 11 中学到这些技术。

条款 10：在 constructors 内阻止资源泄漏（resource leak）

想象你正在开发一个多媒体通信簿软件。这个软件可以放置包括人名、地址、电话号码等文字，以及一张个人相片和一段个人声音（或许是其姓名的发音）。

为实现此软件，你可能设计如下：

```
class Image {                         // 给影像数据使用。
public:
  Image(const string& imageDataFileName);
  ...
};

class AudioClip {                     // 给音频数据使用。
public:
  AudioClip(const string& audioDataFileName);
  ...
};

class PhoneNumber { ... };            // 用来放置电话号码。
```

```
class BookEntry {                  // 用来放置通信簿的每一个个人数据。
public:
  BookEntry(const string& name,
            const string& address = "",
            const string& imageFileName = "",
            const string& audioClipFileName = "");
  ~BookEntry();

  // 电话号码通过此函数加入。
  void addPhoneNumber(const PhoneNumber& number);
  ...
private:
  string theName;                   // 个人姓名。
  string theAddress;                // 个人地址。
  list<PhoneNumber> thePhones;      // 个人电话号码。
  Image *theImage;                  // 个人相片。
  AudioClip *theAudioClip;          // 一段个人声音。
};
```

每一个 `BookEntry` 都必须有姓名数据，所以它必须成为一个 constructor 自变量（见条款 3），但是其他字段——个人地址及相片文件和声音文件——都可有可无。注意，我利用 `list` class 放置个人电话号码，`list` 是 C++ 标准程序库（见条款 E49 和条款 35）提供的数个容器类（container classes）之一。

`BookEntry` constructor 和 destructor 可以直截了当地这么设计：

```
BookEntry::BookEntry(const string& name,
                     const string& address,
                     const string& imageFileName,
                     const string& audioClipFileName)
: theName(name), theAddress(address),
  theImage(0), theAudioClip(0)
{
  if (imageFileName != "") {
    theImage = new Image(imageFileName);
  }
  if (audioClipFileName != "") {
    theAudioClip = new AudioClip(audioClipFileName);
  }
}

BookEntry::~BookEntry()
{
  delete theImage;
  delete theAudioClip;
}
```

其中 constructor 先将指针 theImage 和 theAudioClip 初始化为 null；如果对应的自变量不是空字符串，再让它们指向真正的对象。destructor 负责删除上述两个指针，确保 BookEntry object 不会造成资源泄漏问题。由于 C++ 保证“删除 null 指针”是安全的，所以 BookEntry destructor 不必在删除指针之前先检查它们是否真正指向某些东西。

每件事看起来都很好，正常情况下每件事也的确很好，但是在不正常的情况下——在 exception 出现的情况下——事情一点也不好。

当程序执行 BookEntry constructor 的以下部分，如果有个 exception 被抛出，会发生什么事？

```
if (audioClipFileName != "") {
  theAudioClip = new AudioClip(audioClipFileName);
}
```

exception 的发生可能是由于 operator new（见条款 8）无法分配足够的内存给一个 AudioClip object 使用，也可能是因为 AudioClip constructor 本身抛出一个 exception。不论原因为何，只要是在 BookEntry constructor 内抛出，就会被传播到正在产生 BookEntry object 的那一端。

现在，如果在产生“原本准备让 theAudioClip 指向”的对象时，发生了一个 exception，控制权因而移出 BookEntry constructor 之外，谁来删除 theImage 已经指向的那个对象呢？明显的答案是由 BookEntry destructor 来执行，但是这个明显的答案是个错误答案。BookEntry 的 destructor 绝不会被调用，绝对不会。

C++ 只会析构已构造完成的对象。对象只有在其 constructor 执行完毕才算是完全构造妥当。所以如果程序打算产生一个局部性的 BookEntry object b：

```
void testBookEntryClass()
{
  BookEntry b("Addison-Wesley Publishing Company",
              "One Jacob Way, Reading, MA 01867");
  ...
}
```

而 exception 在 b 的构造过程中被抛出，b 的 destructor 就不会被调用。如果你尝试更深入地参与，将 b 分配于 heap 中，并在 exception 出现时调用 delete：

```
void testBookEntryClass()
{
  BookEntry *pb = 0;

  try {
    pb = new BookEntry("Addison-Wesley Publishing Company",
                       "One Jacob Way, Reading, MA 01867");

    ...
  }
  catch (...) {                    // 捕捉所有的 exceptions。
     delete pb;                    // 当 exception 被抛出，删除 pb。
     throw;                        // 将 exception 传给调用者。
  }

  delete pb;                       // 正常情况下删除 pb。
}
```

你会发现 BookEntry constructor 所分配的 Image object 还是泄漏了。因为除非 new 动作成功，否则上述那个 assignment（赋值）动作并不会施加于 pb 身上。如果 BookEntry constructor 抛出一个 exception，pb 将成为 null 指针，此时在 catch 语句块中删除它，除了让你感觉比较爽之外，别无其他作用。以 smart pointer class auto_ptr<BookEntry>（见条款 9）取代原始的 BookEntry*，也不会让情况好转，因为除非 new 动作成功，否则对 pb 的赋值动作还是不会进行。

面对尚未完全构造好的对象，为什么 C++ 拒绝调用其 destructor 呢？它可不是为了让你痛苦而做成这样的设计的。是的，这是有理由的。如果那么做，许多时候会是一件没有意义的事，甚至是一件有害的事。如果 destructor 被调用于一个尚未完全构造好的对象身上，这个 destructor 如何知道该做些什么事呢？它唯一能够知道的机会就是：被加到对象内的那些数据身上附带有某种指示，指示 constructor 进行到什么程度。那么 destructor 就可以检查这些数据并（或许能够）理解应该如何应对。如此繁重的簿记工作会降低 constructors 的速度，使每一个对象变得更庞大。C++ 避免这样的额外开销，但你必须付出“仅部分构造完成”的对象不会被自动销毁的代价（条款 E13 有另一个“效率与程序行为”之间的类似取舍决定）。

由于 C++ 不自动清理那些“构造期间抛出 exceptions”的对象，所以你必须设计你的 constructors，使它们在那种情况下亦能自我清理。通常这只需将所有可能的 exceptions 捕捉起来，执行某种清理工作，然后重新抛出 exception，使它继续传播出去即可。这个策略可以这样纳入 BookEntry constructor：

```
BookEntry::BookEntry(const string& name,
                     const string& address,
                     const string& imageFileName,
                     const string& audioClipFileName)
: theName(name), theAddress(address),
  theImage(0), theAudioClip(0)
{
  try {                                  // 这个 try 语句块是新的。
    if (imageFileName != "") {
      theImage = new Image(imageFileName);
    }

    if (audioClipFileName != "") {
      theAudioClip = new AudioClip(audioClipFileName);
    }
  }
  catch (...) {                          // 捕捉所有的 exception。
    delete theImage;                     // 执行必要的清理工作。
    delete theAudioClip;
    throw;                               // 继续传播这个 exception。
  }
}
```

不需要担心 `BookEntry` 的 non-pointer data members。Data members 会在 class constructor 被调用之前就先初始化好（译注：因为此处使用了 member initialization list，成员初值链表），所以当 `BookEntry` constructor 函数本体开始执行，该对象的 `theName`，`theAddress` 和 `thePhones` 等 data members 都已完全构造好了。所以当 `BookEntry` object 被销毁，其所内含的这些 data members 就像“构造完全的对象”一样，也会被自动销毁，无须你插手。当然啦，如果这些对象的 constructors 调用其他函数，而那些函数可能抛出 exceptions，那么这些 constructors 就必须负责捕捉 exceptions，并在继续传播它们之前先执行任何必要的清理工作。

你可能已经注意到，`BookEntry` 的 `catch` 语句块内的动作和 `BookEntry` 的 destructor 内的动作相同。我们一向不遗余力地希望消除重复代码，这里也是一样的，所以最好是把共享代码抽出放进一个 private 辅助函数内，然后让 constructor 和 destructor 都调用它：

```
class BookEntry {
public:
  ...                          // 与前同。
private:
  ...
  void cleanup();              // 共同的清理（clean up）动作放在这里。
};
```

```
void BookEntry::cleanup()
{
  delete theImage;
  delete theAudioClip;
}

BookEntry::BookEntry(const string& name,
                     const string& address,
                     const string& imageFileName,
                     const string& audioClipFileName)
: theName(name), theAddress(address),
  theImage(0), theAudioClip(0)
{
  try {
    ...                    // 与前同。
  }
  catch (...)  {
    cleanup();             // 释放资源。
    throw;                 // 传播 exception。
  }
}

BookEntry::~BookEntry()
{
  cleanup();               // 释放资源。
}
```

好极了，但是本题并未就此结束。让我们稍加变化，让 theImage 和 theAudioClip 都变成常量指针：

```
class BookEntry {
public:
  ...                              // 与前同。
private:
  ...
  Image * const theImage;          // 这些指针都是 const。
  AudioClip * const theAudioClip;
};
```

这样的指针必须通过 BookEntry constructors 的成员初值链表（member initialization lists）加以初始化，因为再没有其他方法可以给予 const 指针一个值（见条款 E12）。一个常见的做法就是像下面这样给予 theImage 和 theAudioClip 初值：

```
// 注意，以下做法在发生 exception 时会导致资源泄漏
BookEntry::BookEntry(const string& name,
                     const string& address,
                     const string& imageFileName,
                     const string& audioClipFileName)
: theName(name), theAddress(address),
  theImage(imageFileName != ""
           ? new Image(imageFileName)
           : 0),
  theAudioClip(audioClipFileName != ""
               ? new AudioClip(audioClipFileName)
               : 0)
{}
```

但这却导致我们最初极力想消除的问题：如果在 theAudioClip 初始化期间发生 exception，theImage 所指对象并不会被销毁。此外，我们也无法借此在 constructor 内加上 try/catch 语句块来解决此问题，因为 try 和 catch 都是语句（statements），而 member initialization lists 只接受表达式（expressions）。这就是为什么我们必须使用 ?: 操作符取代 if-then-else 语法来为 theImage 和 theAudioClip 设定初值的原因。

尽管如此，欲在“exceptions 传播至 constructor 外”之前执行清理工作，唯一的机会就是捕捉那些 exceptions。所以既然我们无法将 try 和 catch 放到一个 member initialization list 之中，势必得将它们放到其他某处。一个可能的地点就是放到某些 private member functions 内，让 theImage 和 theAudioClip 在其中获得初值：

```
class BookEntry {
public:
  ...                         // 与前同。
private:
  ...                         // data members 与前同。
  Image * initImage(const string& imageFileName);
  AudioClip * initAudioClip(const string&
                            audioClipFileName);
};

BookEntry::BookEntry(const string& name,
                     const string& address,
                     const string& imageFileName,
                     const string& audioClipFileName)
: theName(name), theAddress(address),
  theImage(initImage(imageFileName)),
  theAudioClip(initAudioClip(audioClipFileName))
{}
```

```
// theImage 首先被初始化，所以即使初始化失败亦无须担心
// 资源泄漏问题。因此本函数不必处理任何 exceptions。
Image * BookEntry::initImage(const string& imageFileName)
{
  if (imageFileName != "") return new Image(imageFileName);
  else return 0;
}

// theAudioClip 第二个被初始化，所以如果在它初始化期间有
// exception 被抛出，它必须确定将 theImage 的资源释放掉。
// 这就是为什么本函数使用 try...catch 的原因。
AudioClip * BookEntry::initAudioClip(const string&
                                      audioClipFileName)
{
  try {
    if (audioClipFileName != "") {
      return new AudioClip(audioClipFileName);
    }
    else return 0;
  }
  catch (...)   {
    delete theImage;
    throw;
  }
}
```

这是个完美的结局，它解决了使我们左支右绌疲于奔命的问题。缺点是：概念上应该由 constructor 完成的动作现在却散布于数个函数中，造成维护上的困扰。

一个更好的解答是，接受条款 9 的忠告，将 theImage 和 theAudioClip 所指对象视为资源，交给局部对象来管理。这个办法立足所依据的事实是，不论 theImage 和 theAudioClip 都是指向动态分配而得的对象，当指针本身停止活动，那些对象都应该被删除。这正是 auto_ptr class（见条款 9）的设计目的。所以我们可以将 theImage 和 theAudioClip 的原始指针类型改为 auto_ptr：

```
class BookEntry {
public:
  ...                                        // 与前同。
private:
  ...
  const auto_ptr<Image> theImage;            // 注意，改用
  const auto_ptr<AudioClip> theAudioClip;    // auto_ptr 对象。
};
// 译注：auto_ptr 对象与 const 之间的关系，见 p179
```

这么做便可以让 BookEntry constructor 在异常出现时免于资源泄漏的恐惧，也让我们得以利用 member initialization list 将 theImage 和 theAudioClip 初始化：

```
BookEntry::BookEntry(const string& name,
                     const string& address,
                     const string& imageFileName,
                     const string& audioClipFileName)
: theName(name), theAddress(address),
  theImage(imageFileName != ""
           ? new Image(imageFileName)
           : 0),
  theAudioClip(audioClipFileName != ""
               ? new AudioClip(audioClipFileName)
               : 0)
{}
```

在此设计中，如果 theAudioClip 初始化期间有任何 exception 被抛出，theImage 已经是完整构造好的对象，所以它会被自动销毁，就像 theName，theAddress 和 thePhones 一样。此外，由于 theImage 和 theAudioClip 如今都是对象，当其“宿主”BookEntry 被销毁，它们亦将被自动销毁。因此不再需要以手动方式删除它们所指的对象。这会大幅简化 BookEntry destructor：

```
BookEntry::~BookEntry(){}          // 不需要做什么事!
```

意味你可以完全摆脱 BookEntry destructor。

结论是：如果你以 auto_ptr 对象来取代 pointer class members，你便对你的 constructors 做了强化工事，免除了“exceptions 出现时发生资源泄漏”的危机，不再需要在 destructors 内亲自动手释放资源，并允许 const member pointers 得以和 non-const member pointers 有着一样优雅的处理方式。

处理“构造过程中可能发生的 exceptions”，相当棘手。但是 auto_ptr（以及与 auto_ptr 相似的 classes）可以消除大部分劳役。使用它们，不仅能够让代码更容易理解，也使程序在面对 exceptions 时更健壮。

条款 11：禁止异常（exceptions）流出 destructors 之外

两种情况下 destructor 会被调用。第一种情况是当对象在正常状态下被销毁，也就是当它离开了它的生存空间（scope）或是被明确地删除；第二种情况是当对象被 exception 处理机制——也就是 exception 传播过程中的 stack-unwinding（栈展开）机制——销毁。

是的，当 destructor 被调用时，可能（也可能不）有一个 exception 正在作用之中。可惜的是我们无法在 destructor 内区分这些状态[3]。于是，你必须在保守的假设下（假设当时有个 exception 正作用中）撰写你的 destructors。因为如果控制权基于 exception 的因素离开 destructor，而此时正有另一个 exception 处于作用状态，C++ 会调用 `terminate` 函数。此函数的作为正如其名：将你的程序结束掉——它会立刻动手，甚至不等局部对象被销毁。

举个例子。考虑一个用来监视在线（on-line）计算的活动——也就是从你登录开始直到退出为止的所有行为——的 `Session` class 。每个 `Session` object 都会记录其构造和析构的日期和时间：

```
class Session {
public:
  Session();
  ~Session();
  ...
private:
  static void logCreation(Session *objAddr);
  static void logDestruction(Session *objAddr);
};
```

函数 `logCreation` 和 `logDestruction` 分别用来记录对象的构造和析构。我们可能因此预期 `Session` destructor 写成这样：

```
Session::~Session()
{
  logDestruction(this);
}
```

这看起来很好，但是考虑一下如果 `logDestruction` 抛出一个 exception，会发生什么事。这个 exception 并不会被 `Session` destructor 捕捉，所以它会传播到 destructor 的调用端。但是万一这个 destructor 本身是因其他某个 exception 而被调用的，`terminate` 函数便会被自动调用，于是你的程序便走上了黄泉路。

这往往不是你希望发生的。是的，它可能造成“`Session` object 的析构”无法被记录下来，甚至可能带来更大的不便，但难道它可怕到必须让程序停止执行吗？

---

3 现在有了区分的办法。1995 年 7 月 ISO/ANSI C++ 标准委员会加入一个新函数：uncaught_exception。如果某个 exception 在正作用中而尚未被捕捉的话，它会返回 true。

如果不是，你就必须阻止 logDestruction 所抛出的 exception 传出 Session destructor 之外，而唯一的办法就是使用 try/catch 语句块。下面是个天真的想法：

```
Session::~Session()
{
  try {
    logDestruction(this);
  }
  catch (...) {
    cerr  << "Unable to log destruction of Session object "
          << "at address "
          << this
          << ".\n";
  }
}
```

这恐怕不比我们原先的设计安全。如果 catch 语句块内对 operator<< 的调用导致一个 exception 被抛出，我们便回到了原始点——一个即将“跨出 Session destructor”的 exception。

当然我们可以在 catch 语句块内再放一个 try 语句块，但这样的行为似乎太过极端。取代的办法是：如果 logDestruction 抛出一个 exception，我们便把“记录 Session 析构”的任务忘它个一干二净：

```
Session::~Session()
{
  try {
    logDestruction(this);
  }
  catch (...) {  }
}
```

这里的 catch 语句块看起来什么都没做，但是外表容易骗人。这个语句块阻止了“logDestruction 所抛出的 exceptions”传出 Session destructor 之外。那也是它唯一的任务。我们现在可以放轻松了：如果一个 Session object 因为栈展开（stack unwinding）而被销毁，terminate 并不会被调用。

让 exceptions 传出 destructors 之外，之所以不好，还有第二个理由。如果 exception 从 destructor 内抛出，而且没有在当地被捕捉，那个 destructor 便是执行不全（仅执行到抛出 exception 的那一点为止）。如果 destructor 执行不全，就是没有完成它应该完成的每一件事情。考虑下面这个 Session class 修改版，其对象诞生于一个数据库事务之时，结束于此事务结束之后：

```
Session::Session()            // 为了简化，这个 ctor 不处理 exceptions。
{
  logCreation(this);
  startTransaction();         // 开始一个数据库事务。
}

Session::~Session()
{
  logDestruction(this);
  endTransaction();           // 结束一个数据库事务。
}
```

在这里，如果 `logDestruction` 抛出一个 exception，于 `Session` constructor 内开始其生命的那个事务绝对不会结束。本例之中我们或许可以重新安排 `Session` destructor 内的函数调用顺序，以消除问题。但如果 `endTransaction` 也抛出 exception，那么我们除了回到 `try/catch` 的怀抱之外，别无选择。

因此，有两个好理由支持我们“全力阻止 exceptions 传出 destructors 之外”。第一，它可以避免 `terminate` 函数在 exception 传播过程的栈展开（stack-unwinding）机制中被调用；第二，它可以协助确保 destructors 完成其应该完成的所有事情。每个理由本身的条件都足以让人信服，但集合在一起却又引起过重的负担。如果你仍未能省悟，请看 Herb Sutter 的文章，尤其是标题为《Destructors That Throw and Why They're Evil》的那篇（发表于 *C++ Report*, 1997/9, 11, 12）。

条款 12：了解“抛出一个 exception”与“传递一个参数”或“调用一个虚函数”之间的差异

函数参数的声明语法，和 `catch` 子句的声明语法，简直如出一辙：

```
class Widget { ... };                  // 某个 class，细节不重要。

void f1(Widget w);                     // 所有这些函数需要的参数
void f2(Widget& w);                    // 分别是 Widget, Widget&
void f3(const Widget& w);              // 或 Widget* 类型。
void f4(Widget *pw);
void f5(const Widget *pw);

catch (Widget w) ...                   // 所有这些 catch 子句
catch (Widget& w)   ...                // 用来捕捉类型为
catch (const Widget& w) ...            // Widget, Widget&或
catch (Widget *pw) ...                 // Widget* 的 exceptions。
catch (const Widget *pw) ...
```

你可能会因而假设“从抛出端传递一个 exception 到 catch 子句”，基本上和“从函数调用端传递一个自变量到函数参数”是一样的。是的，其中有相同之处，但是也有重大的不同点。

让我们从相同点开始谈起。函数参数和 exceptions 的传递方式有 3 种：by value，by reference，by pointer。然而视你所传递的是参数或 exceptions，发生的事情可能完全不同。原因是当你调用一个函数，控制权最终会回到调用端（除非函数失败以至于无法返回），但是当你抛出一个 exception，控制权不会再回到抛出端。

试看以下函数，不但传递一个 Widget 作为参数，也抛出一个 Widget exception：

```
// 此函数从一个 stream 中读取一个 Widget。
istream operator>>(istream& s, Widget& w);
void passAndThrowWidget()
{
  Widget localWidget;
  cin >> localWidget;          //将 localWidget 传给 operator>>。
  throw localWidget;           //将 localWidget 抛出成为一个 exception。
}
```

当 localWidget 被交到 operator>> 函数手中，并没有发生复制（copying）行为，而是 operator>> 内的 reference w 被绑定于 localWidget 身上。此时，对 w 所做的任何事情，其实是施加于 localWidget 身上的。这和将 localWidget 当做一个 exception 的情况不同。不论被捕捉的 exception 是以 by value 或 by reference 方式传递（不可能以 by pointer 方式传递——那将造成类型不吻合），都会发生 localWidget 的复制行为，而交到 catch 子句手上的正是那个副本。一定是这样的，因为此情况下一旦控制权离开 passAndThrowWidget，localWidget 便离开了其生存空间（scope），于是 localWidget destructor 会被调用。如果此时是以 localWidget 本身传递给一个 catch 子句的，此子句收到的将是一个被析构的 Widget，一个已经仙逝的 Widget。这具尸体曾经负载一个 Widget，但现在已经不是了，没有作用了。这便是为什么 C++ 特别要声明，一个对象被抛出作为 exception 时，总是会发生复制（copy）。

即使被抛出的对象并没有瓦解的危险，复制行为还是会发生。例如，假设 passAndThrowWidget 将 localWidget 声明为 static：

```
void passAndThrowWidget()
{
  static Widget localWidget;  // 如今它是 static，会存在直到程序结束。

  cin >> localWidget;         // 此动作一如往常可以有效运行。
  throw localWidget;          // 还是会对 localWidget 做复制行为，
}                             // 然后将副本抛出。
```

当上述函数抛出 exception，还是会产生一个 localWidget 副本。意味着即使此 exception 以 by reference 方式被捕捉，catch 端还是不可能修改 localWidget，只能修改 localWidget 的副本。“exception objects 必定会造成复制行为”这一事实也解释了“传递参数”和“抛出 exception”之间的另一个不同：后者常常比前者慢（见条款 15）。

当对象被复制当做一个 exception，复制行为是由对象的 copy constructor 执行的。这个 copy constructor 相应于该对象的“静态类型”而非“动态类型”。例如，考虑下面这个稍加修改的 passAndThrowWidget 函数：

```
class Widget { ... };
class SpecialWidget: public Widget { ... };
void passAndThrowWidget()
{
  SpecialWidget localSpecialWidget;
  ...
  Widget& rw = localSpecialWidget;  // rw 代表一个 SpecialWidget。
  throw rw;                  // 抛出一个类型为 Widget 的 exception。
}
```

这里抛出的是一个 Widget exception——虽然 rw 实际代表的是一个 SpecialWidget。这是因为 rw 的静态类型是 Widget 而非 SpecialWidget。rw 虽然实际上代表一个 SpecialWidget，你的编译器却不关心这个事实，它们关心的是 rw 的静态类型。此行为模式可能不是你想要的，但它和其他所有“C++ 复制对象”的情况一致。是的，复制动作永远是以对象的静态类型为本（但条款 25 展示一个技术，让你以对象的动态类型为本，进行复制）。

“exceptions 对象是其他对象的副本”这个事实，会对你“如何在 catch 语句块内传播 exceptions”带来冲击。考虑以下两个 catch 语句块，乍见之下似乎做了相同的事情：

```
catch (Widget& w)                  // 捕捉 Widget exceptions。
{
  ...                              // 处理 exception。
  throw;                           // 重新抛出此 exception，
}                                  // 使它能继续传播。
catch (Widget& w)                  // 捕捉 Widget exceptions。
{
  ...                              // 处理 exception。
  throw w;                         // 传播被捕捉的 exception
}                                  // 的一个副本。
```

这两个 catch 语句块之间唯一的差异就是，前者重新抛出当前的 exception，后者抛出的是当前 exception 的副本。如果暂且排除“额外的复制行为所带来的性能成本”因素，你认为两种做法有差别吗？

有！第一语句块重新抛出当前的 exception，不论其类型为何。更明确地说如果最初抛出的 exception 的类型是 SpecialWidget，第一语句块会传播一个 SpecialWidget exception——甚至虽然 w 的静态类型是 Widget。这是因为当此 exception 被重新抛出时，并没有发生复制行为。第二 catch 语句块则抛出一个新的 exception，其类型总是 Widget，因为那是 w 的静态类型。一般而言，你必须使用以下语句：

```
throw;
```

才能重新抛出当前的 exception，其间没有机会让你改变被传播的 exception 的类型。此外，它也比较有效率，因为不需要产生新的 exception object。

（附带一提，为 exception 所做的复制动作，其结果是个临时对象。如条款 19 所言，这给予编译器进行优化的权利。然而我不能期望你的编译器在这上面有什么好表现。Exceptions 毕竟是比较罕见的，所以即使编译器厂商在其优化上面灌注的心力不大，也在意料之中。）

让我们检验 3 种 catch 子句，它们都有能力捕捉“被 passAndThrowWidget 抛出”的 Widget exception：

```
catch (Widget w) ...               // 以 by value 的方式捕捉。
catch (Widget& w) ...              // 以 by reference 的方式捕捉。
catch (const Widget& w) ...        // 以 by reference-to-const 的方式捕捉。
```

我们立刻就注意到了“参数传递”和“exception 传播”之间的另一个区别。一个被抛出的对象（如先前所解释，必为临时对象）可以简单地用 by reference 的方式捕捉，不需要以 by reference-to-const 的方式捕捉。函数调用过程中将一个临时对象传递给一个 non-const reference 参数是不允许的(见条款 19)，但对 exceptions 则属合法。

然而让我们忽略这个差异，回到“复制 exception objects”的主题。我们知道，如果以 by value 方式传递函数自变量，便是对被传递的对象做一个副本(条款 E22)，此副本存储于对应的函数参数中。如果以 by value 方式传递 exception，亦发生相同的事情。因此，当我们声明一个 catch 子句如下：

```
catch (Widget w) ...                 // 以 by value 的方式捕捉。
```

预期得付出“被抛出物”的“两个副本”的构造代价，其中一个构造动作用于“任何 exceptions 都会产生的临时对象”身上，另一个构造动作用于“将临时对象复制到 w”。类似道理，当我们以 by reference 方式捕捉一个 exception：

```
catch (Widget& w) ...            // 以 by reference 的方式捕捉。
catch (const Widget& w) ...      // 也是以 by reference 的方式捕捉。
```

预期得付出“被抛出物”的“单一副本”的构造代价。这里的副本便是指临时对象。由于以 by reference 方式传递函数参数时并不会发生复制行为，所以“抛出 exception”和“传递函数参数”相比，前者会多构造一个“被抛出物”的副本（并于稍后析构）。

我们尚未讨论以 by pointer 方式抛出 exceptions，但 throw by pointer 事实上相当于 pass by pointer，两者都传递指针副本。必须特别注意的是，千万不要抛出一个指向局部对象的指针，因为该局部对象会在 exception 传离其 scope（译注：控制权同时也离开该 scope）时被销毁，因此 catch 子句会获得一个指向“已被销毁的对象”的指针。这正是“义务性复制（copy）规则”的设计要避免的情况。

“自变量传递”与“exception 传播”两动作有着互异的做法，其中一个不同就是对象从“调用端或抛出端”被搬移到“参数或 catch 子句”时的做法(如上所述)；第二个不同则是“调用者或抛出者”和“被调用者或捕捉者”之间所存在的类型吻合（type match）规则。试考虑标准程序库的数学函数 sqrt：

```
double sqrt(double);                 // from <cmath> or <math.h>
```

我们可以这样计算一个整数的平方根：

```
int i;
double sqrtOfi = sqrt(i);
```

其中没有什么值得大惊小怪的。C++ 允许隐式转换，将 int 转为 double，所以在调用 sqrt 的过程中，i 会被默默地转换为一个 double，而 sqrt 的结果将应该 double（条款 5 对于隐式类型转换有比较完整的讨论）。一般而言，如此的转换并不发生于“exceptions 与 catch 子句相匹配”的过程中。下面这段代码：

```
void f(int value)
{
  try {
    if (someFunction()) {        // 如果 someFunction() 返回 true,
      throw value;               // 就抛出一个 int。
      }
      ...
  }
  catch (double d) {             // 在这里处理类型为double的exceptions。
    ...
  }
  ...
}
```

try 语句块中抛出的 int exception 绝不会被“用来捕捉 double exception”的 catch 子句捕捉到。后者只能捕捉类型确确实实为 double 的 exceptions，其间不会有类型转换的行为发生。所以，如果 int exception 被捕捉，它一定是被某些其他（也许是外围的）catch 子句捕捉的（它们的捕捉类型一定是 int 或 int&，或许再加上 const 或 volatile 之类的限定词）。

“exceptions 与 catch 子句相匹配”的过程中，仅有两种转换可以发生。第一种是“继承架构中的类转换（inheritance-based conversions）”。是的，一个针对 base class exceptions 而编写的 catch 子句，可以处理类型为 derived class 的 exceptions。例如，C++ 标准程序库（见条款 E49）中定义有 exceptions 继承体系，其中的诊断（diagnostics）相关类如下：

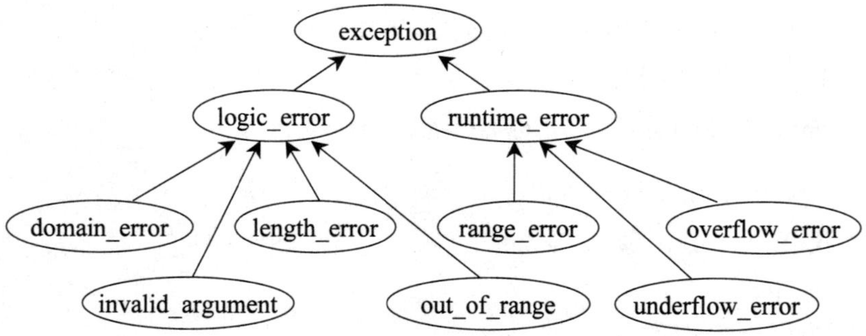

一个针对 runtime_errors 而编写的 catch 子句，可以捕捉类型为 range_error 和 overflow_error 的 exceptions。一个可接受最根源类（exception）的 catch 子句，可以捕捉此继承体系下的所有 exceptions。

此所谓的“继承架构中的 exception 转换”规则可适用于 by value，by reference 及 by pointer 3 种形式：

```
catch (runtime_error) ...              // 可捕捉类型为 runtime_error,
catch (runtime_error&) ...             // range_error 或 overflow_error
catch (const runtime_error&) ...       // 的错误。

catch (runtime_error*) ...             // 可捕捉类型为 runtime_error*,
catch (const runtime_error*) ...       // range_error* 或 overflow_error*
                                       // 的错误。
```

第二个允许发生的转换是从一个“有型指针”转为“无型指针”，所以一个针对 const void* 指针而设计的 catch 子句，可捕捉任何指针类型的 exception：

```
catch (const void*) ...              // 可捕捉任何指针类型的 exception。
```

“传递参数”和“传播 exception”的最后一个不同是，catch 子句总是依出现顺序做匹配尝试。因此，当 try 语句块中分别有针对 base class 而设计和针对 derived class 而设计的 catch 子句，一个 derived class exception 仍有可能被“针对 base class 而设计的 catch 子句”处理掉。例如：

```
try {
  ...
}
catch (logic_error& ex) {              // 此语句块将捕捉所有的
  ...                                  // logic_error exceptions,
}                                      // 甚至包括其 derived types。

catch (invalid_argument& ex) {         // 此语句块绝不会执行起来，
  ...                                  // 因为所有的 invalid_argument
}                                      // exceptions 都会被上述子句捕捉。
```

请将此行为拿来和“调用虚函数时所发生的事情”比对。当你调用一个虚函数，被调用的函数是“调用者（某个对象）的动态类型”中的函数。可以说，虚函数采用所谓的“best fit”（最佳吻合）策略，而 exception 处理机制遵循所谓的“first fit”（最先吻合）策略。如果“针对 derived class 而设计的 catch 子句”出现在“针对 base class 而设计的 catch 子句”之后，编译器可能会给你一个警告——有些更严厉的编译器甚至会发出错误消息，因为这样的代码在 C++ 中通常是不正确的。但是你的最佳行动纲领就是先发制人：绝不要将“针对 base class 而设计的 catch 子句”放在“针对 derived class 而设计的 catch 子句”之前。上述代码应该重新安排如下：

```
try {
  ...
}
catch (invalid_argument& ex) {      // 这里处理 invalid_argument
  ...                               // exceptions。
}
catch (logic_error& ex) {           // 这里用来处理其他
  ...                               // 所有的 logic_errors。
}
```

因此我们可以说，“传递对象到函数去，或是以对象调用虚函数”和“将对象抛出成为一个 exception”之间，有 3 个主要的差异。第一，exception objects 总是会被复制，如果以 by value 方式捕捉，它们甚至被复制两次。至于传递给函数参数的对象则不一定得复制。第二，“被抛出成为 exceptions”的对象，其被允许的类型转换动作，比“被传递到函数去”的对象少。第三，catch 子句以其“出现于源代码的顺序”被编译器检验比对，其中第一个匹配成功者便执行；而当我们以某对象调用一个虚函数，被选中执行的是那个“与对象类型最佳吻合”的函数，不论它是不是源代码所列的第一个。

条款 13：以 by reference 方式捕捉 exceptions

写一个 catch 子句时，你必须指明 exception objects 如何被传递到这个子句来。就像你可以选择参数如何被传递到函数来一样，现在你也有 3 种选择：by pointer，by value，或是 by reference。

首先让我们考虑 catch by pointer。理论上，将一个 exception 从抛出端搬移到捕捉端，必然是个缓慢的过程（见条款 15），而 by pointer 应该是最有效率的一种做法。因为 throw by pointer 是唯一在搬移“异常相关信息”时不需复制对象（见条款 12）的一种做法。例如：

```
class exception { ... };            //来自 C++ 标准程序库的
                                    //exception继承体系（见条款 12）。
```

```
void someFunction()
{
  static exception ex;                // exception object
  ...
  throw &ex;                          // 抛出一个指针，指向 ex。
  ...
}

void doSomething()
{
  try {
    someFunction();                   // 可能抛出一个 exception*。
  }
  catch (exception *ex) {             // 捕捉到 exception*,
    ...                               // 没有任何对象被复制。
  }
}
```

这看起来十分优雅整齐，但是它并不像你所看到得那么好。为了让这段代码能够运行，程序员必须有办法让 exception objects 在控制权离开那个“抛出指针”的函数之后依然存在。Global 对象及 static 对象都没问题，但程序员很容易忘记这项约束。于是，他们常常写出这样的代码：

```
void someFunction()
{
  exception ex;                       // 局部的 exception object,
                                      // 将在此函数结束时被销毁。
  ...
  throw &ex;                          // 抛出一个指针，指向
  ...                                 // 即将被销毁的对象。
}
```

这是很糟糕的情况，因为 `catch` 子句所收到的指针，指向不复存在的对象。

另一种做法是抛出一个指针，指向一个新的 heap object：

```
void someFunction()
{
  ...
  throw new exception;    // 抛出一个指针，指向一个新的 heap-based
  ...                     // object，并假设 operator new（见条款 8）
}                         // 本身不会抛出 exception!
```

这避免了“我捕捉到一个指针，它却指向一个已不存在的对象”问题。但是现在 `catch` 子句的作者遭遇了一个更难缠的问题：他们应该删除他们获得的指针吗？如果 exception object 被分配于 heap，他们必须删除，否则便会泄漏资源。如果

exception object 不是被分配于 heap，他们就不必删除之，否则便会招致未受定义的程序行为。该怎么做才好呢？

没有人知道该怎么做才好。某些人可能会把一个 global 或 static 对象的地址传出去，另一些人可能会把一个位于 heap 中的 exception object 的地址传出去。Catch by pointer 于是有了哈姆雷特的难题：to delete or not to delete？这个问题没有解答。

此外，catch-by-pointer 和语言本身建立起来的惯例有所矛盾。4 个标准的 exceptions——bad_alloc（当 operator new（条款 8）无法满足内存需求时发出）、bad_cast（当对一个 reference 施行 dynamic_cast 失败时发出，见条款 2）、bad_typeid（当 dynamic_cast 被实施于一个 null 指针时发出）、bad_exception（适用于未预期的异常情况，见条款 14）——统统都是对象，不是对象指针。所以你无论如何必须以 by value 或 by reference 的方式捕捉它们。

Catch-by-value 可以消除上述“exception 是否需要删除”及“与标准的 exception 不一致”等问题。然而在此情况下，每当 exception objects 被抛出，就得复制两次（见条款 12）。此外它也会引起切割（slicing）问题，因为 derived class exception objects 被捕捉并被视为 base class exceptions 者，将失去其派生成分。如此被切割过的对象其实就是 base class objects：它们缺少 derived class data members，当虚函数在其上被调用时，会被解析为 base class 的虚函数（这和对象以 by value 方式传递给函数时所发生的事情一样——见条款 E22）。例如，考虑一个应用程序，采用 exception class 标准继承体系的一个扩充版本：

```
class exception {          // 如上所述，这是标准的 exception class。
public:
  virtual const char * what() throw();
                           // 返回此 exception 的一份简要描述。
  ...
};

class runtime_error:                 // 也是来自 C++ 标准的
  public exception { ... };          // exception 继承体系。

class Validation_error:              // 这是用户新增的一个 class。
  public runtime_error {
public:
  virtual const char * what()throw();
```

```
                                 // 重新定义先前 class exception
  ...                            // 内声明的函数。
};

void someFunction()              // 可能会抛出一个有效的 exception。
{
  ...
  if (a validation test fails) {
    throw Validation_error();
  }
  ...
}

void doSomething()
{
  try {
    someFunction();              // 可能会抛出一个
  }                              // 有效的 exception。
  catch (exception ex) {         // 捕捉标准继承体系内的所有
                                 // exceptions（或其派生类）。
    cerr << ex.what();           // 调用的是 exception::what()，
    ...                          // 而非 Validation_error::what()。
  }
}
```

被调用的 what 函数是 base class 版——即使被抛出的 exception 属于 Validation_error 类型，而 Validation_error 重新定义了虚函数 what。这种切割（slicing）行为几乎不会是你所要的。

剩下就是 catch-by-reference 喽。Catch-by-reference 不需要蒙受我们所讨论的任何问题。它不像 catch-by-pointer，不会发生对象删除问题，因此也就不难捕捉标准的 exception。它和 catch-by-value 也不同，所以没有切割（slicing）问题，而且 exception objects 只会被复制一次。

如果我们使用 catch-by-reference 重写上一个例子，结果如下：

```
void someFunction()                   // 此函数内没有任何改变。
{
  ...
  if (a validation test fails) {
    throw Validation_error();
  }
  ...
}
```

```
void doSomething()
{
  try {
    someFunction();               // 这里没有变化。
  }
  catch (exception& ex) {         // 这里改用 catch by reference
                                  // 取代 catch by value。
    cerr << ex.what();         // 现在调用的是 Validation_error::what()
    ...                        // 而非 exception::what()。
  }
}
```

抛出端没有任何改变，catch 子句内的唯一改变是增加了一个 & 符号。然而这个微小的修改成就了一个极大的不同，因为 catch 语句块内所调用的虚函数，调用的是我们所期望的：是的，Validation_error 中的函数会被调用——如果它们重新定义了 exception 内的虚函数的话。

多么令人开心的结果呀！如果 catch by reference，你就可以避开对象删除问题——它会让你动辄得咎，做也不是，不做也不是；你也可以避开 exception objects 的切割（slicing）问题；你可以保留捕捉标准 exceptions 的能力；你也约束了 exception objects 需被复制的次数。所以什么才是你要的呢？Catch exceptions by reference！

条款 14：明智运用 exception specifications

不，我并没有否定它。exception specifications 还是有吸引力的。它让代码更容易被理解，因为它明确指出一个函数可以抛出什么样的 exceptions，但它不只是一个漂亮的注释而已。编译器有时候能够在编译期间侦测到与 exception specifications 不一致的行为。如果函数抛出了一个并未列于其 exception specification 的 exception，这个错误会在运行时期被检验出来，于是特殊函数 unexpected 会被自动调用。可以说，exception specifications 不但是一种文档式的辅助，也是一种实践式的机制，用来规范 exception 的运用。它确实满吸引人的。

然而，就像日常所见，美貌只是一种肤浅的表象。unexpected 的默认行为是调用 terminate，而 terminate 的默认行为是调用 abort，所以程序如果违反 exception specification，默认结果就是程序被中止。是的，局部变量不会获得销毁的机会，因为 abort 会使程序停摆，没机会执行此类清理工作。一个未获尊重的 exception specification 就像大洪水一般，会带来毁灭。最好永远不要发生这种事情。

不幸的是，很容易就能写出一个函数让这可怕的事情发生。因为编译器只会对 exception specifications 做局部性检验。它们所没有检验的——同时也是 C++ 明定不准拒绝的——是调用某个函数而该函数可能违反调用端函数本身的 exception specification（有些比较严谨的编译器会对此发出警告）。

考虑以下的 f1 函数声明，它没有 exception specification。此函数可以抛出任何一种 exception：

```
extern void f1();          // 可以抛出任何东西。
```

再考虑函数 f2，它通过它的 exception specification 声称，只抛出类型为 int 的 exceptions：

```
void f2() throw(int);
```

在 C++ 中，f2 调用 f1 绝对合法，即使 f1 可能抛出一个 exception 而该 exception 违反了 f2 的 exception specification：

```
void f2() throw(int)
{
  ...
  f1();                    // 合法，甚至即使 f1 可能抛出
  ...                      // int 以外的 exceptions。
}
```

这种弹性是必要的。是的，如果带有 exception specifications 的新代码和缺乏 exception specifications 的旧代码要整合在一起的话，这种弹性就有必要。

由于编译器心甘情愿地让你调用“可能违反当前函数本身的 exception specification”的函数，并且由于如此的调用行为可能导致程序被迫中止，所以如何才能将这种不一致性降到最低，是很重要的思考。一个好方法就是避免将 exception specifications 放在“需要类型自变量”的 templates 身上。考虑下面这个 template，它看起来好像绝不会抛出任何 exceptions：

```
// 一个不良的 template 设计，因为它带有 exception specifications。
template<class T>
bool operator==(const T& lhs, const T& rhs) throw()
{
  return &lhs == &rhs;
}
```

这个 template 为所有类型定义了一个 operator== 函数，针对同型的两个对象，如果其地址相同，便返回 true，否则便返回 false。

上述 template 有一个 exception specification，指明被此 template 所产生出来的函数不会抛出任何 exceptions。但其实那并非绝对为真，因为有可能 operator&（取址操作符——见条款 E45）已经被某些类型重载了。如果真是这样，operator== 内部调用 operator& 时便有可能由 operator& 抛出一个 exception。果真如此，上述的 exception specification 便遭违反，导致迈向 unexpected 之路。

这只是个特殊例子。更一般化的问题是，没有任何方法可以知道一个 template 的类型参数可能抛出什么 exceptions。所以千万不要为 template 提供意味深长的 exception specification，因为 templates 几乎必然会以某种方式使用其类型参数。结论是：不应该将 templates 和 exception specifications 混合使用。

避免踏上 unexpected 之路的第二个技术是：如果 A 函数内调用了 B 函数，而 B 函数无 exception specifications，那么 A 函数本身也不要设定 exception specifications。这是很简单的常识，但是有一种情况很容易被忘记，就是当允许用户注册所谓的 callback（回调）函数时：

```
// 函数指针类型。用于窗口系统的 callback（回调）函数——当窗口系统
// 发出一个 event。
typedef void (*CallBackPtr)(int eventXLocation,
                            int eventYLocation,
                            void *dataToPassBack);
// 窗口系统内的 class，用来放置用户注册的 callback 函数。
class CallBack {
public:
  CallBack(CallBackPtr fPtr, void *dataToPassBack)
  : func(fPtr), data(dataToPassBack) {}
  void makeCallBack(int eventXLocation,
                    int eventYLocation) const throw();

private:
  CallBackPtr func;          // callback 发生时所要调用的函数。
  void *data;                // 用来传给 callback 函数的数据。
};

// 为了实现 callback，我们调用已经注册的函数，
// 并以“event 的发生坐标”和“经过注册的数据”作为自变量。
void CallBack::makeCallBack(int eventXLocation,
                            int eventYLocation) const throw()
{
  func(eventXLocation, eventYLocation, data);
}
```

此处makeCallBack函数内部对func的调用，有可能违反exception specification，因为没有任何方法可以知道 func 可能抛出什么样的 exceptions。

如果在CallBackPtr typedef中加上exception specification，就可以消除这个问题[4]：

```
typedef void (*CallBackPtr)(int eventXLocation,
                            int eventYLocation,
                            void *dataToPassBack) throw();
```

有了这个 typedef，现在如果注册一个 callback 函数而后者无法保证不抛出任何东西，便会出现错误：

```
// 一个不带有 exception specification 的 callback 函数。
void callBackFcn1(int eventXLocation,
                  int eventYLocation,
                  void *dataToPassBack);

void *callBackData;
...
CallBack c1(callBackFcn1, callBackData);
             // 错误！因为 callBackFcn1 可能会抛出 exception。

// 一个带有 exception specification 的 callback 函数。
void callBackFcn2(int eventXLocation,
                  int eventYLocation,
                  void *dataToPassBack) throw();

CallBack c2(callBackFcn2, callBackData);
             // 没问题，因为 callBackFcn2 满足 exception specification。
```

“在函数指针传递之际检验 exception specifications”是晚些才加入的一个语言新特性。如果你的编译器不支持这项特性，不必太过惊讶。果真如此，你就只好自求多福，警诫自己不要犯下这类错误。

避免踏上 unexpected 之路的第三个技术是：处理“系统”可能抛出的 exceptions。其中最常见的就是 bad_alloc，那是在内存分配失败时由 operator new 和 operator new[] 抛出的（见条款 8）。如果你在函数内使用 new operator（条款 8），你必须有心理准备：这个函数可能会遭遇 bad_alloc exception。

虽说杜渐防微，预防胜于治疗，但有时候预防很困难，治疗反倒简单。也就是

---

4 哎呀，事实上它不能解决（至少是不能广具移植性地解决）。虽然许多编译器接受本页呈现的代码，但标准委员会宣称“typedef 内不可出现 exception specification”，而且没有任何解释。我不知道为什么。如果你需要一个可移植的解决方案，你必须将 CallBackPtr 改成一个宏。这么写真是伤我的心，唉！

说，有时候，直接处理非预期的 exceptions，反而比事先预防来得简单得多。举个例子，如果你所写的软件大量运用 exception specifications，但你被迫调用程序库提供的函数，而后者没有使用 exception specifications，那么你想要阻止非预期的 exceptions 发生，就是件不切实际的事，因为那非得改变程序库源代码不可。

如果“阻止非预期的 exceptions 发生”是件不切实际的事，你可以利用一个事实：C++ 允许你以不同类型的 exceptions 取代非预期的 exceptions。举个例子，假设你希望所有非预期的 exceptions 都以 UnexpectedException objects 取而代之，可以这么做：

```
class UnexpectedException {};    // 所有非预期的 exception objects
                                 // 都将被取代为此类的 objects。
void convertUnexpected()         // 如果有一个非预期的 exception
{                                // 被抛出，便调用此函数。
  throw UnexpectedException();
}
```

并以 convertUnexpected 取代默认的 unexpected 函数：

```
set_unexpected(convertUnexpected);
```

一旦完成这些布署，任何非预期的 exception 便会导致 convertUnexpected 被调用，于是非预期的 exception 被一个新的、类型为 UnexpectedException 的 exception 取而代之。那么，只要被违反的 exception specification 内含有 UnexpectedException，exception 的传播便会继续下去，好似 exception specification 获得满足似的。但如果 exception specification 未包含 UnexpectedException，terminate 会被调用，犹如从未取代 unexpected 一样。

“将非预期的 exceptions 转换为一个已知类型”的另一个做法就是，依赖以下事实：如果非预期函数的替代者重新抛出当前的（current）exception，该 exception 会被标准类型 bad_exception 取而代之。

以下代码就会发生这样的事情：

```
void convertUnexpected()         // 如果非预期的 exception 被
{                                // 抛出，此函数便被调用。它只是
  throw;                         // 重新抛出当前的 exception。
}

set_unexpected(convertUnexpected);
            // 安装 convertUnexpected，作为 unexpected 函数的替代品。
```

如果你做了上述安排，并且每一个 exception specifications 都含有 bad_exception（或其基类，也就是标准类 exception），你就再也不必担心程序会在遇上非预期的 exception 时中止执行。任何非预期的 exception 都会被一个 bad_exception 取代，而该 exception 会取代原来的 exception 继续传播下去。

现在你了解到了，exception specifications 可能带来许多麻烦。是的，编译器只为它执行局部性检验，在 templates 中使用它会有问题，它们很容易被不经意地违反，而且当它们被违反，默认情况下会导致程序草草中止。Exception specifications 还有另一个缺点，那就是它们会造成“当一个较高层次的调用者已经准备好要处理发生的 exception 时，unexpected 函数却被调用”的现象。例如，考虑以下这一段几乎是从条款 11 逐字抄录过来的代码：

```
class Session {        // 用来模拟在线活动（online sessions）。
public:
  ~Session();
  ...
private:
  static void logDestruction(Session *objAddr) throw();
};

Session::~Session()
{
  try {
    logDestruction(this);
  }
  catch (...) {  }
}
```

其中的 Session destructor 调用 logDestruction 以记录“有个 Session object 正被销毁”的事实，并以 catch (...) 明确指出它要捕捉任何可能被 logDestruction 抛出的 exceptions。然而 logDestruction 带有一个 exception specification，保证不抛出任何 exceptions。现在假设某些被 logDestruction 调用的函数抛出一个 exception，而 logDestruction 没有拦下它。这或许不会发生，但我们也了解，要写出这类违反 exception specifications 的代码，一点都不困难。当这个非预期的 exception 传播到达 logDestruction，函数 unexpected 会被调用，默认情况下会导致程序的中止。这是正确的行为，毫无疑问，但这是 Session destructor 的作者真正想要的行为吗？那位作者费尽苦心地处理所有可能的 exceptions，所以如果在中止程序之前没有给 Session destructor 内的 catch 语句块一个机会，似乎并不公平。如果 logDestruction 没有设定 exception specification，这个“我有意愿捕捉它——只要你给我机会”的剧情就不会上演。阻止它的办法之一就是，将 `unexpected` 函数以本书 p76 的技术取而代之。

对 exception specifications 保有持平的观点，至为重要。的确，它们对于“函数希望抛出什么样的 exceptions”提供了卓越的说明。而在“违反 exception specification 的下场十分悲惨，以至于需要立刻结束程序”的形势下，它们提供了默认行为。但是虽然有这些好处，它们相对也有一些缺点，包括编译器只对它们做局部性检验、很容易被不经意地违反等。此外它们可能会妨碍更上层的 exception 处理函数处理未预期的 exceptions——即使更上层的处理函数已经知道该怎么做。exception specifications 是一把双面刃，在将它加入函数之前，请考虑它所带来的程序行为是否真是你所想要的。

条款 15：了解异常处理（exception handling）的成本

为了能够在运行时期处理 exceptions，程序必须做大量簿记工作。在每一个执行点，它们必须能够确认“如果发生 exception，哪些对象需要析构”，它们必须在每一个 `try` 语句块的进入点和离开点做记号，针对每个 `try` 语句块它们必须记录对应的 `catch` 子句及能够处理的 exceptions 类型。这些簿记工作必须付出代价。运行时期的比对工作（以确保符合 exception specifications）不是免费的，exception 被抛出时销毁适当对象并找出正确的 `catch` 子句也不是免费的。是的，exception 的处理需要成本，即使你从未使用关键词 `try`，`throw` 或 `catch`，你也必须付出至少某些成本。

让我们从“即使从未使用任何 exception 处理机制，也必须付出”的最低消费额谈起。你必须付出一些空间，放置某些数据结构（记录着哪些对象已被完全构造妥当，见条款 10）；你必须付出一些时间，随时保持那些数据结构的正确性。这些成本通常相当适量。尽管如此，编译过程中如果没有加上对 exceptions 的支持，程序通常比较小，执行时也比较快。如果编译过程中加上对 exceptions 的支持，程序就比较大，执行时也比较慢。

理论上，面对这些成本你别无选择：exceptions 是 C++ 的一部分，编译器必须支持它们，就是这么回事。即使你未使用 exception 处理机制，你也不能期望编译器厂商消除这些成本，因为程序通常是由多个独立完成的 object files 构成，其中一个不做任何与 exceptions 相关的事，并不表示其他也都如此。此外，即使程序赖以构成的 object files 中没有任何一个运用了 exceptions，它们所连接（link）的程序库又如何？只要程序的任一部分运用了 exceptions，整个程序就必须支持它，否则就不可能在运行时期提供正确的 exception 处理行为。

这只是理论。事实上，大部分对 exception 处理机制有所支持的厂商，允许你自行决定是否要在它们所产生的代码上放置“exceptions 支持能力”。如果你知道你的程序没有任何一处使用 `try`, `throw` 或 `catch`，而且你也知道你所连接的程序库没有一个有用到 `try`, `throw` 或 `catch`，你可以在编译过程中放弃支持 exception，并因而免除了大小和速度的成本；否则你会获得一个你其实并未使用的性质。随着时间过去，程序库对 exceptions 的运用普及度愈来愈高，这个策略会变得比较无处着力，但是目前 C++ 软件开发的现况是，如果你决定不使用 exceptions，并让编译器知道，编译器可以适度完成某种性能优化。对于避免 exceptions 的程序库而言，这也是一个诱人的优化机会，前提是必须保证“client 端抛出的 exceptions 绝不会传入程序库”。这是一个困难的保证，因为它会对“client 重新定义程序库内的虚函数”带来妨碍，也会对“client 定制 callback 函数”带来排挤影响。

Exception 处理机制带来的第二种成本来自 `try` 语句块。只要你用上那么一个，也就是说一旦你决定捕捉 exceptions，你就得付出那样的成本。不同的编译器以不同的方法实现 `try` 语句块，所以付出的代价各不相同。粗略估计，如果使用 `try` 语句块，代码大约整体膨胀 5%~10%，执行速度亦大约下降这个数。这是在假设没有任何 exceptions 被抛出的情况下。此处我们所讨论的只是“代码中出现 `try` 语句块”的成本而已。为了将此成本最小化，你应该避免非必要的 `try` 语句块。

面对 exception specifications，编译器产出的代码倾向于类似面对 `try` 语句块的作为，所以一个 exception specification 通常会招致与 `try` 语句块相同的成本。什么？你说什么？你认为 exception specifications 只不过是一种规范（specifications）而已，你不认为它会带来代码的任何影响？喔，现在你有些新东西需要思考了。

这把我们带到一个中心思维：抛出一个 exception，成本几何？事实上这不应该成为关心的焦点，因为 exceptions 应该是罕见的，毕竟它们是用来表现异常的发生。80-20 法则（见条款 16）告诉我们，如此的事件应该不会对一个程序的整体性能有太巨大的冲击才是。尽管如此，我知道你很好奇，如果你抛出一个 exception，会带来多大的冲击？答案是：可能十分巨大。和正常的函数返回动作比较，由于抛出

exception 而导致的函数返回，其速度可能比正常情况下慢 3 个数量级。这可是大冲击。但是只有在抛出 exception 时你才需要承受这样的冲击，而 exceptions 的出现应该是罕见的。然而如果你视 exceptions 为一种用来表现“相对平常”的状态的工具，例如，用来表现一个数据结构的遍历完成，或是一个循环的结束，那么现在正是你好好反省的时机。

但是，等等，怎么知道这些东西？如果大部分编译器十分晚些才加入对 exceptions 的支持（事实的确如此），并且如果不同的编译器以不同的方法实现其支持方式（事实也的确如此），我怎么能说一个程序的大小会成长约 5%~10%，而其速度会下降约相同数量呢？我又怎么能说如果有许多 exceptions 被抛出，程序的执行会慢 3 个数量级呢？答案令人不寒而栗：我根据的是一些小道消息和一些测试结果（见条款 23）。事实上大部分人——包括大部分编译器厂商——对于 exceptions 都没什么经验，所以虽然我们知道它会带来额外的成本，却很难精确预估那些成本。

审思明辨的做法就是，了解本条款所描述的成本，但是不要对以上数据过度敏感。不论 exception 处理过程需要多少成本，你都不应该付出比你该付出的部分更多。为了让 exception 的相关成本最小化，只要能够不支持 exceptions，编译器便不支持；请将你对 `try` 语句块和 exception specifications 的使用限制于非用不可的地点，并且在真正异常的情况下才抛出 exceptions。如果你还是有性能上的问题，请利用分析工具（profiler）分析你的程序（见条款 16），以决定“对 exception 的支持”是否是一个影响因素。如果是，请考虑改用不同的编译器——改用一个能够以较高效率提供“C++ exception 处理机制”的编译器。

效率

Efficiency

我怀疑可曾有人针对 C++ 软件开发人员，进行俄国生理学家 Pavlov（巴甫洛夫）的著名实验。否则谁能够解释，为什么当效率这个字眼被提起的时候，一大堆程序员就开始流口水？（译注：Pavlov，1849~1936，1904 年诺贝尔生理学暨医学奖得主。他最著名的实验就是：狗一看到肉就“条件反射”地流口水。）

效率是件严肃的事情。程序如果太庞大或太迟缓，不论它的功能多么强大，都难以被用户接受。的确应该如此，毕竟软件是用来帮助我们把事情做得更好，而我们很难说愈慢代表愈好，或说 32MB 内存需求量比 16MB 更好，或说 100MB 磁盘空间需求量比 50MB 更好。此外，虽然某些程序之所以变得更大，消耗更多内存，是为了实现规模宏大雄心勃勃的计算能力，但也有太多程序，其庞大的身躯和迟缓的脚步必须归咎于不良的设计和懒散草率的编程习惯。

以 C++ 撰写高效程序，应该先认清一点，那就是 C++ 有可能对你原已存在的性能问题无能为力。如果你想写出一个高效的 C++程序，首先你必须能够写出一个高效程序。太多开发人员漠视此简单的事实。是的，循环可以手动展开，乘法可利用移位（shift）运算代替，但如果你所使用的高阶算法天生效率不彰，任何微调都影响不了大局。你可曾在线性算法适用的场合中，使用二次算法？你可曾一再计算相同数值？你可曾让“降低昂贵运算的平均成本”的机会飘然而逝？如果是，你不应该惊讶你的程序被视为次级景点——虽然值得一看，但还是等有多余的时间再说吧。

本章以两个角度对“效率”主题发动攻击。第一个角度和程序语言无关，其相关讨论适用于任何程序语言。针对书中所列的观念，C++ 有一个极佳的实现媒介：

由于它对封装（encapsulation）的强力支持，我们有可能将低效率的 class 实现品以相同接口但拥有较佳算法和数据结构的新产品取代。

第二个角度和 C++ 本身有强烈关系。高性能算法和数据结构虽然很棒，但是草率的实现过程却会严重降低其影响力。最阴鸷险恶的错误就是“产生和销毁过多对象”，这不但容易形成，而且不容易被辨识出来。多余对象的构造动作和析构动作像是程序性能的大出血，每次一有非必要的对象被产生和被销毁，便流失宝贵的 CPU 时间。这个问题在 C++ 程序中是如此普遍，我特别为它贡献 4 个各自独立的条款，分别描述非必要的对象究竟来自何处，以及如何消除它们而又不损害程序的正确性。

程序变大和变慢，并不只因为产生太多对象。高性能道路上的其他坑坑洞洞还包括程序库的选用及语言特性的施行。以下各条款中，我也会讨论到这些题目。

读过本章内容之后，你将对改善性能的数个原则（几乎适用于任何程序）有所熟悉，你将确切知道如何阻止非必要的对象在程序中蔓延，对于编译器如何产生可执行文件，也会有更敏锐的了解。

有人说预先注意就是预先武装。若是如此，请把以下信息视为战斗前的准备。

条款 16：谨记 80-20 法则

80-20 法则说：一个程序 80% 的资源用于 20% 的代码身上。是的，80% 的执行时间花在大约 20% 的代码身上，80% 的内存被大约 20% 的代码使用，80% 的磁盘访问动作由 20% 的代码执行，80% 的维护力气花在 20% 的代码上面。这个法则在数不尽的机器平台、操作系统，以及应用程序上不断地获得验证。80-20 法则不只是一个动人的口号而已，它是系统性能议题上的一个准则，有广大的应用价值和坚实的实证基础。

当我们考虑 80-20 法则时，有一点很重要：不要过于拘泥字面上的数字。有些人喜欢更严厉的 90-10 法则，也有人喜欢同样有着实验证据而稍微宽松的数据。不论正确数字为何，基本的重点在于：软件的整体性能几乎总是由其构成要素（代码）

的一小部分决定。

当程序员努力提升软件性能的时候，80-20 法则既可以简化你的生活，也可以使你的生活更复杂。从某个角度看，80-20 法则暗示，大部分时候你所产出的代码，其性能坦白说是平凡的，因为 80% 的时间中，其效率不会影响系统整体性能。或许这不至于对你的自尊心造成太大打击，但应该多少会降低你的压力。从另一个角度看，这个法则暗示，如果你的软件有性能上的问题，你将面临悲惨的前景，因为你不只需要找出造成问题的那一小段瓶颈所在，还必须找出办法来大幅提升其性能。这些工作之中，最麻烦的还是找出瓶颈所在。有两个本质不同的方法可以逼近它：一种是大部分人采用的做法，另一种是正确的做法。

大部分人采用的瓶颈查找法是“猜”。用经验猜，用直觉猜，用意大利纸牌猜，或是请碟仙，或是根据谣言，或更糟的是根据代代相传流于仪式的宣称：因为网络的延迟啦，因为内存分配器没有做适当的调整啦，因为编译器没有足够的优化啦，或是因为某个愚蠢的经理拒绝我在关键的内部循环中使用 inline assembly 啦……如此的见解与判断往往夹带着一丝叫人不得不领情的嘲讽，而嘲讽者和其预判却又往往都是错误的。

大部分程序员对于程序的性能特质，都有错误的直觉，因为程序的性能特质倾向高度的非直觉性。结果，无数的努力灌注在一些绝对无法提升整体性能的程序段落上头，形成严重的精力浪费。举个例子，我们当然可以采用某些特选的算法和数据结构加入程序之中，将运算量最小化，但如果这个程序受制于 I/O（所谓 I/O-bound），那么前述种种努力对性能就一点帮助也没有。我们可以选用威力强化的 I/O 程序库（见条款 23）来取代编译器所附的版本，但如果程序受制于 CPU（所谓 CPU-bound），这对性能也发挥不了什么作用。

那么，如果你面对一个迟缓的程序或是一个内存用量过大的程序，你该怎么办？80-20 法则告诉我们，如果你只是东一块西一块地改善程序，病急乱投医，头痛医头脚痛医脚，不会有太大帮助。“程序的性能特质倾向高度的非直觉性”这个事实意味，企图猜出性能瓶颈之所在，比头痛医头脚痛医脚更是不如。那么，什么是可行之道？

可行之道就是完全根据观察或实验来识别出造成你心痛的那 20% 代码。而辨识之道就是借助某个程序分析器（program profiler）。然而并不是任何分析器都足堪大任，它必须可以直接测量你所在意的资源。例如，假设你的程序太慢，你需要一个分析器告诉你程序的不同区段各花费多少时间，于是你便可以专注在特别耗时的地方加以改善，这不但可以巨幅提升局部效率，对整体效率也会有极大帮助。

那种告诉你每个语句需要多少执行时间，或是每个函数被调用多少次的分析器（profiler），其实功能有限。从性能观点来看，你不必在乎一个语句被执行多少次或一个函数被调用多少次。毕竟，程序用户或程序库客户之中，会抱怨“执行太多语句”或是“调用了太多函数”的人是很罕见的。如果你的软件够快，没有人会在乎执行太多语句；如果你的软件过慢，也没有人会因为你执行了很少的语句而原谅你。他们所在乎的只是：他们讨厌等待，如果你的程序让他们等待，他们就会讨厌你。

当然啦，知道语句被执行或函数被调用的频繁度，有时候可以让你对你的软件行为有更深刻的了解。举个例子，如果你为某个 class 产生一百个对象，而该 class 的 constructors 却被调用了数千次，那当然值得注意。此外，语句的执行次数和函数的调用次数可以间接协助你了解你无法直接测量的软件行为。如果你无法直接测量动态内存的使用，那么，知道内存分配函数和释放函数（如 `new`，`new[]` 和 `delete`，`delete[]`——见条款 8）被调用的频率，至少也可以带来一些联想。

当然，即使是最好的分析器（profilers）也受制于它所使用的数据。如果你以无法重现的（unrepresentative）数据喂给你的程序，然后分析其行为，那么万一分析器引导你去调整属于 80% 那一部分代码——它们对于整体性能通常没有什么责任——你就没有立场加以抱怨。记住，分析器只能告诉你程序在某次（或某组）特定执行过程中的行为，因此如果你以无法重现的数据喂给你的程序，然后分析之，你便是在分析无法重现的行为。那可能会导致你对一些不常被使用的程序行为做优化努力，这对常用部分的整体冲击可能反而是负面的。

防范这种病态结果的最佳办法就是尽可能地以最多的数据来分析你的软件。此外，你必须确保每一组数据对于此软件的所有客户（或至少最重要的客户）而言都是可重制的（representative）。可重制数据通常不难取得，因为许多客户会很乐意让你使用他们的数据做软件分析之用。毕竟，你将因此调整你的软件以符合他们的需求，而那对你们双方都好。

条款 17：考虑使用 lazy evaluation（缓式评估）

从效率的观点来看，最好的运算是从未被执行的运算。那当然好，但如果你不需要做某些事，当初又何必把相应的代码放进程序呢？如果你确实需要做某些事，你又怎么可能避免相应代码的执行？

关键在于所谓的拖延战术。

当你还是小孩的时候，父母亲要你清理房间的情景，你还记得吗？如果你和我一样，你会说“好”，然后继续进行手上的动作，你不会去清理房间。事实上，清理房间是在万不得已的情况下（通常是在走廊上传来父母亲的脚步声，他们打算看你是否真的行动了）才开始行动。然后你会以百米冲刺的速度，全速清理房间。如果你够幸运，你的双亲根本没来查看，那么你就不必清理房间，而且躲过一劫。

拖延战术在五岁小孩身上管用，在 C++ 程序员身上一样管用。然而在计算机科学里，这样的拖延战术有了一个高贵的名称：lazy evaluation（缓式评估）。一旦你采用 lazy evaluation，就是以某种方式撰写你的 classes，使它们延缓运算，直到那些运算结果刻不容缓地被迫切需要为止。如果其运算结果一直不被需要，运算也就一直不执行。

或许你对我所说的很惊讶，或许举个实际例子会有帮助。lazy evaluation 可在多种场合派上用处，我打算描述 4 种用途。

Reference Counting（引用计数）

考虑这样的代码：

```
class String { ... };        // 一个字符串类（标准的 string 类型也许便是以
                             // 稍后所描述的技术实现的，不过并非一定如此）。
```

```
String s1 = "Hello";
String s2 = s1;          // 调用 String 的 copy constructor。
```

String copy constructor 的一个常见做法是，一旦 s2 以 s1 为初值，便导致 s1 和 s2 各有自己的一份“Hello”副本。如此的 copy constructor 会导致相当大的成本代价，因为它必须为 s1 的内容做一份副本，交给 s2，而那通常会伴随着用 new operator（见条款 8）分配 heap 内存，并调用 strcpy 将 s1 的数据复制到 s2 所分配的内存内。这是所谓的 eager evaluation（急式评估）：只因 String 的 copy constructor 被调用，就为 s1 做一个副本并放进 s2 内。其实此时 s2 尚未真正需要实际内容，因为 s2 尚未被使用。

缓式（lazy）做法可以省下许多工作。我们让 s2 分享 s1 的值，而不再给予 s2 一个“s1 内容副本”。唯一需要做的就是一些簿记工作，使我们得以知道谁共享了些什么东西。这种做法节省了“调用 new”及“复制任何东西”的高昂成本。“s1 和 s2 共享同一个数据结构”这个事实对客户而言是透明的，对以下语句当然也不会有影响，因为以下语句只是读取数据，并不写入数据：

```
cout << s1;              // 读出 s1 的值
cout << s1 + s2;         // 读 s1 和 s2 的值
```

事实上，数据共享所引起的唯一危机是在其中某个字符串被修改时发生的。此时应该（我们期望）只有一个（而非两个）字符串被修改。下面的语句中：

```
s2.convertToUpperCase();
```

应该只有 s2 的内容被改变，s1 并没有改变。

为了处理这样的语句，我们必须令 String 的 convertToUpperCase 函数为 s2 的内容做一个副本，并在修改它之前先让该副本成为 s2 的私有数据。在 convertToUpperCase 函数内，我们再不能够做任何拖延了：我们必须将 s2（被共享的）的内容做一个副本，给 s2 私人使用。另一方面，如果 s2 从未被更改，我们就不需要为其内容做一个私有副本，该内容可以继续被共享。如果我们够幸运，s2 从未被修改，那么我们就不需要求取其值。

这种“数据共享”的行动细节（及相应代码）在条款 29 有详细叙述，其观念便是 lazy evaluation：在你真正需要之前，不必着急为某物做一个副本。取而代之的是，以拖延战术应付之——只要能够，就使用其他副本。在某些应用领域，你常有可能永远不需要提供那样一个副本。

区分读和写

继刚刚所举的 reference-counting 字符串实例之后，更进一步，我们看看 lazy evaluation 带给我们的第二种应用。考虑以下代码：

```
String s = "Homer's Iliad";   // 假设 s 是个 reference-counted 字符串。
...
cout << s[3];                 // 调用 operator[] 以读取数据 s[3]。
s[3] = 'x';                   // 调用 operator[] 将数据写入 s[3]。
```

第一个 operator[] 调用动作用来读取字符串的某一部分，第二个调用则执行一个写入动作。我们希望能够区分两者，因为对一个 reference-counted 字符串做读取动作，代价十分低廉，但是对这样一个字符串做写入动作，可能需要先为该字符串做出一个副本。

这使我们处于一个困难的实现位置上。为了达成我们所想要的，我们必须在 operator[]内做不同的事情（视它用于读取功能或写入功能而定）。我们如何能够判断 operator[]是在读或写的环境下被调用的呢？答案很残忍：我们无能为力。然而如果运用 lazy evaluation 和条款 30 所描述的 proxy classes，我们可以延缓决定“究竟是读还是写”，直到能够确定其答案为止。

Lazy Fetching（缓式取出）

Lazy evaluation 的第三个例子是：想象你的程序使用大型对象，其中内含许多字段。如此对象必须在程序每次执行时保持与前次执行的一致性与连贯性，所以它们必须存储于一个数据库中。每个对象有一个独一无二的对象识别码，可用来从数据库中取回对象：

```
class LargeObject {              // 大型的、可持久存在的（persistent）对象。
public:
  LargeObject(ObjectID id);         // 从磁盘中回存对象。

  const string& field1() const;     // 字段 1 的值。
  int field2() const;               // 字段 2 的值。
  double field3() const;            // ……
  const string& field4() const;
  const string& field5() const;
  ...
};
```

现在考虑从磁盘中回复一个 LargeObject 对象所需的成本：

```
void restoreAndProcessObject(ObjectID id)
{
  LargeObject object(id);        // 回复对象。
  ...
}
```

由于 `LargeObject` 的体积很大，欲取出此类对象的所有数据，数据库相关操作程序可能成本极高，特别是如果这些数据必须从远程数据库跨越网络而来。某些情况下，读取所有数据其实是不必要的。举个例子，考虑下面这种应用：

```
void restoreAndProcessObject(ObjectID id)
{
  LargeObject object(id);

  if (object.field2() == 0) {
    cout << "Object " << id << ": null field2.\n";
  }
}
```

此处只用到 `field2`，所以设立其他字段所花费的任何努力都是一种浪费。

此问题的缓式（lazy）做法是，我们在产生一个 `LargeObject` 对象时，只产生该对象的"外壳"，不从磁盘读取任何字段数据。当对象内的某个字段被需要了，程序才从数据库中取回对应的数据。下面的做法可实现出这种所谓的"demand-paged"式的对象初始化行为：

```
class LargeObject {
public:
  LargeObject(ObjectID id);

  const string& field1() const;
  int field2() const;
  double field3() const;
  const string& field4() const;
  ...

private:
  ObjectID oid;

  mutable string *field1Value;     // 稍后我会讨论"mutable"。
  mutable int *field2Value;
  mutable double *field3Value;
  mutable string *field4Value;
  ...
};
```

```
LargeObject::LargeObject(ObjectID id)
: oid(id), field1Value(0), field2Value(0), field3Value(0), ...
{}

const string& LargeObject::field1() const
{
  if (field1Value == 0) {
    read the data for field 1 from the database and make
    field1Value point to it;
  }

  return *field1Value;
}
```

对象内的每个字段都是指针，指向必要的数据，而 `LargeObject` constructor 负责将每个指针初始化为 null。如此的 null 指针象征字段数据尚未由数据库读入。`LargeObject` 的每一个 member function 在访问字段指针所指的数据之前，都必须检查字段指针的状态。如果指针是 null，表示对应的数据必须先从数据库读入，然后才能操作该数据。

实现 lazy fetching 时，你必须面对一个问题：null 指针可能会在任何 member functions（包括 `const` member functions，如 `field1`）内被赋值，以指向真正的数据。然而当你企图在 `const` member functions 内修改 data members，编译器不会同意。所以你必须用某种方法告诉编译器说："放轻松，我知道我正在干什么"。说这句话的最好方法就是将指针字段声明为 `mutable`，意思是这样的字段可以在任何 member function 内被修改，甚至是在 `const` member functions 内（见条款 E21）。这就是为什么上述 `LargeObject` 的所有字段都被声明为 `mutable` 的缘故。

关键词 `mutable` 很晚才加入 C++ 标准内，所以你的编译器厂商很可能尚未支持它。果真如此，你需要另一种方法来让编译器同意你在 `const` member functions 内修改 data members。一个可行的办法是所谓的"冒牌 `this`"法：产生一个 pointer-to-non-`const` 指向 `this` 所指对象。当你需要修改某个 data member 时，就通过这个冒牌的 `this` 指针来进行：

```
class LargeObject {
public:
  const string& field1() const;     // 与前相比，没有任何改变。
  ...
private:
  string *field1Value;              // 不再声明为 mutable，
  ...                               // 为的是让旧式编译器亦可接纳。
};
```

```
const string& LargeObject::field1() const
{
  // 声明一个名为 fakeThis 的指针，指向 this 所指对象，
  // 并先将该对象的常量性（constness）转型掉。
  LargeObject * const fakeThis =
    const_cast<LargeObject* const>(this);

  if (field1Value == 0) {
    fakeThis->field1Value =      // 此赋值动作没有问题，
      the appropriate data       // 因为 fakeThis 所指的并不是
      from the database;         // 一个 const 对象。
  }

  return *field1Value;
}
```

此函数利用 const_cast（见条款 2），将 *this 的常量性滤掉。如果你的编译器不支持 const_cast，你还可以使用旧式的 C 转型动作：

```
// 使用旧式转型动作，以协助模拟 mutable。
const string& LargeObject::field1() const
{
  LargeObject * const fakeThis = (LargeObject* const)this;
  ...                              // 如上。
}
```

再次看看 LargeObject 内的指针。让我们面对这个事实：将所有这些指针初始化为 null，然后在使用之前测试它。这样不仅沉闷、令人生厌，而且容易出错。幸运的是，如此单调乏味的苦工可由 smart pointers（见条款 28）自动完成。如果你在 LargeObject 内使用 smart pointers，就不再需要为这些指针声明 mutable。啊，其实只是延后使用而已，因为当你忙完这些，坐下来准备实现 smart pointer class 时，还是需要用到 mutable。不妨把它视为另一种“拖延战术”。

Lazy Expression Evaluation（表达式缓评估）

lazy evaluation 的最后一个例子来自数值应用。考虑以下代码：

```
template<class T>
class Matrix { ... };               // 同质（homogeneous）矩阵。

Matrix<int> m1(1000, 1000);         // 一个 1000×1000 的矩阵。
Matrix<int> m2(1000, 1000);         // 同上。
...
Matrix<int> m3 = m1 + m2;           // 将 m1 加上 m2。
```

operator+ 通常采用 eager evaluation（急式评估）。此例会计算并返回 m1 和 m2 的总和。这是一个大规模运算（1,000,000 个加法），此外还有大量内存分配成本。

Lazy evaluation 策略于是说话了：“动作太多，我不打算这么做”。它设立一个数据结构于 m3 中，表示 m3 的值是 m1 和 m2 的总和。如此的数据结构可能只是由两个指针和一个 enum 构成，前者指向 m1 和 m2，后者用来指示运算动作是“加法”。很明显，设立这样的数据结构可比“对 m1 和 m2 进行加法”快多了。耗用的内存也少得多。

假设之后，在 m3 被使用之前，程序执行了以下动作：

```
Matrix<int> m4(1000, 1000);
...                                 // 给予 m4 某些值。
m3 = m4 * m1;
```

现在我们可以忘记 m3 是 m1 和 m2 的总和了（于是省下了计算成本），从现在开始我们可以记录：m3 是 m4 和 m1 的乘积。不用说，我们不会立刻执行这个乘法。何必操心呢？我们一向慢慢来（lazy），你忘了吗？

这个例子看起来有点做作，因为没有一位程序员会在程序中计算两个矩阵的和却不使用它。但其实这例子并非真的那么做作。虽然没有任何程序员会故意计算一个不需要的值，但是在维护过程中，程序员更改执行路线，使原本有用的计算变得不再必要，是常有的事。欲降低这种即兴式演出所带来的影响，请在使用对象的前一刻才将对象定义出来（见条款 E32）。然而，即使如此循循善诱，目前所讨论的问题仍然不定时地就会出现。

尽管如此，如果这是 lazy evaluation 取得功名的唯一机会，那么实在不值得我们如此大费周章。更常见的一种情况是，我们只需要大型运算中的部分运算结果。例如，假设我们将 m3 初始化为 m1 和 m2 的总和之后，这样使用 m3：

```
cout << m3[4];            // 输出 m3 的第四行（4th row）。
```

很显然我们不再能够采用拖延战术——我们必须计算 m3 第四行（row）的值。但是也不要过度热心，因为没有理由在此刻计算 m3 第四行以外的任何值。那些值可以保持未计算状态，直到真正被需要为止。如果幸运，也许根本不必计算它们。

我们成为幸运儿的几率有多少？矩阵运算的经验告诉我们，很大。事实上正因为 lazy evaluation 才撑起 APL 的神奇。APL 开发于 20 世纪 60 年代，允许用户以交谈的方式使用此软件执行矩阵运算。虽然当时它所处的执行平台，其运算能力比起今天高档微波炉烤箱内的芯片恐怕尚有不足，但 APL 表面上能够快速处理加法，乘法，甚至除法。其所运用的伎俩就是 lazy evaluation。这个伎俩通常极具效力，因为 APL 的用户通常之所以对矩阵做加法、乘法或除法，并不是因为他们需要整个矩阵结果，而是只需要其中一小部分。APL 采用 lazy evaluation 来延缓计算，直到它确切知道其结果矩阵的哪一部分被真正需要，然后就只做那一部分计算。这允许用户在一个"底部机器尚未成熟到足以实现出 eager evaluation（急式评估）"的环境中，以交谈的方式执行"运算密集"工作。今天，虽然机器更快了，但数据量也更大了，用户也更没有耐性了，所以许多当代的矩阵程序库仍然继续借重 lazy evaluation。

很公平的是，拖延战术有时无法成功。如果 m3 被这样使用：

```
cout << m3;            // 输出 m3 的所有内容。
```

钓钩拉起来了，呵，我们必须计算 m3 的完整内容。同样道理，如果 m3 所依持的矩阵之中有一个被修改了，我们也必须立刻动作：

```
m3 = m1 + m2;          // 记录：m3 是 m1 和 m2 的总和。
m1 = m4;               // 现在：m3 应该是 m2 和“m1 旧值”的总和。
```

在这里我们必须做点事情，确保对 m1 的赋值动作不会改变 m3。在 Matrix<int> 的 assignment 操作符中，我们可能会在改变 m1 之前先计算 m3 的值，或者我们可能将 m1 的旧值复制一份，然后再令 m3 依从该值。我们必须另外做某些事情以保证 m3 有其该有的值，不因 m1 的改变而改变。其他可能会修改矩阵值的函数，也必须以类似方式处理。

由于必须存储数值间的相依关系，而且必须维护一些数据结构以存储数值、相依关系，或是两者的组合，此外还必须将赋值（assignment）、复制（copying）、加法（addition）等操作符加以重载，所以 lazy evaluation 在数值运算领域中有许多工作要做。不过辛苦有代价，它通常能够在程序执行时节省大量的时间和空间，在许多应用领域中，此收益足以让程序员为 lazy evaluation 卖命。

摘要

上述 4 个例子显示，lazy evaluation 在许多领域中都可能有用途：可避免非必要的对象复制，可区别 `operator[]`的读取和写动作，可避免非必要的数据库读取动作，可避免非必要的数值计算动作。尽管如此，lazy evaluation 并非永远是好主意。就像你搁下打扫房间的工作一样，如果你的父母一定会来检查的话，你终究还是得打扫，占不到丁点便宜。是的，如果你的计算是必要的，lazy evaluation 并不会为你的程序节省任何工作或任何时间。事实上如果你的计算绝对必要，lazy evaluation 甚至可能使程序更缓慢，并增加内存用量，因为程序除了必须做你原本希望避免的所有工作之外，还必须处理那些为了 lazy evaluation 而设计的数据结构。只有当“你的软件被要求执行某些计算，而那些计算其实可以避免”的情况下，lazy evaluation 才有用处。

Lazy evaluation 并非 C++ 的专属技能。这项技术可以用任何一种程序语言完成，有数种语言——尤其是 APL、某些 Lisp 版本，以及几乎所有的数据流（dataflow）语言——已接受这个观念成为语言的一个基础成分。但主流程序语言仍然采用 eager evaluation，而 C++ 是主流语言之一。不过，C++ 特别适合作为“由用户完成的 lazy evaluation”的载体，因为它支持封装性质（encapsulation），使我们有可能把 lazy evaluation 加入某个 class 内而不必让其客户知道详情。

再次看看上述例子中的程序片段，你可以验证，那些 class 接口对于是否使用 eager evaluation 或 lazy evaluation 并没有露出半点蛛丝马迹。这意味着你可以先实现一个 class，使用直接而易懂的 eager evaluation 策略，但是在分析报告（见条款 16）指出“这个 class 乃性能瓶颈之所在”后，以另一个实行 lazy evaluation 的 class 取代原先的 class（见条款 E34）。你的客户唯一可能见到的改变（在重新编译或重新连接之后）就使性能有了改善。这是客户喜爱的一种软件加强法，一种让你竟然可以对懒惰（lazy）感到骄傲的方法。

条款 18：分期摊还预期的计算成本

在条款 17 中，我赞扬了拖延战术（laziness）——也就是尽可能把事情延后执行——的价值，我也解释了拖延战术如何改善程序性能。本条款中我将站在一个不同的位置，在这里拖延战术无着力点。现在我鼓励你改善软件性能的方法是：令它超前进度地做“要求以外”的更多工作。此条款背后的哲学可称为超急评估（over-eager evaluation）：在被要求之前就先把事情做下去。

举个例子，考虑一个 class template，用来表现数值数据的大型收集中心：

```
template<class NumericalType>
class DataCollection {
public:
  NumericalType min() const;
  NumericalType max() const;
  NumericalType avg() const;
  ...
};
```

假设 `min`，`max` 和 `avg` 3 个函数分别返回该数据群当时的最小值、最大值和平均值。这些函数的实现法有 3 种。第一种是使用 eager evaluation，于是我们在 `min`，`max` 或 `avg` 被调用时才检查所有数据，然后返回检查结果；第二种是使用 lazy evaluation，于是我们令这些函数返回某些数据结构，用来在“这些函数的返回值真正需要被派上用场”时，决定其适当数值；第三种是使用 over-eager evaluation，也就是随时记录程序执行过程中数据集的最小值、最大值和平均值，一旦 `min`，`max` 或 `avg` 被调用，我们便能立刻返回正确的值，无须再计算。如果 `min`，`max` 和 `avg` 常被调用，我们便能够分期（逐次）摊还“随时记录数据群之最小、最大、平均值”的成本，而每次调用所需付出的（摊还后的）成本，将比 eager evaluation 或 lazy evaluation 低。

Over-eager evaluation 背后的观念是，如果你预期程序常常会用到某个计算，你可以降低每次计算的平均成本，办法就是设计一份数据结构以便能够极有效率地处理需求。

其中最简单的一个做法就是将“已经计算好而有可能再被需要”的数值保留下来（所谓 caching）。例如，假设你写一个程序用来提供职员信息，而你预期职员的房间号码在此程序中常常会被使用。更深一层假设，职员相关信息存储在一个数据库中。由于大部分应用程序并不需要职员的房间号码，所以这个数据库并没有特别针对此字段做优化。为避免这个有着特殊应用的程序重复不断地寻找职员房间号码而造成数据库的不当压力，你可以写一个 `findCubicleNumber` 函数，会将它所找到的房间号码记录下来。后继再有房间号码的查询需求时，如果该号码已取出，就可借用高速缓存（cache）完成任务，不必再去查询数据库。

下面是 findCubicleNumber 的一种实现方法，其中使用 Standard Template Library（“STL”——见条款 35）提供的 map object 作为一个局部缓存：

```
int findCubicleNumber(const string& employeeName)
{
  // 定义一个 static map 以持有 (employee name, cubicle number) 数据对。
  // 这个 map 用来作为局部缓存（local cache）。
  typedef map<string, int> CubicleMap;
  static CubicleMap cubes;

  // 尝试在 cache 中针对 employeeName 找出一笔记录。如果确有一笔，
  // STL iterator “it”便会指向该笔被找到的记录（细节请见条款 35）。
  CubicleMap::iterator it = cubes.find(employeeName);

  // 如果找不到任何吻合记录，“it” 的值将会是 cubes.end()
  // （这是 STL 的标准行为）。如果是这种情况，那么就
  // 针对此房间号码查询数据库，然后把它也加进 cache 之中。
  if (it == cubes.end()) {
    int cubicle =
      the result of looking up employeeName's cubicle
      number in the database;

    cubes[employeeName] = cubicle; // 将 (employeeName, cubicle)
                                   // “数据对” 加入 cache 之中。

    return cubicle;
  }
  else {
    // “it”指向正确的 cache 记录，那是一笔
    // (employee name, cubicle number) pair。我们只需其
    // 第二项数据，可利用 pair 的 member function“second”获得。
    return (*it).second;
  }
}
```

哎呀，不要自陷于 STL 相关代码的泥淖中（在你阅读过条款 35 之后，情况应该会比较明朗），请将焦点摆在此函数所展现的一般性策略上。该策略就是使用一个局部缓存（local cache），将相对昂贵的“数据库查询动作”以相对价廉的“内存内数据结构查找动作”取代之。倘若我们假设房间号码频繁被需要，而且这是正确的假设，那么在 findCubicleNumber 内使用 cache，应该可以降低“返回一个职员的房间号码”的平均成本。

上述代码有必要稍做解释。最后一个语句返回 `(*it).second` 而非传统的 `it->second`，为什么？答案关系到 STL 实行的规矩。简单地说，iterator 本身是个对象，不是指针，所以并不保证“->”可施行于 `it` 身上[5]。但 STL 明确要求“.”和“*”对 iterators 必须有效，所以 `(*it).second` 虽然语法上笨拙，却保证能够有效运行。

Caching 是“分期摊还预期计算之成本”的一种做法，Prefetching（预先取出）则是另一种做法。你可以把 prefetching 想象是购买大量物品时的一个折扣。例如，磁盘控制器，当它们从磁盘中读取数据时，读的是整个数据块或 sectors——即使程序只需其中少量数据。那是因为一次读一大块数据比分成两三次每次读小块数据，速度上快得多。此外，经验显示，如果某处的数据被需要，通常其邻近的数据也会被需要，这便是有名的 locality of reference 现象（译注：意指被取用的数据有“位置集中”的倾向）。系统设计者依此现象而设计出磁盘缓存（disk caches）、指令与数据的内存缓存（memory caches），以及“指令预先取出（instruction prefetches）”。

什么？你说你并不担心像磁盘控制器或 CPU caches 这般低阶动作？没问题。Prefetching 也可以为你所关心的高阶动作带来利益。想象一下，假设你希望实现一个“动态数组”的 template，也就是说数组大小一开始为 1，然后自动扩张，使所有非负索引值皆有效：

```
template<class T>                    // template，用于元素类型为 T 的
class DynArray { ... };              // 动态数组。

DynArray<double> a;                  // 此时，只有 a[0] 是合法的数组元素，

a[22] = 3.5;                         // a 被自动扩张。此刻有效索引值是 0~22。

a[32] = 0;                           // a 再度扩张自己，
                                     // 此刻 a[0]~a[32] 都有效。
```

`DynArray` object 如何才能在必要的时候扩张自己？最直接易懂的策略就是为新加入的索引做内存动态分配行为，像这样：

---

5 ISO/ANSI 委员会于 1995 年 7 月将 C++ 标准化时，加上一个条件，那就是 STL iterators 必须支持“->”操作符，所以 `it->second` 现今应该可以运行。然而某些 STL 实现品可能尚无法满足这个条件，所以 `(*it).second` 仍然是最具移植性的写法。

```
template<class T>
T& DynArray<T>::operator[](int index)
{
  if (index < 0) {
    throw an exception;         // 负索引值无效。
  }

  if (index > the current maximum index value) {
    call new to allocate enough additional memory so that
    index is valid;
  }

  return the indexth element of the array;
}
```

此做法是在每次需要增加数组大小时就调用 `new`，但是 `new` 会调用 `operator new`（见条款 8），而 `operator new`（以及 `operator delete`）通常代价昂贵，因为它们通常会调用底层操作系统，而“系统调用”往往比“进程（process）内的函数调用”速度慢。所以我们应该尽可能不要采用系统调用。

此处我们可以使用 over-eager evaluation（超急评估）策略，理由是：如果我们此刻必须增加数组大小以接纳索引 `i`，“locality of reference 法则”建议我们未来或许还需再增加大小，以接纳比 `i` 稍大的索引。为避免第二次（预期中的）扩张所需要的内存分配成本，我们把 `DynArray` 的大小调整到比它目前所需的大小（使索引 `i` 有效）再大一些，而我们希望未来的扩张落入我们此刻所增加的弹性范围内。例如，`DynArray::operator[]` 可撰写为如下：

```
template<class T>
T& DynArray<T>::operator[](int index)
{
  if (index < 0) throw an exception;

  if (index > the current maximum index value) {
    int diff = index - the current maximum index value;

    call new to allocate enough additional memory so that
    index+diff is valid;
  }

  return the indexth element of the array;
}
```

此函数在每次数组需要扩张时，分配两倍内存。回头看看先前的使用方式，我们可以注意到，`DynArray` 只需分配一次内存就好——虽然其逻辑大小扩张了两次：

```
DynArray<double> a;         // 只有 a[0] 是有效的。

a[22] = 3.5;                // new 被调用以扩张 a 的空间，
                            // 使能容纳索引 44，a 的逻辑大小为 23。

a[32] = 0;                  // a 的逻辑大小改变，以允许 a[32]存在，
                            // 但是没有再调用 new。
```

如果 a 有必要再扩张，而新的最大索引值不超过 44，那么二度扩张不费吹灰之力。

这个条款可由一个旋律贯穿之：较佳的速度往往导致较大的内存成本。是的，随时记录目前的最小值、最大值、平均值总是需要额外的空间，但可以节省时间。Caching 会消耗较多内存，但可以降低那些“已被缓存（cached）的结果”的重新生成时间。Prefetching 需要一些空间来放置被预先取出的东西，但可降低访问它们所需的时间。整个故事和计算机科学的历史一样古老：空间可以交换时间。（但并非总是如此。较大的对象意味着比较不容易塞入虚内存分页（virtual memory page）或缓存分页（cache page）中。少数情况下，对象变大会降低软件的性能，因为你的换页（paging）活动会增加，你的缓存击中率（cache hit rate）会降低，或者两者皆发生。如果你引起这类问题，如何找出症结所在？答案是利用分析器（profiler，见条款 16）。）

本条款中我所提出的忠告——也就是说你可通过 over-eager evaluation 如 caching 和 prefetching 等做法分期摊还预期运算成本——和我在条款 17 所提的 lazy evaluation 并不矛盾。当你必须支持某些运算而其结果并不总是需要的时候，lazy evaluation 可以改善程序效率。当你必须支持某些运算而其结果几乎总是被需要，或其结果常常被多次需要的时候，over-eager evaluation 可以改善程序效率。两者都比最直截了当的 eager evaluation 难实现，但是两者都能为适当的程序带来巨大的性能提升。

条款 19：了解临时对象的来源

程序员交谈的时候，往往把一个短暂需要的变量称为“临时变量”。例如下面这个 swap 函数：

```
template<class T>
void swap(T& object1, T& object2)
```

```
{
  T temp = object1;
  object1 = object2;
  object2 = temp;
}
```

常有人将 temp 称为一个临时对象（“temporary”）。但是在 C++ 眼中，temp 并不是临时对象，它只是函数中的一个局部对象。

C++ 真正的所谓的临时对象是不可见的——不会在你的源代码中出现。只要你产生一个 non-heap object 而没有为它命名，便诞生了一个临时对象。此等匿名对象通常发生于两种情况：一是当隐式类型转换（implicit type conversions）被施行起来以求函数调用能够成功；二是当函数返回对象的时候。了解这些临时对象如何（以及为什么）被产生和被销毁，是很重要的，因为其所伴随的构造成本和析构成本可能对你的程序性能带来值得注意的影响。

首先考虑“为了让函数调用成功”而产生的临时对象。此乃发生于“传递某对象给一个函数，而其类型与它即将绑定上去的参数类型不同”的时候。例如，考虑一个函数，用来计算字符串中的某字符出现次数：

```
// 返回 ch 在 str 中的出现个数。
size_t countChar(const string& str, char ch);

char buffer[MAX_STRING_LEN];
char c;

// 读入一个 char 和一个 string，利用 setw 避免
// 在读入 string 时产生缓冲区满溢的情况。
cin >> c >> setw(MAX_STRING_LEN) >> buffer;

cout << "There are " << countChar(buffer, c)
     << " occurrences of the character " << c
     << " in " << buffer << endl;
```

请看 countChar 的调用动作。其第一自变量是个 char 数组，但是相应的函数参数类型却是 const string&。当“类型不吻合”的状态消除，此函数调用才会成功；你的编译器很乐意消除此状态，做法是产生一个类型为 string 的临时对象。该对象的初始化方式是：以 buffer 作为自变量，调用 string constructor。于是 countChar 的 str 参数会被绑定于此 string 临时对象上。当 countChar 返回，此临时对象会被自动销毁。

这样的转换很方便（虽然也很危险——见条款 5），但是从效率角度观之，一个 string 临时对象的构造和析构，有其非必要的成本。有两个做法可以消除此种转换，一是重新设计你的代码，使这类转换不会发生，此策略验证于条款 5；另一做法就是修改你的软件，使这类转换不再需要，条款 21 描述了这种做法。

只有当对象以 by value（传值）方式传递，或是当对象被传递给一个 reference-to-const 参数时，这些转换才会发生。如果对象被传递给一个 reference-to-non-const 参数，并不会发生此类转换。考虑这个函数：

```
void uppercasify(string& str);    // 将 str 中的所有 chars 改为大写。
```

在上一个（计算字符个数）例子中，我们可以成功地将一个字符数组传递给 countChar，但是在这里，将一个字符数组交给 uppercasify 会导致调用失败：

```
char subtleBookPlug[] = "Effective C++";
uppercasify(subtleBookPlug);              // 错误！
```

不再有任何临时对象被产生出来以成全此函数的调用。为什么？

假设编译器为此产生一个临时对象，然后此临时对象被传递给 uppercasify，以便将其中的字符全部修改为大写。此函数的实元——subtleBookPlug——并未受到影响，只有以 subtleBookPlug 为本所产生的那个 string 临时对象受到影响。这当然不是程序员所企盼的结果。程序员将 subtleBookPlug 传给 uppercasify，就是希望 subtleBookPlug 被修改。当程序员期望"非临时对象"被修改，此时如果编译器针对 references-to-non-const 对象进行隐式类型转换，会允许临时对象被修改（译注：读者可参考《*C++ Primer* 中文版》p107）。这就是为什么 C++ 语言禁止为 non-const reference 参数产生临时对象的原因。Reference-to-const 参数则不需要承担此问题，因为此等参数由于 const 之故，无法被改变。

第二种会产生临时对象的情况是当函数返回一个对象时。例如，operator+ 必须返回一个对象，表现其操作数的总和（见条款 E23）。假设有一个 Number 类型，其 operator+ 声明如下：

```
const Number operator+(const Number& lhs,
                       const Number& rhs);
```

此函数的返回值是个临时对象，因为它没有名称：它就是函数的返回值，如此而已。每当你调用 `operator+`，便得为此对象付出构造和析构成本（条款 E21 有解释为什么这个返回值是 `const`）。

一般而言你并不会想要承担这份成本。对于此特殊函数，你可以改用一个类似的函数 `operator+=` 免掉这份成本。条款 22 会详述这种做法。但是对其他“返回对象”的函数而言，大多数难以被另一个函数替代，所以没办法避免返回值的构造和析构。至少，观念上没办法。但是在观念和实务之间，有一个名为“优化”的黝黯地带，有时候你可以以某种方式撰写你那“返回值为一个对象”的函数，使编译器得以将临时对象优化，使它不复存在。在这些优化策略中，最常见也最有用的就是所谓的“返回值优化（return value optimization）”，那正是条款 20 的主题。

结论是：临时对象可能很耗成本，所以你应该尽可能消除它们。然而更重要的是，如何训练出锐利的眼力，看出可能产生临时对象的地方。任何时候只要你看到一个 reference-to-`const` 参数，就极可能会有一个临时对象被产生出来绑定至该参数上。任何时候只要你看到函数返回一个对象，就会产生临时对象（并于稍后销毁）。学习找出这些架构，你对幕后成本（编译器行为）的洞察力将会有显著地提升。

条款 20：协助完成“返回值优化（RVO）”

函数如果返回对象，对“效率狂”而言是一个严重的挫败，因为以 by-value 方式返回对象，背后隐藏的 constructor 和 destructor（见条款 19）都将无法消除。问题很简单：如果为了行为正确而不得不这样，函数可返回一个对象；否则就不要那么做。如果真的决定返回对象，那就没有任何办法可以摆脱“返回一个对象”所会遭遇的命运。

考虑分数（rational numbers）的 `operator*` 函数：

```
class Rational {
public:
  Rational(int numerator = 0, int denominator = 1);
  ...
  int numerator() const;
  int denominator() const;
};

// 条款 6 曾解释为什么此返回值是 const。
const Rational operator*(const Rational& lhs,
                         const Rational& rhs);
```

甚至不必看 operator* 的函数代码，我们也知道它必须返回一个对象，因为它返回两个任意数——两个任意数哟——的乘积，operator* 如何能够在不产生新对象的情况下放置该乘积呢？不可能，所以它必须产生一个新对象并将它返回。尽管如此，C++ 程序员却像希腊神话中的赫克力斯（Herculus）一样，耗费巨大的努力企图寻找消除“by-value 返回方式”的神奇方法（见条款 E23 和 E31）。

有时候人们会返回指针，于是导致以下这种拙劣的语法形式：

```
// 一个不合理的做法，为求避免返回对象。
const Rational* operator*(const Rational& lhs,
                          const Rational& rhs);

Rational a = 10;
Rational b(1, 2);

Rational c = *(a * b);            // 这看起来自然吗？
```

此外它还引出另一个问题：调用者应该删除此函数返回的指针吗？答案通常是 yes，而那通常会导致资源泄漏（resource leaks）。（译注：因为常被忽略或遗忘。）

另一些程序员可能返回 references，于是导出一个可被接受的语法形式：

```
// 一个危险（而且不正确）的做法，为求避免返回对象。
const Rational& operator*(const Rational& lhs,
                          const Rational& rhs);

Rational a = 10;
Rational b(1, 2);

Rational c = a * b;        // 看起来很合理自然。
```

但是这样的函数却根本无法有正确的行为。常见的做法是：

```
// 一个危险（而且不正确）的做法，为求避免返回对象。
const Rational& operator*(const Rational& lhs,
                          const Rational& rhs)
{
  Rational result(lhs.numerator() * rhs.numerator(),
                  lhs.denominator() * rhs.denominator());
  return result;
}
```

此函数返回一个 reference，指向一个不再存活的对象。更明确地说，它返回一个 reference，指向局部对象 `result`，但 `result` 却在 `operator*` 返回时自动被销毁了。返回一个 reference 却指向一个不再存活的对象，一点用都没有，不是吗？

请相信我：有些函数（例如，`operator*`）硬是得返回对象。它就是必须如此。别对它宣战，你不会赢的。

也就是说，如果函数一定得以 by-value 方式返回对象，你绝对无法消除之。这是一场错误的战争。从效率的眼光来看，你不应该在乎函数返回了一个对象，你应该在乎的是那个对象的成本几何。你需要做的，是努力找出某种方法以降低被返回对象的成本，而不是想尽办法消除对象本身（我们现在知道，那必然徒劳无功）。如果这样的对象不需要什么成本，谁在乎产生多少个呢？

我们可以用某种特殊写法来撰写函数，使它在返回对象时，能够让编译器消除临时对象的成本。我们的伎俩是：返回所谓的 constructor arguments 以取代对象。你可以这么做：

```
// 返回对象：一个有效率而且正确的做法。
const Rational operator*(const Rational& lhs,
                         const Rational& rhs)
{
  return Rational(lhs.numerator() * rhs.numerator(),
                  lhs.denominator() * rhs.denominator());
}
```

请仔细看看被返回的表达式。看起来好像是你调用了一个 `Rational` constructor，事实上也的确是。通过此表达式，你产生了一个 `Rational` 临时对象：

```
Rational(lhs.numerator() * rhs.numerator(),
         lhs.denominator() * rhs.denominator());
```

而函数复制此临时对象，当做返回值。

以 constructor arguments 取代局部对象，当做返回值，这笔买卖似乎不见得多划算，因为你还是必须为“函数内的临时对象”的构造和析构付出代价，你还是必须为“函数返回对象”的构造和析构付出代价。但是你已经赚到了某些东西。C++ 允许编译器将临时对象优化，使它们不存在。于是如果你这样调用 operator*：

```
Rational a = 10;
Rational b(1, 2);
Rational c = a * b;    // 这里调用了 operator*。
```

你的编译器得以消除“operator* 内的临时对象”及“被 operator* 返回的临时对象”。它们可以将 return 表达式所定义的对象构造于 c 的内存内。如果编译器这么做，你调用 operator* 时的临时对象总成本为 0，也就是说没有任何临时对象需要被产生出来。取而代之的是，你只需付出一个 constructor（用以产生 c）的代价。你无法做得比这更好了，因为 c 是一个命名对象，而命名对象是不能被消除的（见条款 22）[6]。你可以将此函数声明为 inline，以消除调用 operator* 所花费的额外开销（但请先看过条款 E33）：

```
// 函数返回一个对象：最有效率的做法。
inline const Rational operator*(const Rational& lhs,
                                const Rational& rhs)
{
  return Rational(lhs.numerator() * rhs.numerator(),
                  lhs.denominator() * rhs.denominator());
}
```

“是啊，是啊”你低声抱怨，“优化……反优化……谁在乎编译器能够做些什么呢？我要知道的是它们真正做了些什么。真正的编译器都有做这个无聊的工作吗？”是的，此特殊的优化行为——利用函数的 return 点消除一个局部临时对象（并可能用函数调用端的某对象取代）——不但广为人知而且很普遍地被实现出来。它甚至有个专属名称：return value optimization。“拥有专属名称”这一事实足以反映出它是多么被广泛运用。程序员在寻找理想的 C++ 编译器时，不妨询问厂商是否支持 return value optimization。如果 A 厂商有，而 B 厂商反问“那是什么呀？”，A 厂商有明显的竞争优势。

---

[6] 1996 年 7 月，ISO/ANSI 标准委员会宣布，命名对象和匿名对象都可以借由 return value optimization 被优化去除，所以前述 operator* 的两个版本如今都可以导出相同（优化过的）的目标代码（object code）。

条款 21：利用重载技术（overload）避免隐式类型转换（implicit type conversions）

以下代码，除了看起来极为合理之外，没什么特别：

```
class UPInt {    // 这个 class 用于无限精密的整数。
public:
  UPInt();
  UPInt(int value);
  ...
};
// 条款 E21 曾解释为什么此处的返回值是 const。
const UPInt operator+(const UPInt& lhs, const UPInt& rhs);
UPInt upi1, upi2;
...
UPInt upi3 = upi1 + upi2;
```

没有什么值得惊讶的地方。upi1 和 upi2 都是 UPInt 对象，所以只需调用 UPInt 的 operator+ 便可将它们加在一起。

现在考虑以下语句：

```
upi3 = upi1 + 10;
upi3 = 10 + upi2;
```

这些句子也能成功。它们之所以能成功，是因为产生了临时对象，并将整数 10 转换为 UPInts（见条款 19）。

由编译器来执行这类转换，很是方便，但是此类转换所产生的临时对象带来一些我们并不想要的成本。就像大部分人希望获得政府补助却不愿意纳税一样，大部分 C++ 程序员希望获得隐式类型转换，却不希望承受临时对象所带来的任何成本。计算机世界又没有所谓的赤字观念，我们该怎么办？

我们可以退回一步，承认我们的目标并非真正在于类型转换，而是希望能够以一个 UPInt 自变量和一个 int 自变量调用 operator+。只不过碰巧隐式类型转换是一种手段罢了，千万不要把手段和目的混淆了。如果有其他做法可以让 operator+ 在自变量类型混杂的情况下被调用成功，那便消除了类型转换的需求。如果我们希望能够对 UPInt 和 int 进行加法，我们需要做的就是将我们的意图告诉编译器，做法是声明数个函数，每个函数有不同的参数表：

```
const UPInt operator+(const UPInt& lhs,  // 将 UPInt 和 UPInt 相加。
                      const UPInt& rhs);

const UPInt operator+(const UPInt& lhs,  // 将 UPInt 和 int 相加。
                      int rhs);

const UPInt operator+(int lhs,           // 将 int 和 UPInt 相加。
                      const UPInt& rhs);

UPInt upi1, upi2;
...
UPInt upi3 = upi1 + upi2; // (1) 很好，不会针对 upi1 或 upi2 产生临时对象。
upi3 = upi1 + 10;         // (2) 很好，不会针对 upi1 或 10 产生临时对象。
upi3 = 10 + upi2;         // (3) 很好，不会针对 10 或 upi2 产生临时对象。
```

一旦开始以重载技术消除类型转换，你可能会热情地进一步写出以下函数声明：

```
const UPInt operator+(int lhs, int rhs);   // (4) 错误！
```

这样的想法原是颇为合理的。毕竟面对类型 UPInt 和 int，我们希望将 operator+ 的所有可能组合都予以重载。上述 3 种组合之外，唯一遗漏的就是“获得两个 int 自变量”的 operator+，所以我们要加上它。

不论是否合理，C++ 存在许多游戏规则，其中一个就是：每个“重载操作符”必须获得至少一个“用户定制类型”的自变量。int 不是用户定制类型，所以我们不能够将一个只获得 int 自变量的操作符加以重载。（如果这个规则不存在，程序员就可以改变预先定义的操作符意义，而那当然会导致天下大乱。例如，上述的 operator+ 多载版本(4)，会改变 ints 的加法意义。难道这真是我们所希望的吗？）

“用以避免产生临时对象”的此等重载技术，并不只局限运用在操作符函数身上。例如，在大部分程序中，如果可以接受一个 char*，你可能会希望也接受一个 string 对象。反之亦然。同样道理，如果你正在使用一个数值类似 complex（见条款 35），你应该会希望在该数值对象可出现的任何地点，也都能够有效运用类型 int 和 double。因此，任何函数如果接受类型为 string，char*，complex 等自变量，都可以借由重载技术，合理消除类型转换。

不过，请不要忘了，80-20 法则（见条款 16）还是很重要的。增加一大堆重载函数不见得是件好事，除非你有好的理由相信，使用重载函数后，程序的整体效率可获得重大的改善。

条款 22：考虑以操作符复合形式（op=）取代其独身形式（op）

大部分程序员都希望，如果他们能够这样写：

```
x = x + y;                    x = x - y;
```

他们也能够写成这样：

```
x += y;                       x -= y;
```

如果、x 和 y 属于定制类型，就不保证一定能够如此。到目前为止 C++ 并不考虑在 operator+，operator= 和 operator+= 之间设立任何互动关系。所以如果你希望这 3 个操作符都存在并且有着你所期望的互动关系，你必须自己实现。操作符 -，*，/ 也是一样。

要确保操作符的复合形式（例如，operator+=）和其独身形式（例如，operator+）之间的自然关系能够存在，一个好方法就是以前者为基础实现后者（见条款 6）。这很容易做到：

```
class Rational {
public:
  ...
  Rational& operator+=(const Rational& rhs);
  Rational& operator-=(const Rational& rhs);
};

// 以 operator+= 实现 operator+，条款 E21 曾解释为什么
// 此处的返回值是 const。p109 对于以下实现有个警告。
const Rational operator+(const Rational& lhs,
                         const Rational& rhs)
{
  return Rational(lhs) += rhs;
}

// 以 operator-= 实现 operator-。
const Rational operator-(const Rational& lhs,
                         const Rational& rhs)
{
  return Rational(lhs) -= rhs;
}
```

此例中的 operator+= 和 operator-= 都是从头做起的，而 operator+ 和 operator- 则是调用前者以供应它们所需的机能。如果采用这种设计，那么这些操作符之中就只有复合形式才需要维护，此外，如果这些操作符的复合形式是在 class

的 public 接口内，那么就不需要让独身形式成为该 class 的 friends（见条款 E19）。

如果不介意把所有独身形式操作符放在全局范围内，你可以利用 templates，完全消除独身形式操作符的撰写必要：

```
template<class T>
const T operator+(const T& lhs, const T& rhs)
{
  return T(lhs) += rhs;       // 见稍后讨论（译注：下页）。
}

template<class T>
const T operator-(const T& lhs, const T& rhs)
{
  return T(lhs) -= rhs;       // 见稍后讨论（译注：下页）。
}
...
```

有了这些 templates 之后，只要程序中针对类型 T 定义有一个复合操作符，对应的独身版本就会在需要的时候被自动产生出来。

这些都很好，但是到现在为止我们还没有考虑效率问题，而效率毕竟是本章的主题。3 个与效率有关的情况值得注意。第一，一般而言，复合操作符比其对应的独身版本效率高，因为独身版本通常必须返回一个新对象，而我们必须因此负担一个临时对象的构造和析构成本（见条款 19 和 20 及条款 E23）。至于复合版本则是直接将结果写入其左端自变量，所以不需要产生一个临时对象来放置返回值。

第二，如果同时提供某个操作符的复合形式和独身形式，便允许你的客户在效率与便利性之间做取舍（虽然那是极其困难的抉择）。也就是说，你的客户可以决定是否写这样的代码：

```
Rational a, b, c, d, result;
...
result = a + b + c + d;        // 可能会用到 3 个临时对象，每一个
                               // 对应于一次 operator+的调用。
```

或是这样的代码：

```
result = a;                    // 不需要临时对象。
result += b;                   // 不需要临时对象。
result += c;                   // 不需要临时对象。
result += d;                   // 不需要临时对象。
```

前者较易撰写、调试、维护，并在 80% 的时间内供应足可接受的性能（见条款 16）。后者效率较高，而且（或许）对汇编语言程序员比较直观。如果同时供应两种选择，你便允许客户以较易理解的操作符独身版本来发展程序并调试，而同时仍保留“将独身版本用更有效率的复合版本取代”的权力。此外，借由“以复合版本作为独身版本的实现基础”，你可以确保，当客户从某种选择改变为另一种选择时，操作语法仍可保持不变。

我们把最后一个效率观察放在独身形式操作符身上。再次看看 operator+ 实现码：

```
template<class T>
const T operator+(const T& lhs, const T& rhs)
{ return T(lhs) += rhs; }
```

表达式 T(lhs)是个调用动作，调用 T 的 copy constructor。它会产生一个临时对象，其值和 lhs 相同。这个临时对象然后被用来调用 operator+=，并以 rhs 作为自变量，运算结果则被 operator+ 返回[7]。这段码似乎过于晦涩，这样写难道不更好吗：

```
template<class T>
const T operator+(const T& lhs, const T& rhs)
{
  T result(lhs);              // 将 lhs 复制给 result。
  return result += rhs;       // 将 rhs 加到 result 上然后返回。
}
```

这个 template 几乎等同于上一个，但其间有个重要差异。第二个 template 内含了一个命名对象 result。这个事实意味着，返回值优化（return value optimization，见条款 20）无法施展于此 operator+ 实现代码身上（除非根据最新发展，见 p104 尾注）。至于第一个 template 则总是适用“返回值优化”，所以它虽然诡异，却比较有机会让你的编译器为它实现最佳服务。

现在，我必须指出，以下表达式：

```
return T(lhs) += rhs;
```

比大部分编译器所能接受的“返回值优化”形式更为复杂。前述第一个 template 可能需要在函数内消耗一个临时对象，就像使用命名对象 result 的成本一样。然而，自古以来匿名对象总是比命名对象更容易被消除，所以当你面临命名对象或临

---

7 至少那是假设会发生的事情。某些编译器会把 T(lhs) 视为一个转型动作，于是移除 lhs 的常量性（constness），然后把 rhs 加到 lhs 并返回一个 reference 指向修改后的 lhs！请在信赖本文所述之行为前，先检测你的编译器行为。

时对象的抉择时，最好选择临时对象。它应该绝不会比其命名兄弟耗用更多成本，反倒是极有可能降低成本（尤其在搭配旧式编译器时）。

命名对象、匿名对象、编译器优化等相关讨论都相当有趣，但是我们不要忘了本条款的主题：操作符的“复合版本”（例如，operator+=）比其对应的“独身版本”（例如，operator+）有着更高效率的倾向。身为一位程序库设计者，你应该两者都提供；身为一位应用软件开发者，如果性能是重要因素的话，你应该考虑以“复合版本”操作符取代其“独身版本”。

条款 23：考虑使用其他程序库

程序库的设计，可说是一种折中态度的练习。理想的程序库应该小、快速、威力强大、富弹性、有扩展性、直观、可广泛运用、有良好支持、使用时没有束缚，而且没有臭虫。当然，这样的东西是不存在的。如果针对大小和速度做优化，便往往不具移植性。如果拥有丰富的机能，就不容易直观。没有臭虫的程序库只能在乌托邦中寻找。真实世界中你不可能拥有每一样东西，某些东西必须取舍。

不同的设计者面对这些规范给予不同的优先权。他们的设计各有不同的牺牲。于是，很容易出现“两个程序库提供类似机能，却有相当不同的性能表现”的情况。

举个例子。考虑 iostream 和 stdio 程序库，任何一位 C++ 程序员对这两者应该都不陌生。iostream 程序库较其 C 兄弟（见条款 E2）有数个优点，例如，它具有类型安全（type-safe）特性，并且可扩充。然而在效率方面，iostream 通常表现得比 stdio 差，因为 stdio 的可执行文件通常比 iostreams 更小也更快。

让我们先考虑速度。想要对 iostreams 和 stdio 之间的性能差异有一些感觉，办法之一就是使用这两个程序库来执行性能评估软件（所谓 benchmark）。但很重要的一点是，请记住，性能评估软件会说谎。“以一组输入数据作为程序或程序库的典型用途”不只是件困难的事，就算有这样的数据，也是没有用的，除非你有一个可信赖的方法足以决定你或你的客户的“典型”程度。尽管如此，性能评估软件还是可以在“不同做法之间的性能比较”上助我们一臂之力。所以虽然完全依赖性能评估软件是很愚蠢的行为，但完全忽略它也一样愚蠢。

让我们检验一个极为简单的性能评估软件，它只测试最基本的 I/O 机能。这个程序从标准输入设备读取 30,000 个浮点数，然后以固定格式将它们写到标准输出设备。程序究竟是采用 iostream 或是 stdio，由预处理器符号 STDIO 来决定——在编译期就做决定。如果这个符号有定义，就使用 stdio 程序库，否则就使用 iostream 程序库。

```
#ifdef STDIO
#include <stdio.h>
#else
#include <iostream>
#include <iomanip>
using namespace std;
#endif

const int VALUES = 30000;       // 读写的数值个数。

int main()
{
  double d;

  for (int n = 1; n <= VALUES; ++n) {
#ifdef STDIO
    scanf("%lf", &d);
    printf("%10.5f", d);
#else
    cin >> d;
    cout  << setw(10)                          // 设定字段宽度。
          << setprecision(5)                   // 设定浮点数的精度。
          << setiosflags(ios::showpoint)       // 显示浮点数的小数点。
          << setiosflags(ios::fixed)           // 以十进制显示浮点数。
          << d;
#endif

    if (n % 5 == 0) {
#ifdef STDIO
      printf("\n");
#else
      cout << '\n';
#endif
    }
  }

  return 0;
}
```

此程序以正整数的自然对数（natural logarithms）作为输入数据，输出如下：

```
0.00000   0.69315   1.09861   1.38629   1.60944
1.79176   1.94591   2.07944   2.19722   2.30259
2.39790   2.48491   2.56495   2.63906   2.70805
2.77259   2.83321   2.89037   2.94444   2.99573
3.04452   3.09104   3.13549   3.17805   3.21888
```

即使没有夹带其他消息，这份输出至少也告诉我们，我们有可能以 iostreams 产生固定格式的 I/O。当然啦，以下动作：

```
cout  << setw(10)
      << setprecision(5)
      << setiosflags(ios::showpoint)
      << setiosflags(ios::fixed)
      << d;
```

并不像下面这行那么易读易写：

```
printf("%10.5f", d);
```

但是 `operator<<` 不但类型安全而且可扩充，而 `printf` 两者皆否。

我使用不同的机器、不同的操作系统、不同的编译器来测试这个程序。无论哪一种组合，stdio 版都比较快。有时候只是快一点（大约 20%），有时候则是快很多（几乎达到 200%），但我从未测出 iostream 版比 stdio 版更快的情况。此外，这个平淡无奇的程序的可执行文件大小，stdio 版比 iostreams 版小（有时候小很多）。不过对于一个真正有用的程序而言，两者所造成的可执行文件大小差别应该不大。

请记住，stdio 所具备的任何效率优势都和其产品高度相依，所以未来我所测试的产品，或目前存在而我未曾测试的产品，都有可能造成 iostreams 和 stdio 之间的性能差异小到可以忽略。事实上，你可以合理地期望找到一个 iostream 产品，速度表现比 stdio 更快，因为 iostreams 在编译期就决定其操作数的类型，而 stdio 函数则是在运行时期才解析其格式字符串（format string）。

然而，iostreams 和 stdio 之间的性能对比只是个例子，不是重点。重点是，不同的程序库即使提供相似的机能，也往往表现出不同的性能取舍策略，所以一旦你找出程序的瓶颈（通过分析器，见条款 16），你应该思考是否有可能因为改用另一个程序库而移除了那些瓶颈。如果你的程序有一个 I/O 瓶颈，你可以考虑以 stdio 取代 iostreams，但如果你的程序花费许多时间在动态内存分配和释放方面，你或许应该看看是否有其他提供了 `operator new` 和 `operator delete` 的程序库产品（见条款 8 和条款 E10）。由于不同的程序库将效率、扩充性、移植性、类型安全性等的不同设计具体化，有时候你可以找找看是否存在另一个功能相近的程序库而其在效率上有较高的设计权重。如果有，改用它，可大幅改善程序性能。

条款 24：了解 virtual functions、multiple inheritance、virtual base classes、runtime type identification 的成本

C++ 编译器必须找出一种方法来实现语言中的每一个性质。此等实现细节当然因编译器而异，不同的编译器以不同的方法来实现语言性质。大部分时候你并不需要关心这件事。然而某些语言特性的实现可能会对对象的大小和其 member functions 的执行速度带来冲击，所以面对这类特性，了解“编译器可能以什么样的方法来实现它们”是件重要的事情。这类性质中最重要的就是虚函数。

当一个虚函数被调用，执行的代码必须对应于“调用者（对象）的动态类型”。对象的 pointer 或 reference，其类型是无形的，编译器如何很有效率地提供这样的行为呢？大部分编译器使用所谓的 virtual tables 和 virtual table pointers——此二者常被简写为 vtbls 和 vptrs。

vtbl 通常是一个由“函数指针”架构而成的数组。某些编译器会以链表（linked list）取代数组，但其基本策略相同。程序中的每一个 class 凡声明（或继承）虚函数者，都有自己的一个 vtbl，而其中的条目（entries）就是该 class 的各个虚函数实现体的指针。例如，假设有一个 class 定义如下：

```
class C1 {
public:
  C1();

  virtual ~C1();
  virtual void f1();
  virtual int f2(char c) const;
  virtual void f3(const string& s);

  void f4() const;
  ...
};
```

C1 的 vtbl 看起来像这样：

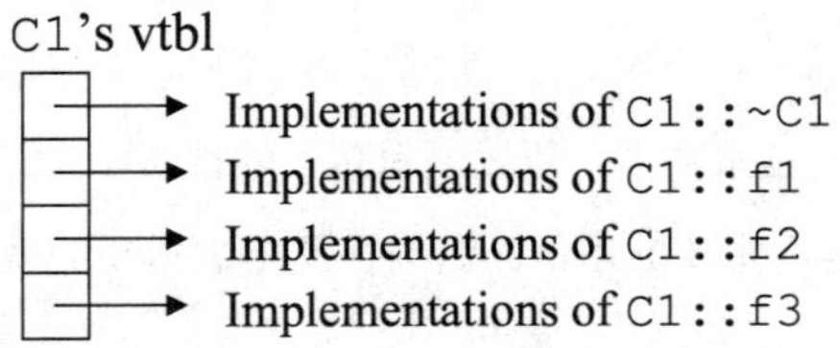

注意，非虚函数 f4 并不在表格之中，C1 constructor 也一样。非虚函数——包括必定是非虚函数的 constructors——会像一般的 C 函数那样被实现，所以它们的使用并没有什么特殊性能考虑。

如果 C2 继承 C1，然后重新定义某些继承而来的虚函数，并加上新的虚函数：

```
class C2: public C1 {
public:
  C2();                          // 非虚函数。
  virtual ~C2();                 // 重新定义的虚函数。
  virtual void f1();             // 重新定义的虚函数。
  virtual void f5(char *str);    // 新的虚函数。
  ...
};
```

其 vtbl 内的条目（entries）将会指向对应于对象类型的各个适当函数，以及未被 C2 重新定义的 C1 虚函数：

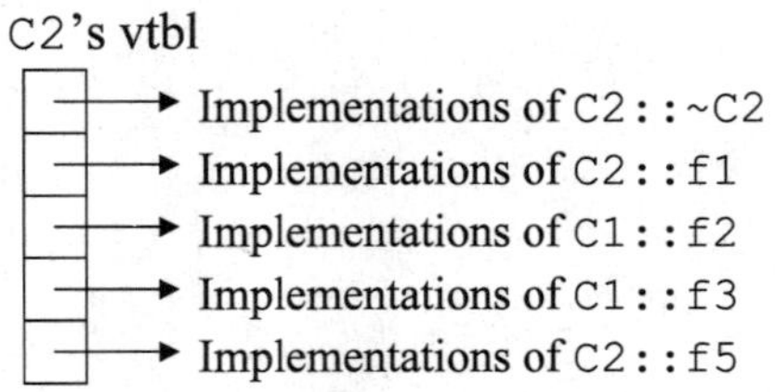

这份讨论带出虚函数的第一个成本：你必须为每个拥有虚函数的 class 耗费一个

vtbl 空间，其大小视虚函数的个数（包括继承而来的）而定。每个 class 应该只有一个 vtbl，所以 vtbls 的总空间通常并不是很大，但如果你有大量这类 classes，或是你在每一个 class 中拥有大量虚函数，你可能会发现，vtbls 占用不少内存。

由于程序中每一个 class 的 vtbl 只需一份就好，编译器于是必须解决一个棘手的问题：该把它们放在哪里？大部分应用程序和程序库都是由许多目标文件（object files）连接而成的，每一个目标文件都是独立生成的。class 的 vtbl 应该放在哪一个目标文件内呢？你可能以为是内含 `main` 的那个，但程序库没有 `main`！而且再怎么说 `main` 所栖身的那个原始文件有可能完全不知道究竟有多少个 classes 需要 vtbls，那么编译器又如何知道它应该产生哪些 vtbls 呢？

显然必须采用另一种策略。对此，编译器厂商倾向于两个阵营。对于提供整合环境（包含编译器和连接器）的厂商而言，一种暴力式做法就是在每一个需要 vtbl 的目标文件内都产生一个 vtbl 副本。最后再由连接器剥除重复的副本，使最终的可执行文件或程序库内，只留下每个 vtbl 的单一实体。

更常见的设计是，以一种探勘式做法，决定哪一个目标文件应该内含某个 class 的 vtbl。做法大意如下：class's vtbl 被产生于"内含其第一个 non-inline，non-pure 虚函数定义式"的目标文件中。因此，先前 class `C1` 的 vtbl 应该放在内含 `C1::~C1` 定义式的目标文件中（前提是该函数并非 `inline`），而 class `C2` 的 vtbl 应该放在内含 `C2::~C2` 定义式的目标文件中（前提也是该函数并非 `inline`）。

这种探勘式做法实际上可行，但如果你脱离前提，将虚函数声明为 `inline`（见条款 E33），便会有麻烦。如果 class 内的所有虚函数都被声明为 `inline`，这种做法便告失败，而大部分以此法为基础的编译器便会在每一个"使用了 class's vtbl"的目标文件中产生一个 vtbl 复制品。在大型系统中，这会导致程序内含成百上千个 class's vtbl 副本。大部分奉行此法的编译器会给你某种手动方法，用以控制 vtbl 的产生；但最好的解决办法还是避免将虚函数声明为 `inline`。稍后我们会看到，目前的编译器通常都会忽略虚函数的 `inline` 指示的，这是有一些好理由的。

Virtual tables 只是虚函数实现机构的一半而已。如果只有它，不能成气候。一旦有某种方法可以指示出每个对象相应于哪一个 vtbl，vtbl 才真的有用。而这正是 virtual table pointer（vptr）的任务。

凡声明有虚函数的 class，其对象都含有一个隐藏的 data member，用来指向该 class 的 vtbl。这个隐藏的 data member——所谓的 vptr——被编译器加入对象内某个唯编译器才知道的位置。概念上，我们可以把一个拥有虚函数的对象的内存布局想象如下：

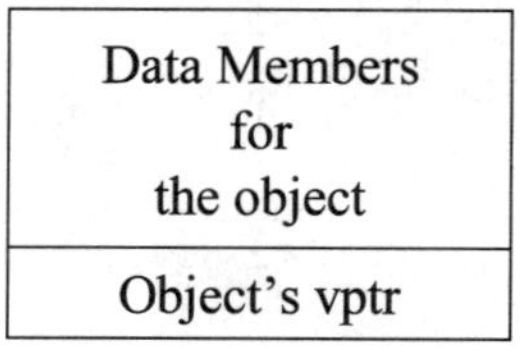

此图显示 vptr 位于对象尾端，但是不要太过执著：不同的编译器会把它们放在不同的地点。一旦发生继承，对象的 vptr 往往会被 data members 围绕。多重继承更会加深此图的复杂度（稍后我有一些讨论）。此刻，只需注意到虚函数的第二个成本：你必须在每一个拥有虚函数的对象内付出“一个额外指针”的代价。

如果对象不大，这份额外开销可能形成值得注意的成本。如果你的对象（平均而言）内含 4 bytes 的 data member，那么增加一个 vptr 会使其大小加倍（其中 4 bytes 贡献给 vptr）。在一个内存不很充裕的系统中，这意味着你所能够产生的对象个数减少了。即使在一个内存充裕的系统中，你也会发现，你的软件性能降低了，因为较大的对象意味着较难塞入一个缓存分页（cache page）或虚内存分页（virtual memory page）之中，也就意味着你的换页（paging）活动可能会增加。

假设我们有一个程序，其中有数个类型为 C1 和 C2 的对象。根据上述 objects、vptrs、vtbls 之间的关系，我们可以想象程序中的对象如下：

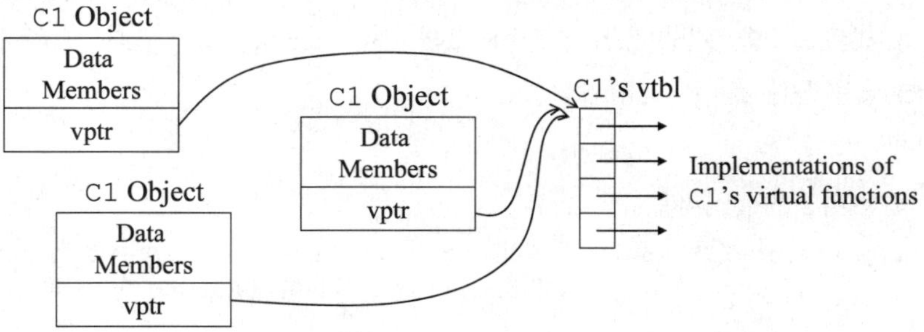

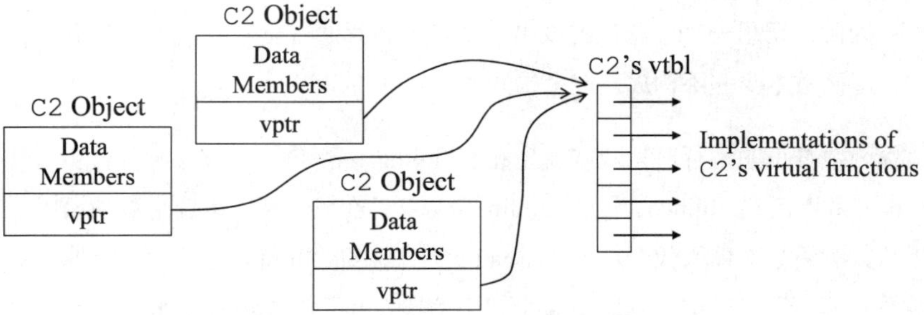

现在考虑这样的程序片段：

```
void makeACall(C1 *pC1)
{
  pC1->f1();
}
```

其中通过指针 `pC1` 调用虚函数 `f1`。如果只看这个片段，无法知道哪一个 `f1` 函数（`C1::f1` 或 `C2::f1`）会被调用，因为 `pC1` 可能指向一个 `C1` 对象，也可能指向一个 `C2` 对象（译注：此乃多态之义）。尽管如此你的编译器仍然必须为 `makeACall` 内的“`f1` 函数调用动作”产生可执行代码，而且必须确保正确的函数被调用，不论 `pC1` 到底指向谁。编译器必须产生代码，完成以下动作：

1. 根据对象的 vptr 找出其 vtbl。这是一个简单的动作，因为编译器知道到对象的哪里去找出 vptr（毕竟那个位置正是编译器决定的）。成本只有一个偏移调整（offset adjustment，以便获得 vptr）和一个指针间接动作（以便获得 vtbl）。

2. 找出被调用函数（本例为 `f1`）在 vtbl 内的对应指针。这也很简单，因为编译器为每个虚函数指定了一个独一无二的表格索引。本步骤的成本只是一个差移（offset）以求进入 vtbl 数组。

3. 调用步骤 2 所得指针所指向的函数。

如果我们想象每个对象都有一个隐藏的 data member 称为 vptr，而函数 `f1` 的“vtbl 索引”是 `i`，那么先前语句：

```
pC1->f1();
```

产生出来的代码将是：

```
(*pC1->vptr[i])(pC1); // 调用 pC1->vptr 所指的 vtbl 中的第 i 个条目所
                      // 指函数。pC1 被传给该函数作为“this”指针之用。
```

这几乎和一个非虚函数的效率相当，因为在大部分机器上这只需数个指令就可执行。因此，调用一个虚函数的成本，基本上和“通过一个函数指针来调用函数”相同。虚函数本身并不构成性能上的瓶颈。

虚函数真正的运行时期成本发生在和 inlining 互动的时候。对所有实用目的而言，虚函数不应该 inlined。因为“inline”意味“在编译期，将调用端的调用动作被调用函数的函数本体取代”，而“virtual”则意味着“等待，直到运行时期才知道哪个函数被调用”。当编译器面对某个调用动作，却无法知道哪个函数该被调用时，你就可以了解为什么它们没有能力将该函数调用加以 inlining 了。这便是虚函数的第三个成本：你事实上等于放弃了 inlining。（如果虚函数通过对象被调用，倒是可以 inlined，但大部分虚函数调用动作是通过对象的指针或 references 完成的，此类行为无法被 inlined。由于此等调用行为是常态，所以虚函数事实上等于无法被 inlined。）

截至目前我们所看到的每件事情，既适用于单一继承也适用于多重继承，但是当多重继承牵扯进来时，事情会变得更复杂（见条款 E43）。其实没有必要深思其中细节，但是在多重继承情况下，“找出对象内的 vptrs”会变得比较复杂，因为此时一个对象之内会有多个 vptrs（每个 base class 各对应一个）；而且除了我们所讨论的 vtbls 之外，针对 base classes 而形成的特殊 vtbls 也会被产生出来。结果，虚函数对每一个 object 和每一个 class 所造成的空间负担又增加了一些，运行时期的调用成本也有轻微的成长。

多重继承往往导致 virtual base classes（虚拟基类）的需求。在 non-virtual base classes 的情况下，如果 derived class 在其 base class 有多条继承路径，则此 base class 的 data members 会在每一个 derived class object 体内复制滋生，每一个副本对应“derived class 和 base class 之间的一条继承路线”。如此的复制现象几乎不会是程序员所想要的。让 base classes 成为 virtual，可以消除这样的复制现象。此外

virtual base classes 亦可能导致另一个成本，因为其实现做法常常利用指针，指向“virtual base class 成分”，以消除复制行为，而你的对象内可能出现一个（或多个）这样的指针。

举个例子，考虑以下情况（我常称之为“恐怖的多重继承菱形图”）：

```
class A { ... };
class B: virtual public A { ... };
class C: virtual public A { ... };
class D: public B, public C { ... };
```

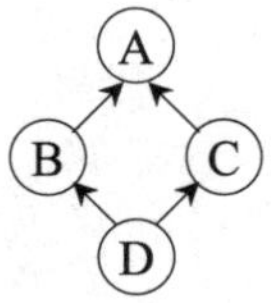

其中 A 是个 virtual base class，因为 B 和 C 都采用虚拟继承。在某些编译器（特别是旧式编译器）中，D 对象的内存布局可能看起来如下：

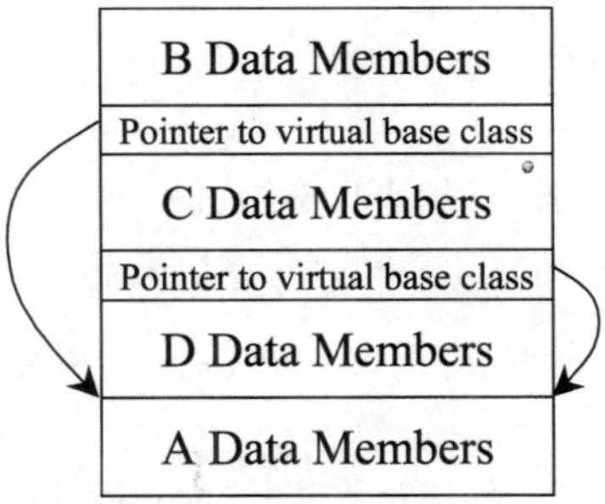

把 base class data members 放在对象的尾端似乎有点奇怪，但那的确是常见的手法。当然啦，编译器有权决定如何摆布这些内存，此图的功能只是告诉你“virtual base classes 可能导致对象内的隐藏指针增加”这一概念，除此之外你不应该对此图再有任何妄想。某些编译器会加入数量较少的指针，某些编译器甚至有办法不增加任何指针（此类编译器赋予 vptr 和 vtbl 双重任务）。

将此图和稍早显示的“vptrs 如何被加入对象内”一图（译注：p116）整合起来，我们便明白，如果此处的 base class A 有任何虚函数，D 对象的内存布局便应该类似这样：

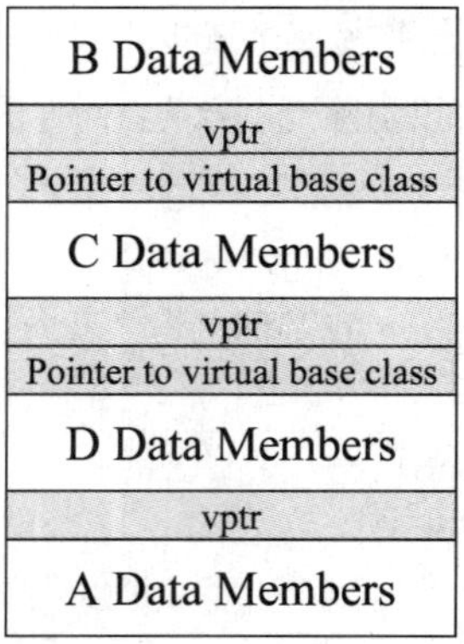

图中阴影部分便是对象之内由编译器加入的成分。此图可能会误导你，因为阴影面积和其他面积的比例应该由 classes 内的数据量决定。对小型 classes 而言，额外开销的相对量会比较大。对数据量多的 classes 而言，额外开销的相对量就比较无足轻重，虽然基本上它还是令人侧目的。

上图的一个诡异之处是，虽然涉及 4 个 classes，却只出现 3 个 vptrs。如果编译器喜欢，当然可以产生 4 个 vptrs，但是 3 个已经足够了（`B` 和 `D` 可以共享同一个 vptr）。大部分编译器会采用这项好处，降低编译器所带来的额外开销。

我们已经看到，虚函数如何使对象更大，并排除 inlining，而我们也验证了多重继承和 virtual base classes 是如何增加对象大小的。让我们进入最后一个主题：运行时期类型辨识（runtime type identification，RTTI）的成本。

RTTI 让我们得以在运行时期获得 objects 和 classes 的相关信息，所以一定得有某些地方用来存放那些信息才行——是的，它们被存放在类型为 `type_info` 的对象内。你可以利用 `typeid` 操作符取得某个 class 相应的 `type_info` 对象。

一个 class 只需一份 RTTI 信息就好，但是必须有某种办法让其下属的每个对象都能够取用它。事实上这句话不完全为真。C++ 规范书上说，只有当某种类型拥有至少一个虚函数，才保证我们能够检验该类型对象的动态类型。这使得 RTTI 相关信息听起来有点像一个 vtbl：面对一个 class，我们只需一份相关信息，而我们需要某种方法，让任何一个内含虚函数的对象都有能力取得其专属信息。RTTI 和

vtbl 之间的这种平行关系并非偶发，RTTI 的设计理念是：根据 class 的 vtbl 来实现。

举个例子，vtbl 数组之中，索引为 0 的条目可能内含一个指针，指向“该 vtbl 所对应的 class”的相应的 `type_info` 对象。p114 的 class `C1` vtbl 于是变成这样：

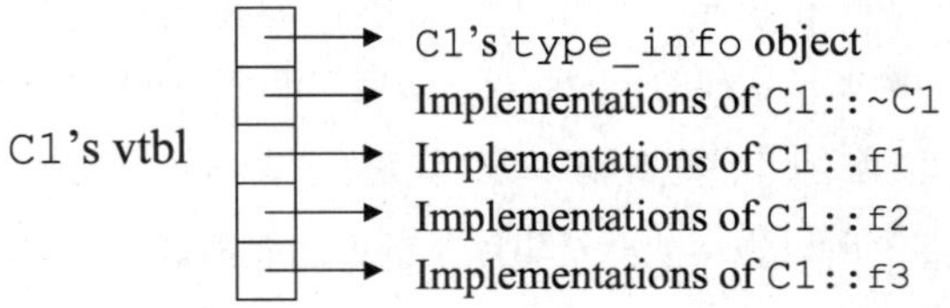

运用这种实现方法，RTTI 的空间成本就只需在每一个 class vtbl 内增加一个条目，再加上每个 class 所需的一份 `type_info` 对象空间，如此而已。就像“vtbls 耗用的内存对大部分程序而言不太可能构成威胁”一样，`type_info` 对象的大小也不太可能为你招惹问题。

以下表格对于虚函数、多重继承、虚拟基类（virtual base classes）和 RTTI 的主要成本做了一份摘要：

性质	对象大小增加	**Class** 数据量增加	**Inlining** 几率降低
虚函数 Virtual Functions	是	是	是
多重继承 Multiple Inheritance	是	是	否
虚拟基类 Virtual Base Classes	往往如此	有时候	否
运行时期类型辨识 RTTI	否	是	否

有些人可能会看着这个表格大感惊讶地说：“我要坚守 C 阵营！”。这很公平，你有选择。但是记住，这里的每一个性质所提供的机能，你在 C 语言中都必须自己动手打造。大部分情况下，相比于编译器所产生的代码，你自己动手打造的东西可能比较没效率，也比较不够鲁棒性（robustness）。举个例子，以嵌套式（nested）`switch` 语句或层层迭迭的 `if-then-elses` 来仿真虚函数调用，所产生的代码比本

条款所描述的代码更多，执行起来也比较慢。此外，你必须靠自己手动追踪对象类型，意味你的对象必须自行携带类型卷标，于是对象变得更大。

了解虚函数、多重继承、虚拟基类（virtual base classes）及 RTTI 的成本，很是重要。但同等重要的是，你必须了解到，如果你需要这些性质所提供的机能，你就必须忍受那些成本，毕竟世事难两全。有时候你的确会有正当的理由回避编译器所产生的服务，例如，隐藏的 vptrs 及“指向 virtual base classes”的指针，可能会造成“将 C++ 对象存储于数据库”或“在进程（process）边界间搬移 C++ 对象”时的困难度提高，所以你可能会希望以某种方法模拟这些性质，使 C++ 对象较易完成其他工作。然而从效率观点而言，你自己动手，不太可能做得比编译器所产生的代码更好。

译注：若欲了解编译器在 virtual functions（虚函数）、multiple inheritance（多重继承）、virtual base class（虚拟基类）、RTTI（运行时期类型辨识）等主题的详细实现手法，可参考 *Inside the C++ Object Model*（by Stanley B. Lippman, AW 1996）的第 3、4、7 章，或《多态与虚拟》（侯捷，松岗，1998）的第 2 章。

技术

Techniques, Idioms, Patterns

本书大部分篇幅与程序设计的准则有关。此等准则虽然很重要，但没有一个程序员可以光靠准则讨生活。就像电视剧 Felix the Cat 所演的，“无论何时只要遭逢困境，他就打开他的锦囊，其中必有妙计”。哦，如果一个卡通人物可以有一个锦囊妙袋，C++ 程序员也可以有。请把这一章想象是你的锦囊妙袋的一个开端。

设计 C++ 软件时，有一些问题会不断重复出现。例如，如何让 constructors 及 non-member functions 像虚函数一样地作用？如何限制 class 的实体（对象）个数？如何阻止对象产生于 heap 内？如何保证对象产生于 heap 内？如何能够产生某种对象，使它在“其他某些 class 的 member functions”被调用时，自动执行某些动作？如何令不同的对象共享同一份数据结构，却让用户错以为每个对象各自有一份数据？如何区分 `operator[]` 的读/写用途？如何产生一个虚函数，使其行为视多个（而非单一）对象的动态类型而定？

所有这些（以及其他更多）问题都在本章获得解答。本章描述 C++ 程序员常常遭遇的一些问题的解决办法，这些解法都已获得证明。我把这样的解法称为 techniques（技术），也有人称之为 idioms（惯用手法）或 patterns（模式）。不论你如何称呼它们，当你每天与软件开发过程中的各种小冲突搏斗时，本章提供的信息可以带给你很多帮助。它也应该使你觉悟，不论你打算做什么事，C++几乎都有某种方法可以完成它。

条款 25：将 constructor 和 non-member functions 虚化

第一次面对“virtual constructors”时，似乎不觉得有什么道理可言。是的，当你手上有一个对象的 pointer 或 reference，而你不知道该对象的真正类型是什么的时候，你会调用 virtual function（虚函数）以完成“因类型而异的行为”。当你尚未获得对象，但已经确知需要什么类型的时候，你会调用 constructor 以构造对象。那么，谁能够告诉我什么是 virtual constructors 呢？

很简单。虽然 virtual constructors 似乎有点荒谬，但它们很有用（如果你认为荒谬的想法都是没有用的，你如何解释现代物理学的成功？）。假设你写了一个软件，用来处理时事新闻，其内容由文字和图形构成。你可以把程序组织成这样：

```
class NLComponent {                    // 抽象基类，用于时事消息
public:                                // 的组件（components），
  ...                                  // 其中内含至少一个纯虚函数。
};

class TextBlock: public NLComponent {
public:
  ...                                  // 没有内含任何纯虚函数。
};

class Graphic: public NLComponent {
public:
  ...                                  // 没有内含任何纯虚函数。
};

class NewsLetter {                     // 一份时事通信是由一系列的
public:                                // NLComponent 对象构成的。
  ...
private:
  list<NLComponent*> components;
};
```

这些 classes 彼此间的关系如下：

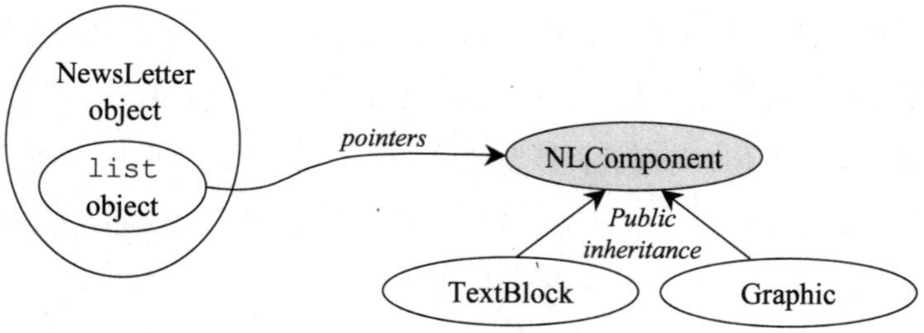

NewsLetter 所使用的 list class 由 Standard Template Library 提供，后者是 C++ 标准程序库的一部分（见条款 E49 和条款 35）。list 对象的行为就像双向链表（doubly linked lists）——尽管它们不一定得用双向链表实现。

NewsLetter 对象尚未开始运作的时候，可能存储于磁盘中。为了能够根据磁盘上的数据产出一份 Newsletter，如果我们让 NewsLetter 拥有一个 constructor 并用 istream 作为自变量，会很方便。这个 constructor 将从 stream 读取数据以便产生必要的核心数据结构：

```
class NewsLetter {
public:
  NewsLetter(istream& str);
  ...
};
```

此 constructor 的伪代码（pseudo code）可能看起来像这样：

```
NewsLetter::NewsLetter(istream& str)
{
  while (str) {
    read the next component object from str;

    add the object to the list of this
    newsletter's components;
  }
}
```

或者，如果将棘手的东西搬移到另一个名为 readComponent 的函数，就变成这样：

```
class NewsLetter {
public:
  ...
private:
  // 从 str 读取下一个 NLComponent 的数据，
  // 产生组件（component），并返回一个指针指向它。
  static NLComponent * readComponent(istream& str);
  ...
};

NewsLetter::NewsLetter(istream& str)
{
  while (str) {
    // 将 readComponent 返回的指针加到 components list 尾端，
    // “push_back”是一个 list member function，用来将对象安插
    // 到 list 尾端。
    components.push_back(readComponent(str));
  }
}
```

思考一下，readComponent 做了些什么事。它产生一个崭新对象，或许是个 TextBlock，或许是个 Graphic，视读入的数据而定。由于它产生新对象，所以行为仿若 constructor，但它能够产生不同类型的对象，所以我们称它为一个 virtual constructor。所谓 virtual constructor 是某种函数，视其获得的输入，可产生不同类型的对象。Virtual constructors 在许多情况下有用，其中之一就是从磁盘（或网络或磁带等）读取对象信息。

有一种特别的 virtual constructor——所谓 virtual copy constructor——也被广泛地运用。Virtual copy constructor 会返回一个指针，指向其调用者（某对象）的一个新副本。基于这种行为，virtual copy constructors 通常以 `copySelf` 或 `cloneSelf` 命名，或者像下面一样命名为 `clone`。很少有其他函数能够比这个函数有更直接易懂的实现方式了：

```
class NLComponent {
public:
  // 声明 virtual copy constructor
  virtual NLComponent * clone() const = 0;
  ...
};

class TextBlock: public NLComponent {
public:
  virtual TextBlock * clone() const    // virtual copy constructor
  { return new TextBlock(*this); }
  ...
};

class Graphic: public NLComponent {
public:
  virtual Graphic * clone() const      // virtual copy constructor
  { return new Graphic(*this); }
  ...
};
```

如你所见，class 的 virtual copy constructor 就只是调用真正的 copy constructor 而已。“copy”这层意义对这两个函数而言是一样的。如果真正的 copy constructor 执行的是浅复制（shallow copy），virtual copy constructor 也一样。如果真正的 copy constructor 执行的是深复制（deep copy），virtual copy constructor 也一样。如果真正的 copy constructor 做了某些煞费苦心的动作，如 reference counting（引用计数）或 copy-on-write（“写入时才复制”，见条款 29），virtual copy constructor 也一样。啊，一贯性，多么奇妙的事情。

注意上述实现手法乃利用“虚函数之返回类型”规则中的一个宽松点，那是晚些才被接纳的一个规则。当 derived class 重新定义其 base class 的一个虚函数时，不再需要一定得声明与原本相同的返回类型。如果函数的返回类型是个指针（或

reference），指向一个 base class，那么 derived class 的函数可以返回一个指针（或 reference），指向该 base class 的一个 derived class。这并不会造成 C++ 的类型系统门户洞开，却可准确声明出像 virtual copy constructors 这样的函数。这也就是为什么即使 `NLComponent` 的 `clone` 函数的返回类型是 `NLComponent*`，`TextBlock` 的 `clone` 函数却可以返回 `TextBlock*`，而 `Graphic` 的 `clone` 函数可以返回 `Graphic*` 的原因。

`NLComponent` 拥有一个 virtual copy constructor，于是我们现在可以为 `NewsLetter` 轻松实现一个（正常的）copy constructor：

```
class NewsLetter {
public:
  NewsLetter(const NewsLetter& rhs);        // copy constructor
  ...
private:
  list<NLComponent*> components;
};

NewsLetter::NewsLetter(const NewsLetter& rhs)
{
  // 迭代遍历 rhs 的 list，运用每个元素的 virtual copy constructor,
  // 将元素复制到此对象的 components list 中。以下代码的细节讨论，
  // 请见条款 35。
  for (list<NLComponent*>::const_iterator it =
          rhs.components.begin();
       it != rhs.components.end();
       ++it) {

    // "it"指向 rhs.components 的目前元素，
    // 所以调用该元素的 clone 函数取得该元素的一个副本，
    // 然后将该副本加到本对象的 components list 尾端。
    components.push_back((*it)->clone());
  }
}
```

我知道，除非你熟悉 Standard Template Library，否则上面这段代码看起来很诡异。但是其观念很简单：只要遍历即将被复制的那个 `NewsLetter` 对象的 components list，并针对其中的每一个组件（component）调用其 virtual copy constructor 即可。在这里，我们需要一个 virtual copy constructor，因为这个 components list 内含 `NLComponent` 对象指针，但我们知道每个指针真正指向的是一个 `TextBlock` 或是 `Graphic`。我们希望无论指针真正指向什么，我们都可以复制它，virtual copy constructor 可以达到这个目标。

将 Non-Member Functions 的行为虚化

就像 constructors 无法真正被虚化一样，non-member functions（见条款 E19）也是。然而就像我们认为应该能够以某个函数构造出不同类型的新对象一样，我们也认为应该可以让 non-member functions 的行为视其参数的动态类型而不同。举个例子，假设你希望为 `TextBlock` 和 `Graphic` 实现出 output 操作符，明显的一个办法就是让 output 操作符虚化。然而，output 操作符（`operator<<`）获得一个 `ostream&` 作为其左端自变量，因此它不可能成为 `TextBlock` 或 `Graphic` classes 的一个 member function。

（是可以啦，但是看看会发生什么事：

```
class NLComponent {
public:
  // output operator 的非传统声明。
  virtual ostream& operator<<(ostream& str) const = 0;
  ...
};

class TextBlock: public NLComponent {
public:
  // virtual output operator（也是打破传统）。
  virtual ostream& operator<<(ostream& str) const;
};

class Graphic: public NLComponent {
public:
  // virtual output operator（也是打破传统）。
  virtual ostream& operator<<(ostream& str) const;
};

TextBlock t;
Graphic g;
...
t << cout;              // 通过 virtual operator<<，在 cout 身上
                        // 打印出 t。注意此语法与传统不符。

g << cout;              // 通过 virtual operator<< 在 cout 身上
                        // 打印出 g。注意此语法与传统不符。
```

Clients 必须把 stream 对象放在“<<”符号的右手端，而那和传统的 output 操作符习惯不符。如果要回到正常的语法形式，我们必须将 `operator<<` 从 `TextBlock` 和 `Graphic` classes 身上移除，但如果这么做，我们就不再能够将它声明为 virtual。）

另一种做法是声明一个虚函数（例如，print）作为打印之用，并在 TextBlock 和 Graphic 中定义它。但如果我们这么做，TextBlock 和 Graphic 对象的打印语法就和其他类型对象的打印语法不一致，因为其他类型都依赖 operator<< 作为输出之用。

这些解法没有一个令人满意。我们真正需要的是一个名为 operator<< 的 non-member function，展现出类似 print 虚函数一般的行为。这一段“需求描述”其实已经非常接近其“做法描述”，是的，让我们同时定义 operator<< 和 print，并令前者调用后者：

```
class NLComponent {
public:
  virtual ostream& print(ostream& s) const = 0;
  ...
};

class TextBlock: public NLComponent {
public:
  virtual ostream& print(ostream& s) const;
  ...
};

class Graphic: public NLComponent {
public:
  virtual ostream& print(ostream& s) const;
  ...
};

inline
ostream& operator<<(ostream& s, const NLComponent& c)
{
  return c.print(s);
}
```

显然，non-member functions 的虚化十分容易：写一个虚函数做实际工作，再写一个什么都不做的非虚函数，只负责调用虚函数。当然啦，为了避免此巧妙安排蒙受函数调用所带来的成本，你可以将非虚函数 inline 化（见条款 E33）。

现在你知道如何让 non-member functions 视其某个自变量而虚化了。你可能会想，有没有可能让它们根据一个以上的自变量而虚化？可以，但是不容易。有多困难呢？请翻到条款 31，那个条款专门讨论这个问题。

条款 26：限制某个 class 所能产生的对象数量

好吧，你为对象疯狂！但有时候你会想要对你的狂热有所节制。举个例子，你的系统只有一台打印机，所以你希望将打印机的对象个数限制为 1。或者你只有 16 个 file descriptors（文件描述器）可用，所以你必须确定绝不会有更多的 file descriptor objects 被产生出来。如何办到这样一件事？如何限制对象的个数呢？

如果用数学归纳法证明，我们可以从 n=1 开始，然后一步一步上去。幸运的是这既非证明题，也不需要用到归纳法。此外，从 n=0 开始应该是比较有益的，所以我们从 0 开始讨论——也就是说，如何阻止对象被产生出来？

允许零个或一个对象

每当即将产生一个对象，我们确知一件事情：会有一个 constructor 被调用。“阻止某个 class 产出对象”的最简单方法就是将其 constructors 声明为 private：

```
class CantBeInstantiated {
private:
  CantBeInstantiated();
  CantBeInstantiated(const CantBeInstantiated&);
  ...
};
```

此举移除了每个人产出对象的权利，但我们也可以选择性地解除这项约束。举个例子，假设我想为打印机设计一个 class，我希望设下“只能存在一台打印机”的约束，我们可以将打印机对象封装在某个函数内，如此一来每个人都能够取用打印机，但只有唯一一个打印机对象会被产生：

```
class PrintJob;     // 前置声明（forward declaration），见条款 E34。
class Printer {
public:
  void submitJob(const PrintJob& job);
  void reset();
  void performSelfTest();
  ...
friend Printer& thePrinter();
```

```
private:
  Printer();
  Printer(const Printer& rhs);
  ...
};

Printer& thePrinter()
{
  static Printer p;    // 唯一的一个打印机对象。
  return p;
}
```

此设计有 3 个成分。第一，`Printer` class 的 constructors 性属 private，可以压制对象的诞生；第二，全局函数 `thePrinter` 被声明为此 class 的一个 friend，致使 `thePrinter` 不受 private constructors 的约束；第三，`thePrinter` 内含一个 static `Printer` 对象，意思是只有一个 `Printer` 对象会被产生出来。

一旦 client 需要和系统中唯一那台打印机打交道，就调用 `thePrinter`。由于此函数返回一个 reference，代表一个 `Printer` 对象，所以 `thePrinter` 可以用在任何需要 `Printer` 对象的地方：

```
class PrintJob {
public:
  PrintJob(const string& whatToPrint);
  ...
};

string buffer;
...                              // 把数据放进 buffer 内。
thePrinter().reset();
thePrinter().submitJob(buffer);
```

当然啦，将 `thePrinter` 加入全局命名空间之中，可能会令你不悦。你可能会说：“是的，此全局函数看起来像极了一个全局变量，而全局变量是一种拙劣的技巧，我比较喜欢将与打印机相关的所有机能都放进 `Printer` class 内”。嗯，我绝不会和这种人争辩. 是的, `thePrinter` 可以轻易成为 `Printer` 的一个 static member function，完成你的愿望。这同时也消除了 friend 的必要性（毕竟它往往被视为一种黏糊糊的关系）。改用 static member function 之后，`Printer` 看起来像这样：

```
class Printer {
public:
  static Printer& thePrinter();
  ...
private:
  Printer();
  Printer(const Printer& rhs);
  ...
};

Printer& Printer::thePrinter()
{
  static Printer p;
  return p;
}
```

现在，clients 取用打印机时，会稍微冗长些：

```
Printer::thePrinter().reset();
Printer::thePrinter().submitJob(buffer);
```

另一个做法是把 `Printer` 和 `thePrinter` 从全局空间中移走，放进一个 namespace 内（见条款 E28）。Namespaces 是晚些才加入 C++ 的性质。任何东西，包括 classes、structs、typedefs、函数、变量、对象等，如果可被声明于全局空间，也必定可被声明于某个 namespace 内。"对象位于 namespace 内"这个事实并不会影响其行为，但却得以避免发生名称抵触问题。如果把 `Printer` class 和 `thePrinter` 函数放进一个 namespace，我们就不必担心其他人碰巧也选用相同的名称。是的，namespace 可以阻止名称冲突。

从语法上看，namespaces 像是一个 classes，只不过没有所谓的 public，protected 或 private 段落，每样东西都是 public 的。下面便是把 `Printer` 和 `thePrinter` 放进一个名为 `PrintingStuff` 的 namespace 中：

```
namespace PrintingStuff {
  class Printer {   // 这个 class 位于 PrintingStuff namespace 内。
  public:
    void submitJob(const PrintJob& job);
    void reset();
    void performSelfTest();
    ...
  friend Printer& thePrinter();
```

```
private:
    Printer();
    Printer(const Printer& rhs);
    ...
  };

  Printer& thePrinter() // 这个函数也位于 PrintingStuff namespace 内。
  {
     static Printer p;
     return p;
  }
}                              // 这是 namespace 的结尾。
```

有了这个 namespace，clients 可以使用完全限定名（也就是包含 namespace 的名称）来取用 thePrinter：

```
PrintingStuff::thePrinter().reset();
PrintingStuff::thePrinter().submitJob(buffer);
```

也可以利用 using declaration 来少打几个字：

```
using PrintingStuff::thePrinter;    // 将“thePrinter”名称从
                                    // namespace“PrintingStuff”
                                    // 汇入目前的 scope 中。

thePrinter().reset();               // 现在 thePrinter 可以像
thePrinter().submitJob(buffer);     // 局部名称一样地被使用了。
```

在此 thePrinter 的实现代码中，有两个精细的地方值得探讨。第一，形成唯一一个 Printer 对象的，是函数中的 static 对象而非 class 中的 static 对象。这一点很重要。“class 拥有一个 static 对象”的意思是：即使从未被用到，它也会被构造（及析构）。相反地“函数拥有一个 static 对象”的意思是：此对象在函数第一次被调用时才产生。如果该函数从未被调用，这个对象也就绝不会诞生（然而你必须付出代价，在函数每次被调用时检查对象是否需要诞生）。C++ 的一个哲学基础是，你不应该为你并不使用的东西付出任何代价，而“将打印机这类对象定义为函数内的一个 static”，正是固守此哲学的一种做法。这是你应该尽可能坚持的一个哲学。

让打印机成为一个 class static 而非一个 function static，另有一个缺点，那就是它的初始化时机。我们确切知道一个 function static 的初始化时机：在该函数第一次被调用时，并且在该 static 被定义处。至于一个 class static（或是 global static，如果你不认为那很拙劣的话）则不一定在什么时候初始化。C++ 对于“同一编译单元内的 statics”的初始化顺序是有提出一些保证的，但对于“不同编译单元内的 statics”的初始化顺序没有任何说明（见条款 E47）。事实上，这成为无数头痛问题的来源。Function statics，如果可以用的话，可让我们避免这些头痛的问题。此例之中它是可以用的，那我们又何必多费心思呢？

第二个细微点是函数的“static 对象与 inlining 的互动”。再次看看 `thePrinter` 的 non-member 版本：

```
Printer& thePrinter()
{
  static Printer p;
  return p;
}
```

除了第一次被调用（此时 `p` 必须被构造），这是个仅有一行的函数——由语句“`return p;`”构成。如果说 inlining 有什么好候选人，那么这个函数再适合不过了。但它却未被声明为 `inline`。为什么不？

停下来思考一下，为什么你要将一个对象声明为 static？通常是因为你只需要唯一一份对象，对吗？现在思考一下 `inline` 是什么意思？概念上，它意味着编译器应该将每一个调用动作以函数本身取代，但对于 non-member functions，它还意味着其他一些事情。它意味着这个函数有内部连接（internal linkage）。

通常你不需要操心此等语言上的符咒，但是有一件事必须记住：函数如果带有内部连接，可能会在程序中被复制，也就是说程序的目标代码（object code）可能会对带有内部连接的函数复制一份以上的代码，而此复制行为也包括函数内的 static 对象。结果呢，如果你有一个 inline non-member function 并于其中内含一个 local static 对象，你的程序可能会拥有多份该 static 对象的副本。所以，千万不要产生内含 local static 对象的 inline non-member functions[8]。

但或许你认为“产生一个函数，返回一个 reference 指向某隐藏对象”，是限制对象个数的一条错误路线；或许你认为比较好的做法是简单地计算目前存在的对象个数，并于外界申请太多对象时，在 constructor 内抛出一个 exception。换句话

[8] 1996 年 7 月，ISO/ANSI 标准委员会把 inline 函数的默认连接（linkage）由内部（internal）改为外部（external），所以我描述的这个问题已经消除——至少文件上如此。你的编译器可能尚未符合标准，所以你最好还是不要以 inline 函数搭配 static 数据。

说，你或许认为我们应该这样处理打印机的诞生：

```
class Printer {
public:
  class TooManyObjects{};       // 当外界申请太多对象时，
                                // 抛出这种 exception class。
  Printer();
  ~Printer();
  ...
private:
  static size_t numObjects;

  Printer(const Printer& rhs);// 有着“打印机个数永远为 1”的限制，
                                // 所以决不允许复制行为（见条款 E27）。
};                              // （译注：所以放在 private 区。）
```

现在的想法是，利用 `numObjects` 来追踪记录目前存在多少个 `Printer` 对象。这个数值将在 constructor 中累加，并在 destructor 中递减。如果外界企图构造太多 `Printer` 对象，我们就抛出一个类型为 `TooManyObjects` 的 exception：

```
// class static 的义务性定义。
//（译注：意指 class statics 除了在 class 之内声明，还需在 class 之外定义。）
size_t Printer::numObjects = 0;

Printer::Printer()
{
  if (numObjects >= 1) {
    throw TooManyObjects();
  }

  proceed with normal construction here;

  ++numObjects;
}

Printer::~Printer()
{
  perform normal destruction here;

  --numObjects;
}
```

这种限制对象诞生的方法有许多吸引人的理由。至少它非常直接易懂——每个人都应该能够了解其行为。另一个理由是，它很容易被一般化，使对象的最大数量可以设定为 1 以外的值。

不同的对象构造状态

但是这种策略也有问题。假设我们有一台特别的打印机，譬如说彩色打印机好了。其 class 和一般打印机的 class 有许多共同点，所以当然我们会使用继承机制：

```
class ColorPrinter: public Printer {
  ...
};
```

现在假设我们的系统安装了一台一般打印机和一台彩色打印机：

```
Printer p;
ColorPrinter cp;
```

上述对象定义带给我们多少个 `Printer` 对象？答案是两个：一个是 `p`，另一个是 `cp` 的"`Printer` 成分"。一旦执行，在 `cp` 的"base class 成分"构造当时，会有一个 `TooManyObjects` exception 被抛出。对许多程序员而言，这既不是他们要的，也不是他们所预想得到的。"避免具体类（concrete class）继承其他的具体类"这一设计准则可使你免受此问题之苦。此设计哲学的来龙去脉，请看条款 33。

当其他对象内含 `Printer` 对象时，类似问题再度发生：

```
class CPFMachine {          // 针对那些可影印、可打印、可传真的机器。
private:

 Printer p;                 // 针对打印功能。
 FaxMachine f;              // 针对传真功能。
 CopyMachine c;             // 针对影印功能。
  ...
};

CPFMachine m1;              // 没问题。
CPFMachine m2;              // 抛出一个 TooManyObjects exception。
```

问题出在 `Printer` 对象可于 3 种不同状态下生存：(1) 它自己，(2) 派生物的"base class 成分"，(3) 内嵌于较大对象之中。这些不同状态的呈现，把"追踪目前存在的对象个数"的意义严重弄混了。你心里头所想的"目前存在的对象个数"可能和编译器所想的不同。

通常你只对上述状态 (1) 感兴趣，而你希望限制的也是这类对象的个数。如果采用原先的 `Printer` class 策略，这种约束很容易达成，因为 `Printer` constructors

是 private 的，而如果没有声明任何 friend 的话，“带有 private constructors 的 classes” 不能够被用来当做 base classes，也不能够被内嵌于其他对象内。

“带有 private constructors 的 class 不得被继承”这一事实导致“禁止派生”的一般性体制，此体制不必一定得和“有限个对象”联想在一起。举个例子，假设你需要 class FSA，用来表现有限个数的“状态机器”（state machines，此等机器在许多情况下有用，其中一些导出用户界面的设计）。更进一步假设你希望允许任意数量的 FSA 对象产生，但你也希望确保没有任何 class 继承自 FSA（这么做的理由之一是可以为“FSA 中出现 nonvirtual destructor”辩解。条款 E14 曾解释为什么 base classes 通常需要 virtual destructors，条款 24 曾解释为什么不带有虚函数的 classes 会比带有虚函数者导致较小的对象）。你可以设计 FSA 如下，同时满足上述两个条件：

```
class FSA {
public:
  // pseudo（伪）constructors
  static FSA * makeFSA();
  static FSA * makeFSA(const FSA& rhs);
  ...
private:
  FSA();
  FSA(const FSA& rhs);
  ...
};

FSA * FSA::makeFSA()
{ return new FSA(); }

FSA * FSA::makeFSA(const FSA& rhs)
{ return new FSA(rhs); }
```

不像 thePrinter 函数总返回一个 reference 代表唯一对象，这里的每一个 makeFSA pseudo-constructor 都返回一个指针，指向一个独一无二的对象。即允许产生无限个数的 FSA 对象。

很好，但是每一个 pseudo-constructor 都调用 new，意味调用者必须记得调用 delete，否则就会出现资源泄漏（resource leak）问题。如果调用者希望在退离目前的 scope 时能够让 delete 自动被调用，可将 makeFSA 返回的指针存储于一个 auto_ptr 对象内（见条款 9）。此种对象离开 scope 时会自动删除其所指之物：

```
// 间接调用 default FSA constructor
auto_ptr<FSA> pfsa1(FSA::makeFSA());

// 间接调用 FSA copy constructor
auto_ptr<FSA> pfsa2(FSA::makeFSA(*pfsa1));

...            // 像正常指针一样地使用 pfsa1 和 pfsa2,
               // 但是不必操心其删除事宜。
```

允许对象生生灭灭

现在我们知道如何设计“只允许单一对象”的 class 了。我们知道“追踪某特定 class 的对象个数”会因“对象的 constructors 可于3种情况下被调用”而有点棘手。我们知道只要令 constructors 成为 private，便可以消除那些令我们混淆的对象计数。现在值得再做最后一项观察。我们利用 thePrinter 函数将唯一对象的各种处理行为封装起来，此法虽然符合期望地限制了 Printer 对象的个数为 1，却也限制我们在每次执行此程序时只能有唯一一个 Printer 对象。因此我们不可能写出这样的代码：

```
create Printer object p1;
use p1;
destroy p1;

create Printer object p2;
use p2;
destroy p2;
...
```

上述动作并未在同一时间产生一个以上的 Printer 对象，但是它在程序的不同地点使用了不同的 Printer 对象。如果这样竟然不被允许，似乎不合理。毕竟我们并未违反“只有一台打印机”的条件。什么办法可以让它合法？

有。我们唯一需要做的就是将稍早的对象计数（object-counting）码和先前所见的伪构造函数（pseudo-constructors）结合起来：

```
class Printer {
public:
  class TooManyObjects{};

  // pseudo-constructor
  static Printer * makePrinter();
  ~Printer();
```

```
void submitJob(const PrintJob& job);
  void reset();
  void performSelfTest();
  ...
private:
  static size_t numObjects;

  Printer();

  Printer(const Printer& rhs);        // 不要定义此函数，因为我们决不
};                                    // 允许复制行为（见条款 E27）。

// class static 的义务性定义
size_t Printer::numObjects = 0;

Printer::Printer()
{
  if (numObjects >= 1) {
    throw TooManyObjects();
  }

  proceed with normal object construction here;

  ++numObjects;
}

Printer * Printer::makePrinter()
{ return new Printer; }
```

如果“一旦太多对象被申请，即抛出一个 exception”的概念对你带来不当的困扰，你可以改为令 pseudo-constructor 返回一个 null 指针。当然，clients 因而必须在对此指针做任何动作之前先检查其值。

Clients 使用这个 `Printer` class，就像使用任何其他 class 一样，只不过他们必须调用 pseudo-constructor，取代真正的 constructor：

```
Printer p1;                      // 错误！default ctor 是 private。

Printer *p2 =
  Printer::makePrinter();        // 没问题，间接调用 default ctor。

Printer p3 = *p2;                // 错误！copy ctor 是 private。

p2->performSelfTest();           // 所有其他函数都像平常一般地被调用之。
p2->reset();
...
delete p2;                       //避免资源泄漏。如果 p2 是个 auto_ptr,
                                 // 此动作就不需要。
```

这项技术很容易被泛化为“任意个数（不限一个）的对象”。我们唯一需要做的就是将原本写死的常量 1 改为 class 专属的一个数值，然后将复制对象的限制去掉。例如，下面是修订后的 `Printer` class，允许最多 10 个 `Printer` 对象同时存在：

```
class Printer {
public:
  class TooManyObjects{};

  // pseudo-constructors
  static Printer * makePrinter();
  static Printer * makePrinter(const Printer& rhs);
  ...

private:
  static size_t numObjects;
  static const size_t maxObjects = 10;       // 见以下说明。

  Printer();
  Printer(const Printer& rhs);
};

// class statics 的义务性定义
size_t Printer::numObjects = 0;
const size_t Printer::maxObjects;

Printer::Printer()
{
  if (numObjects >= maxObjects) {
    throw TooManyObjects();
  }
  ...
}

Printer::Printer(const Printer& rhs)
{
  if (numObjects >= maxObjects) {
    throw TooManyObjects();
  }
  ...
}

Printer * Printer::makePrinter()
{ return new Printer; }

Printer * Printer::makePrinter(const Printer& rhs)
{ return new Printer(rhs); }
```

如果你的编译器不允许你在 class 定义区中对 `Printer::maxObjects` 做声明，不要惊讶。更明确地说，在 class 定义区内为该变量指定初值 10，可能无法通过编译。在 class 定义区中为 static const members（须为整数类型如 ints，chars, enums 等）指定初值，是晚些才加入 C++ 的一个特性，某些编译器尚未允许这么做。如果你的编译器至今尚未支持，镇定些，不妨将 maxObjects 声明为“匿名 private enum”内的一个枚举（enumerator）：

```
class Printer {
private:
  enum { maxObjects = 10 };     // 在此 class 内部，
  ...                           // maxObjects 的值为常量 10。
};
```

或是将 const static 初始化，就像面对 non-const static member 一样：

```
class Printer {
private:
  static const size_t maxObjects;       // 没有给予初值。
  ...
};
// 此行放在某个实现文件中。
const size_t Printer::maxObjects = 10;
```

这些和先前原来的代码有相同的效果，但是“明确指定初值”比较容易被其他程序员了解。一旦你的编译器支持“在 class 定义区内为 const static members 指定初值”，你就应该多多利用这项能力。

一个用来计算对象个数的 Base Class

除了“statics 的初始化”尚有争议，上述做法基本上已经具备魅惑众生的能力，只不过还有一点需要再唠叨一下。如果我们有许多像 Printer 那样的 classes，其对象个数需要有所限制，我们必须一再一再地为每一个 class 撰写相同代码。那实在是平凡到令人心灵麻痹。既然我们有一个特选的语言如 C++，好歹应该能够将这样的程序自动化吧。难道没有一种办法可以将“计算对象个数”的概念封装起来并包装到 class 内吗？

我们可以轻易完成一个 base class，作为对象计数之用，并让诸如 Printer 之类的 classes 继承它。但我们甚至可以做得更好。我们实际上可用某种方法封装整个计数工具，我的意思不只包括用来处理对象个数的函数，还包括计数器本身。当我们在条款 29 检验所谓的 reference counting（引用计数）技术时，我们还会看到类似需求。此设计之详细验证，请看我发表于 *C/C++ Users Journal*, April 1998 的文章《Counting Objects in C++》。

Printer class 内的计数器是 static numObjects，所以我们必须将这个变量搬到一个用来计算对象个数的 class 内。然而，我们也必须确保计算对象的每一个 class 都各自有一个计数器。设计一个“计数用的 class template”，可帮助我们自动产生适量的计数器，因为我们可以令计数器为“template 所产生的 classes”内的一个 static member：

```
template<class BeingCounted>
class Counted {
public:
  class TooManyObjects{};       // 此乃可能被抛出的 exceptions。

  static int objectCount() { return numObjects; }

protected:
  Counted();
  Counted(const Counted& rhs);

  ~Counted() { --numObjects; }

private:
  static int numObjects;
  static const size_t maxObjects;

  void init();                  // 用以避免 ctor 码重复出现。
};

template<class BeingCounted>
Counted<BeingCounted>::Counted()
{ init(); }

template<class BeingCounted>
Counted<BeingCounted>::Counted(const Counted<BeingCounted>&)
{ init(); }

template<class BeingCounted>
void Counted<BeingCounted>::init()
{
  if (numObjects >= maxObjects) throw TooManyObjects();
  ++numObjects;
}
```

此 template 所产生的 classes，只被设计用来作为 base classes，因此才有所谓的 protected constructors 和 destructor 存在。注意 private member function init，它用来避免在两个 Counted constructors 内出现重复代码。

现在我们修改 Printer class，让它运用 Counted template：

```
class Printer: private Counted<Printer> {
public:
  // pseudo-constructors
  static Printer * makePrinter();
  static Printer * makePrinter(const Printer& rhs);

  ~Printer();

  void submitJob(const PrintJob& job);
  void reset();
  void performSelfTest();
  ...

  using Counted<Printer>::objectCount;      // 见以下说明。
  using Counted<Printer>::TooManyObjects;   // 见以下说明。

private:
  Printer();
  Printer(const Printer& rhs);
};
```

“Printer 利用 Counted template 追踪目前存在多少个 Printer 对象”这件事情，坦白说除了 Printer 作者以外，和其他任何人都无关。此等实现细节最好保持为 private，这就是为什么此处使用 private inheritance 的原因（见条款 E42）。另一种做法是在 Printer 和 Counted<Printer> 之间使用 public inheritance，但是这么一来我们就不得不给予 Counted classes 一个 virtual destructor（否则我们就得冒险：如果有人通过 Counted<Printer>* 指针删除了一个 Printer 对象，会有不正确的行为。见条款 E14）。条款 24 已经说得很清楚，虚函数出现在 Counted 中，会影响到 Counted 所派生的对象的大小及其内存布局。我们不希望吞下这笔额外开销，private inheritance 可以让我们对此避而远之。

Counted 的大部分作为都已隐藏起来不让 Printer 的用户知晓，这相当正确，但是某些用户可能希望知道有多少个 Printer 对象存在。Counted template 提供了一个 objectCount 函数，供应这份信息，但是该函数在 Printer 中变成了 private 访问层级，因为我们用的是 private inheritance。为了恢复其 public 访问层级，我们采用一个 using declaration：

```
class Printer: private Counted<Printer> {
public:
  ...
  using Counted<Printer>::objectCount; // 让此函数对于 Printer 的
  ...                                  // 用户而言成为 public 的。
};
```

这绝对合法，但如果你的编译器尚未支持 namespaces，就不会接受它。如果是这样，你可以使用旧式的访问声明语法：

```
class Printer: private Counted<Printer> {
public:
  ...
  Counted<Printer>::objectCount;    // 让 objectCount 在 Printer 中
  ...                               // 成为 public。
};
```

上述传统语法和先前使用 using declaration 的意义相同，但 C++ 标准规范已明确宣布不再支持此传统语法。class TooManyObjects 有着和 objectCount 相同的处理方式，因为 Printer 的用户必须能够处理 TooManyObjects——如果他们希望能够捕捉该种 exceptions 的话。

一旦 Printer 继承自 Counted<Printer>，便可以完全忘记“对象计数”这回事。Printer 自己完全不必操心，就好像另外有人专门为它服务似的，那人（其实是 Counted<Printer>）做掉了一切。Printer constructor 现在看起来像这样：

```
Printer::Printer()
{
  proceed with normal object construction;
}
```

此处有趣的并非是你所看到的，而是你所看不到的。没有任何检验动作用来查看对象个数是否超额，也没有在 constructor 中增加对象个数。所有那些动作如今都由 Counted<Printer> constructors 处理掉了，而由于 Counted<Printer> 是 Printer 的一个 base class，我们知道在 Printer constructor 被调用之前，总是会有一个 Counted<Printer> constructor 被调用。如果外界索求太多对象，Counted<Printer> constructor 就会抛出一个 exception，而 Printer constructor 也就不会被调用。好极了，不是吗？

或许吧。但是有一个不够结实的尾巴需要绑紧一点，那是关于 Counted 内的 statics 义务性定义。是的，我们很容易处理 numObjects——只要将以下两行放进 Counted 的某个实现文件即可：

```
template<class BeingCounted>                    // 定义 numObjects，
int Counted<BeingCounted>::numObjects;    // 并自动初始化为 0
```

但 maxObjects 的情况就有点棘手了。我们应该将此变量初始化为什么值呢？如果我们希望允许最多 10 台打印机，就应该将 Counted<Printer>::maxObjects

初始化为 10。如果我们希望允许最多 16 个 file descriptor objects，就应该将 `Counted<FileDescriptor>::maxObjects` 初始化为 16。怎么做？

我们采用无为而治的态度：什么都不做。我们不为 `maxObjects` 提供初值，取而代之的是，我们要求 class 的用户提供适当的初始化行为。`Printer` 的作者必须在某个实现文件中加入这行：

```
const size_t Counted<Printer>::maxObjects = 10;
```

同样道理，`FileDescriptor` 的作者必须加上这一行：

```
const size_t Counted<FileDescriptor>::maxObjects = 16;
```

如果这些作者忘记为 `maxObjects` 提供一个适当的定义，会发生什么事？很简单，他们会在连接期（linking time）获得错误消息，因为 `maxObjects` 未有定义。倘若我们对此需求有足够的说明，`Counted` 的用户于是会对自己说一声“哦”，然后回头加上必要的初始化动作。

条款 27：要求（或禁止）对象产生于 heap 之中

有时候你会想要做这样的安排：让某种类型的对象有“自杀”能力，也就是说能够“`delete this`”。如此安排很明显要求该类型的对象被分配于 heap 内。另外一些时候你可能想要拥有某种确定性，保证某一类型绝不会发生内存泄漏（memory leaks），原因是没有任何一个该类型的对象从 heap 中分配出来。假设你在嵌入式系统上工作，这类系统如果发生内存泄漏，是非常麻烦的事，因为 heap 空间极为宝贵。我们有没有可能完成一些代码，要求或禁止对象产生于 heap 之中呢？通常可以，但结果证明，所谓的“在 heap 之中”可能比你想象的更含糊。

要求对象产生于 heap 之中（译注：所谓 Heap-Based Objects）

让我们从“限制对象必须诞生于 heap”开始。为了厉行此等限制，你必须找出一个方法，阻止 clients 不得使用 `new` 以外的方法产生对象。这很容易办到。是的，non-heap objects 会在其定义点自动构造，并在其寿命结束时自动析构，所以只要让那些被隐式调用的构造动作和析构动作不合法，就可以了。

欲令这些调用动作不合法，最直截了当的方式就是将 constructors 和 destructor 声明为 private。但这实在太过了，没有理由让它们都成为 private。比较好的办法是让 destructor 成为 private，而 constructors 仍为 public。如此一来，利用条款 26 所介绍的程序，你可以导入一个 pseudo（伪的）destructor 函数，用来调用真正的 destructor。Clients 则调用这个 pseudo-destructor 以销毁它们所产生的对象。

例如，假设我们希望确保“表现无限精度”的数值对象只能诞生于 heap 之中，可以这么做：

```
class UPNumber {
public:
  UPNumber();
  UPNumber(int initValue);
  UPNumber(double initValue);
  UPNumber(const UPNumber& rhs);

  // pseudo（伪的）destructor。这是一个 const member function，
  // 因为 const 对象也可能需要被销毁。
  void destroy() const { delete this; }
  ...
private:
  ~UPNumber();   // 译注：注意，dtor 位于 private 区内。
};
```

Clients 于是应该这么写：

```
UPNumber n;                      // 错误！（虽然合法，但当 n 的 dtor
                                 // 稍后被隐式调用，就不合法了。）
UPNumber *p = new UPNumber;      // 良好。
...
delete p;                        // 错误！企图调用 private destructor。
p->destroy();                    // 良好。
```

另一个办法就是将所有 constructors 都声明为 private。这个想法的缺点是，class 常常有许多个 constructors，其中包括 copy constructor，也可能包括 default constructor；class 的作者必须记住将它们每一个都声明为 private。如果这些函数由编译器产生，编译器产生的函数总为 public（见条款 E45）。所以比较容易的办法还是只声明 destructor 为 private，因为一个 class 只能有一个 destructor。

只要限制 destructor 或 constructors 的运用，便可阻止 non-heap objects 的诞生。但是，就如条款 26 所说，它也妨碍了继承（inheritance）和内含（containment）：

```
class UPNumber { ... };          // 将 dtor 或 ctors 声明为 private。

class NonNegativeUPNumber:       // 译注：这是继承（inheritance）。
  public UPNumber { ... };       // 错误！dtor 或 ctors 无法通过编译。
```

```
class Asset {
private:
  UPNumber value;                 // 译注：这是内含（containment）。
  ...                             // 错误！dtor 或 ctors 无法通过编译。
};
```

这些困难都可以克服。令 `UPNumber` 的 destructor 成为 protected（并仍保持其 constructors 为 public），便可解决继承问题。至于"必须内含 `UPNumber` 对象"之 classes，可以修改为"内含一个指针，指向 `UPNumber` 对象"：

```
class UPNumber { ... };              //注意，将 dtor 声明为 protected。

class NonNegativeUPNumber:
  public UPNumber { ... };           // 现在没问题了：derived classes
                                     // 可以取用 protected members。

class Asset {
public:
  Asset(int initValue);
  ~Asset();
  ...
private:
  UPNumber *value;
};

Asset::Asset(int initValue)
: value(new UPNumber(initValue))    // 没问题。
{ ... }

Asset::~Asset()
{ value->destroy(); }               // 也没问题。
```

判断某个对象是否位于 Heap 内

如果我们采用上述策略，就必须再次斟酌所谓"在 heap 内"的意义。假设 class 的定义概略如上，我们可以合法定义一个 non-heap `NonNegativeUPNumber` 对象：

```
NonNegativeUPNumber n;          // 没问题
```

现在，`NonNegativeUPNumber` 对象 n 的"`UPNumber` 成分"并不位于 heap 内。可以吗？答案视 class 的设计及其实现而定，但是让我们假设那不可以，所有 `UPNumber` 对象——甚至是其派生类对象中的"base class 成分"——都必须在 heap 中。我们如何厉行这样的约束？

没有什么简单的办法。`UPNumber` constructor 不可能知道它之所以被调用是否是为了产生某个 heap-based object 的"base class 成分"。也就是说，没有什么办法可以让 UPNumber constructor 侦测出以下状态有什么不同：

```
NonNegativeUPNumber *n1 =
  new NonNegativeUPNumber;              // 在 heap 内。

NonNegativeUPNumber n2;                 // 不在 heap 内。
```

或许你不相信我。或许你认为自己可以在 new operator、operator new 以及“new operator 所调用的 constructor”三方互动关系（条款 8）上玩把戏。或许你认为只要把 UPNumber 修改成这样就可以打败它们：

```
class UPNumber {
public:
  // 如果产生一个 non-heap object，就抛出 exception。
  class HeapConstraintViolation {};

  static void * operator new(size_t size);

  UPNumber();
  ...
private:
  static bool onTheHeap;        // 这一 flag 用来在 ctors 内指示
  ...                           // 正构造中的对象是否位于 heap。
};

// class static 的义务性定义。
bool UPNumber::onTheHeap = false;

void *UPNumber::operator new(size_t size)
{
  onTheHeap = true;                   // 译注：此为新增动作。
  return ::operator new(size);        // 译注：此为原就该有的动作。
}
UPNumber::UPNumber()
{
  if (!onTheHeap) {
    throw HeapConstraintViolation();
  }
  proceed with normal construction here;
  onTheHeap = false;                  // 清除 flag，供下一个对象使用。
}
```

这里面没有什么太深的技术，只是利用了一个观念：当对象被分配于 heap 内，operator new 会被调用起来分配原始（raw）内存，然后会有一个 constructor 被调用起来将对象初始化于该内存中。更明确地说，operator new 将 onTheHeap 设为 true，而每一个 constructor 都会检查 onTheHeap 的值，看看构造中的对象的内存是否由 operator new 分配而来。如果不是，就抛出一个类型为 HeapConstraintViolation 的异常。否则构造程序就如常继续下去。一旦构造完成，onTheHeap 会被设为 false，为下一个将被构造的对象重新设定好默认值。

这个主意够好的了，但它不可行！是的，考虑以下这份可能的代码：

```
UPNumber *numberArray = new UPNumber[100];
```

第一个问题是，数组内存乃由 operator new[] 而非 operator new 分配。不过你依然可以为它撰写一个自有版本（如果你的编译器支持的话），做相同的手脚。比较麻烦的是 numberArray 有 100 个元素，所以应该有 100 次 constructor 调用动作。但是整个程序却只有一次内存分配动作，所以在 100 次 constructors 动作中，只有第一次动作时 onTheHeap 的值为 true。第二次调用 constructor 时，会有一个 exception 被抛出，令你苦恼不已。

即使没有数组，前述的位设立动作（bit-setting）也可能失败。是的，考虑以下代码：

```
UPNumber *pn = new UPNumber(*new UPNumber);
```

此处于 heap 内产生了两个 UPNumbers，并让 pn 指向其中一个。换句话说某对象以另一对象的值作为初值。这段码会造成资源泄漏（resource leak），但是让我们忽略之。我们看看以下动作执行时会发生什么事：

```
new UPNumber(*new UPNumber)
```

这里内含两个 new operator 调用动作，并造成两个 operator new 和两个 UPNumber constructors 调用动作（条款 8）。程序员通常期望这些函数调用的执行顺序如下：

1. 为第一个对象调用 operator new。
2. 为第一个对象调用 constructor。
3. 为第二个对象调用 operator new。
4. 为第二个对象调用 constructor。

但 C++ 并不保证这么做。某些编译器产生出来的函数调用顺序是这个样子：

1. 为第一个对象调用 operator new。
2. 为第二个对象调用 operator new。
3. 为第一个对象调用 constructor。
4. 为第二个对象调用 constructor。

产生这样的代码，对编译器而言并非错误，但是前述“在 `operator new` 中设立位值”的伎俩却因此失败。因为步骤 1 和步骤 2 所设立的位在步骤 3 中被清除掉了，造成步骤 4 所构造的对象认为它不处于 heap 之中——虽然它其实处于 heap 之中。

这些困难并不至于造成“令每一个 constructor 检验 `*this` 是否位于 heap 内”的基本观念无效。它们只是显示，在 `operator new`（或 `operator new[]`）内检查某个位是否被设立起来，并不是“决定 `*this` 是否位于 heap 内”的一个可靠做法。我们需要更好的办法。

如果你对此绝望了，可能会被诱入“不具移植性”的领域中。例如，你可能决定利用许多系统都有的一个事实：程序的地址空间以线性序列组织而成，其中 stack（栈）高地址往低地址成长，heap（堆）由低地址往高地址成长：

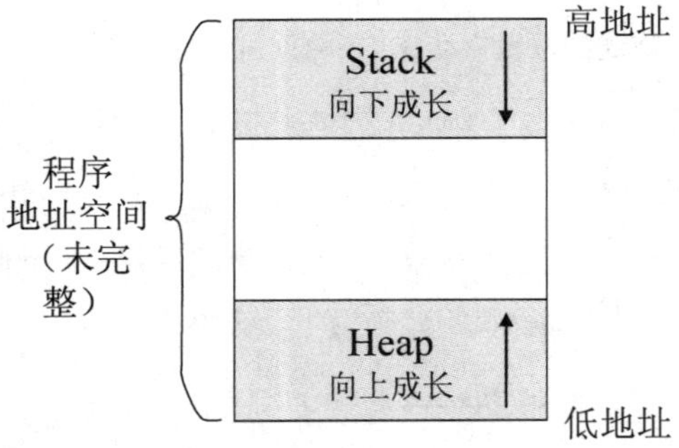

有的系统是这样，有的系统不是这样。如果你的系统的确以此方式来组织应用程序的内存，你或许认为可以借由以下函数决定某个地址是否位于 heap 内：

```
// 不正确的企图，决定某个地址是否位于 heap 之内
bool onHeap(const void *address)
{
  char onTheStack;       // local stack variable

  return address < &onTheStack;
}
```

这个函数背后的观念很有趣。在 `onHeap` 函数内，`onTheStack` 是个局部变量。所以

它被置于 stack 内。当 onHeap 被调用，其 stack frame（亦即其 activation record）会被放在 stack 的顶端，而由于此架构中的 stack 系向低地址成长，所以 onTheStack 的地址一定比其他任何一个位于 stack 中的变量（或对象）更低。因此，如果参数 address 比 onTheStack 的地址更低，它就不可能位于 stack，那就一定是位于 heap。

这样的逻辑是正确的，但还不够完善。基本问题在于对象可能被分配于 3 个地方，而不是两个地方。是的，stack 和 heap 都可以持有对象，但我们不要忘了 static 对象。Static 对象在程序执行期间只初始化一次。所谓 static 对象，不只涵盖明白声明为 static 的对象，也包括 global scope 和 namespace scope（见条款 E47）内的对象。如此对象必须安置于某处，而所谓某处既不是 stack 也不是 heap。

它们究竟在哪里？视系统而定！但在“stack 和 heap 的安排如上页所示”的许多系统中，它们被置于 heap 之下。上页的内存布局图虽然说出了系统中的许多真象，但没有说出完整的真象。如果把 static 对象纳入图中，看起来便是这样：

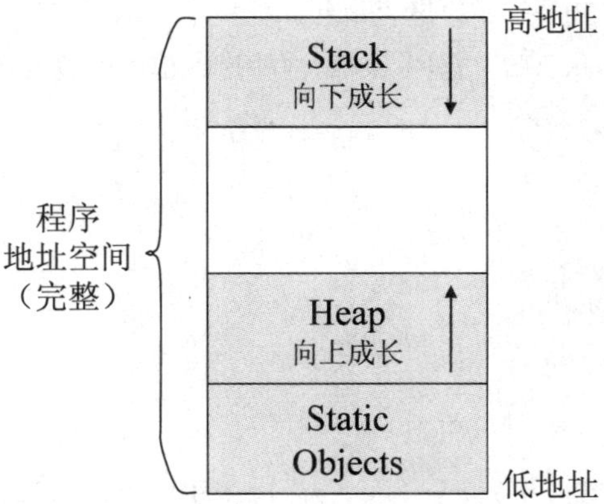

突然间 onHeap 运作失败的原因变得再清楚不过：它无法区分 heap 对象和 static 对象：

```
void allocateSomeObjects()
{
  char *pc = new char;    // heap object: onHeap(pc) 会返回 true。
```

```
  char c;                    // stack object：onHeap(&c) 会返回 false。
  static char sc;            // static object：onHeap(&sc) 会返回 true，
  ...                        // 这是错误的结果。
}
```

现在，你可能拼命想找出什么方法可以区分 heap objects 和 stack objects，而在拼命的过程中你可能会欣然接受和“不具移植性”这个恶魔打交道的机会。但难道你已经饥渴到宁愿接受不保证四海皆准的答案吗？当然不，所以我知道你必将拒绝这个虽蛊惑人但其实不足取的“地址比较法”。

令人悲苦的是，不只没有一个“绝对具移植性”的办法可以决定某对象是否位于 heap 内，甚至没有一个“颇具移植性”做法可以在大部分时候有用。如果你要绝对而确实地说某个地址是否位于 heap 之中，就一定得走入不可移植的、因实现系统而异的阴暗角落。没错，就是这样。所以你最好重新设计软件，避免需要判断某个对象是否位于 heap 内。

如果你发现自己被“对象是否位于 heap 内”困住，可能是因为你想要知道为它调用 delete 是否安全。通常这样的删除动作是以声名狼藉的“delete this”形式呈现。然而，此动作是否安全，和“指针是否指向一个位于 heap 内的对象”是两回事。因为，并非所有指向 heap 内的指针都可以被安全地删除。再次考虑一个 Asset 对象，内含有一个 UPNumber 对象：

```
class Asset {
private:
  UPNumber value;
  ...
};

Asset *pa = new Asset;
```

显然 *pa（及其成员）位于 heap 内。同样明显的是，对着一个指向 pa->value 的指针进行删除动作是不安全的，因为没有一个这样的指针是以 new 获得的。

幸运的是，判断“指针的删除动作”是否安全，比判断“指针是否指向 heap 内的对象”简单一些，因为前者的判断依据就只是：此指针是否由 new 返回。由于我们可以自行写一个 operator new（见条款 E8~E10），所以这问题比较容易解决。下面是一个可能的解决办法：

```
void *operator new(size_t size)
{
  void *p = getMemory(size);    // 调用某个函数以分配内存，
                                // 并处理内存不足的情况。

  add p to the collection of allocated addresses;

  return p;
}

void operator delete(void *ptr)
{
  releaseMemory(ptr);      // 将内存归还给自由空间（free store）。

  remove ptr from the collection of allocated addresses;
}

bool isSafeToDelete(const void *address)
{
  return whether address is in collection of
  allocated addresses;
}
```

很简单，operator new 负责把一些条目（entries）加到一个由“动态分配而得的地址”所形成的集合中，operator delete 负责把这些条目移除；isSafeToDelete 负责查找该集合，看看某个地址是否在其中。如果这些 operator new 和 operator delete 函数都在全局范围内，这应该对所有类型（甚至是内建类型）都管用。

实际运用上，有 3 件事情可能会消减我们对此设计的狂热。第一，我们极端不愿意在全局空间内定义任何东西，尤其是带有缺省意义的函数如 operator new 和 operator delete。我们知道，全局空间只有一个，该空间内带有“正规形式”（意指特定的参数类型，见条款 E9）的 operator new 和 operator delete 也只有一个。稍早的作为会使那些“正规形式”被我们所夺。如果那么做，便是声明我们的软件不兼容于其他“也实现有全局版之 operator new 和 operator delete”的任何软件（例如许多面向对象数据库系统）。

第二个考虑是效率：如果没有必要，何必为所有的“heap 应用”承担沉重的簿记工作（以便追踪返回的地址）呢？

最后一个考虑虽然庸俗却很重要：似乎不可能实现出一个总是能够有效作用的 isSafeToDelete 函数。困难在于，当对象涉及多重继承或虚拟继承的基类时，会拥有多个地址（译注：此即非自然多态，unnatural polymorphism，见《多态与虚拟》第二章），所以不能保证“交给 isSafeToDelete”和“被 operator new 返回”的地址是同一个——纵使论及的对象的确是分配于 heap 内。细节请见条款 24 和条款 31。

我们想要的，是这些函数提供的机能，但又不附带全局命名空间的污染问题、额外的义务性负荷，以及正确性的疑虑。幸运的是，C++ 以 abstract mixin base class（抽象混合式基类），完全满足了我们的需求。

所谓 abstract base class 是一个不能够被实例化的 base class。也就是说它至少有一个纯虚函数。所谓 mixin（“mix in”）class 则提供一组定义完好的能力，能够与其 derived class 所可能提供的其他任何能力（条款 E7）兼容。如此的 classes 几乎总是 abstract。我们于是可以形成一个所谓的 abstract mixin base class，用来为 derived classes 提供“判断某指针是否以 oeprator new 分配出来”的能力。以下便是这样一个 class：

```
class HeapTracked {              // mixin class; 追踪并记录
public:                          // 被 operator new 返回的指针。

  class MissingAddress{};        // exception class; 见以下说明。

  virtual ~HeapTracked() = 0;

  static void *operator new(size_t size);
  static void operator delete(void *ptr);

  bool isOnHeap() const;

private:
  typedef const void* RawAddress;
  static list<RawAddress> addresses;
};
```

这个 class 使用 C++ 标准程序库（见条款 E49 和条款 35）提供的 list 数据结构，记录所有由 operator new 返回的指针。Operator new 函数负责分配内存并将条目（entries）加入 list 内；operator delete 负责释放内存并从 list 身上移除条目；isOnHeap 决定某对象的地址是否在 list 内。

HeapTracked class 的实现很简单，因为真正的内存分配动作和释放动作交给全局的 operator new 函数和 operator delete 函数完成，而 list class 所拥有的函数又可以顺利完成安插、移除、查找等行为。下面是 HeapTracked 的完整实现内容：

```
// static class member 的义务性定义。
list<RawAddress> HeapTracked::addresses;
```

```
// HeapTracked 的 destructor 是个纯虚函数，使这个
// class 成为抽象类（见条款 E14）。但这个 destructor
// 仍然必须有定义，所以我们提供一个空定义。
HeapTracked::~HeapTracked() {}

void * HeapTracked::operator new(size_t size)
{
  void *memPtr = ::operator new(size); // 取得内存。

  addresses.push_front(memPtr);        // 将其地址置于 list 头部。

  return memPtr;
}

void HeapTracked::operator delete(void *ptr)
{
  // 获得一个“iterator”，用以找出哪一笔 list 元素内含 ptr。
  // 细节见条款 35。
  list<RawAddress>::iterator it =
    find(addresses.begin(), addresses.end(), ptr);

  if (it != addresses.end()) {  // 如果找到符合条件的元素（条目，entry），
    addresses.erase(it);        // 移除之，并
    ::operator delete(ptr);     // 释放内存。
  } else {                      // 否则表示 ptr 不是 operator new 所分配，
    throw MissingAddress();     // 于是抛出一个 exception。
  }
}

bool HeapTracked::isOnHeap() const
{
  // 取得一个指针，指向 *this 所占内存的起始处；细节描述于下。
  const void *rawAddress = dynamic_cast<const void*>(this);

  // 在地址链表中查找“被 operator new 返回的指针”。
  list<RawAddress>::iterator it =
    find(addresses.begin(), addresses.end(), rawAddress);

  return it != addresses.end();   // 返回“找到与否”消息。
}
```

这些码都很直接易懂，但如果你不熟悉 Standard Template Library 的 `list` class 和其他组件的话，情况可能麻烦些。条款 35 解释了每一样东西，但是上述注释应该也足够解释本例所发生的事情。

剩下唯一可能对你造成困惑的，就是以下语句（在 `isOnHeap` 函数内）：

```
const void *rawAddress = dynamic_cast<const void*>(this);
```

稍早我说过，凡涉及“多重或虚拟基类”的对象，会拥有多个地址，并因此使全局函数 isSafeToDelete 的撰写变得更复杂。此问题也在 isOnHeap 中令我们苦恼，但由于 isOnHeap 只施行于 HeapTracked 对象身上，我们可以利用 dynamic_cast 操作符（见条款 2）的特殊性质来消除这个问题。只要简单地将指针“动态转型”为 void*（或 const void* 或 volatile void* 或 const volatile void*——如果你无法在日常饮食中获得足够修饰养分的话☺），便会获得一个指针，指向“原指针所指对象”的内存起始处。不过，dynamic_cast 只适用于那种“所指对象至少有一个虚函数”的指针身上，我们命运多舛的 isSafeToDelete 函数却必须对任何类型的指针都起作用，因此 dynamic_cast 无法帮助它。isOnHeap 比较有所选择（只测试指向 HeapTracked 对象的指针），所以将 this 动态转型为 const void*，会为我们带来一个指针，指向现行对象的内存起始处。那便是 HeapTracked::operator new 必须返回的指针——如果对象内存最初是由 HeapTracked::operator new 分配的话。只要你的编译器支持 dynamic_cast 操作符，这项技术就有移植性。

有了这样的 class，即使是 BASIC 程序员☺ 也可以为任何 class 加上“追踪指针（指向 heap 分配所得）”的能力。他们唯一需要做的就是令 class 继承 HeapTracked。举个例子，如果我们希望能够判断某个 Asset 对象指针是否指向一个 heap-based object，可以修改 Asset class 的定义，以 HeapTracked 作为其 base class：

```
class Asset: public HeapTracked {
private:
  UPNumber value;
  ...
};
```

然后我们便可以查询 Asset* 指针如下：

```
void inventoryAsset(const Asset *ap)
{
  if (ap->isOnHeap()) {
    ap is a heap-based asset — inventory it as such;
  }
  else {
    ap is a non-heap-based asset — record it that way;
  }
}
```

像 HeapTracked 这样的 mixin class 有个缺点，那就是它不能够使用于内建类型身上，因为 int 和 char 这类类型并不继承自任何东西。此外，使用诸如 HeapTracked 这样的 class，最常见的理由便是要决定是否能够“delete this”，而你绝不会想要对内建类型这么做，因为这些类型根本没有 this 指针。

禁止对象产生于 heap 之中

“检验对象是否位于 heap 内”的种种规划终于告一段落了。光谱的另一端则是“阻止对象被分配于 heap 内”。这个题目的前景稍微光明一些。一般而言有 3 种可能：（1）对象被直接实例化；（2）对象被实例化为 derived class objects 内的“base class 成分”；（3）对象被内嵌于其他对象之中。让我一一讨论。

欲阻止 clients 直接将对象实例化于 heap 之中，很容易，因为此等对象总是以 new 产生出来，而你可以让 client 无法调用 new。虽然你不能够影响 new operator 的能力（那是语言内建的），但你可以利用一个事实：new operator 总是调用 operator new（见条款 8），而后者是你可以自行声明的。更明确地说，你可以将它声明为 private。举个例子，如果你不希望 clients 将 UPNumber 对象产生于 heap 内，可以这么做：

```
class UPNumber {
private:
  static void *operator new(size_t size);
  static void operator delete(void *ptr);
  ...
};
```

现在 clients 只能够做某些被允许的事：

```
UPNumber n1;                        // 可以。
static UPNumber n2;                 // 也可以。
UPNumber *p = new UPNumber;        // 错误！企图调用 private operator new。
```

将 operator new 声明为 private 应该足够了，但如果 operator new 属性为 private 而 operator delete 却为 public，实在有点奇怪，所以除非有一个好理由将它们拆伙，否则最好是将它们声明于 class 的同一访问层级内。如果你也想禁止“由 UPNumber 对象所组成的数组”位于 heap 内，可以将 operator new[] 和 operator delete[]（见条款 8）亦声明为 private（operator new 和 operator delete 之间的契合力，比许多人想象的还要强。它们之间有一个鲜为人知的关系，请看我发表于 *C/C++ Users Journal*, April 1998 的文章《Counting Objects in C++》内的方块说明）。

有趣的是，将 operator new 声明为 private，往往也会妨碍 UPNumber 对象

被实例化为 heap-based derived class objects 的“base class 成分”。那是因为 operator new 和 operator delete 都会被继承，所以如果这些函数不在 derived class 内声明为 public，derived class 继承的便是其 base(s) 所声明的 private 版本：

```
class UPNumber { ... };         // 如上。

class NonNegativeUPNumber:      // 假设此 class 未声明 operator new。
  public UPNumber {
  ...
};

NonNegativeUPNumber n1;              // 没问题。
static NonNegativeUPNumber n2;       // 也没问题。
NonNegativeUPNumber *p =         // 错误！企图调用 private operator new。
  new NonNegativeUPNumber;
```

如果 derived class 声明有一个属于自己的 operator new（译注：且为 public），当 client 将 derived class objects 分配于 heap 内时，该 operator new 函数会被调用，因此我们必须另觅良法以求阻止“UPNumber 的 base class 成分”的诞生。类似情况，当我们企图分配一个“内含 UPNumber 对象”的对象，“UPNumber 的 operator new 乃为 private”这一事实并不会带来什么影响：

```
class Asset {
public:
  Asset(int initValue);
  ...
private:
  UPNumber value;                   // 译注：containment。
};

Asset *pa = new Asset(100);           // 没问题，调用的是
                                      // Asset::operator new 或
                                      // ::operator new，而非
                                      // UPNumber::operator new。
```

对实用目的而言，这把我们带回熟悉的情境。我们曾经希望“如果一个 UPNumber 对象被构造于 heap 以外，那么就在 UPNumber constructors 内抛出 exception”，这次我们希望的是“如果对象被产生于 heap 内的话，就抛出一个 exception”。然而，就像没有任何据移植性的做法可以判断某地址是否位于 heap 内一样，我们也没有据移植性的做法可以判断它是否不在 heap 内。这应该不令人惊讶，毕竟如果我们能够确定某个地址在 heap 内，当然我们就能够确定某个地址不在 heap 内。既然我们做不到前者，当然我们也做不到后者。

条款 28：Smart Pointers（智能指针）

所谓 smart pointers，是“看起来、用起来、感觉起来都像内建指针，但提供更多机能”的一种对象。它们有各式各样的用途，包括资源的管理（见条款 9、条款 10、条款 25 和条款 31）以及自动的重复写码工作（见条款 17 和条款 29）。

当你以 smart pointers 取代 C++ 的内建指针（亦即所谓的 dumb pointers），你将获得以下各种指针行为的控制权：

- **构造和析构（Construction and Destruction）**。你可以决定 smart pointer 被产生以及被销毁时发生什么事。通常我们会给 smart pointers 一个默认值 0，以避免“指针未获初始化”的头痛问题。某些 smart pointers 有责任删除它们所指的对象——当指向该对象的最后一个 smart pointer 被销毁时。这是消除资源泄漏问题的一大进步。
- **复制和赋值（Copying and Assignment）**。当一个 smart pointer 被复制或涉及赋值动作时，你可以控制发生什么事。某些 smart pointer 会希望在此时刻自动为其所指之物进行复制或赋值动作，也就是执行所谓的深复制（deep copy）。另一些 smart pointer 则可能只希望指针本身被复制或赋值就好。还有一些则根本不允许复制和赋值。不论你希望什么样的行为，smart pointers 都可以让你如愿。
- **解引（Dereferencing）**。当 client 解引（取用）smart pointer 所指之物时，你有权决定发生什么事情。例如你可以利用 smart pointers 协助实现出条款 17 所说的 lazy fetching 策略。

Smart pointers 由 templates 产生出来。由于它就像内建指针一样，所以它必须有“强烈的类型性”（strongly typed）；用户可利用 template 参数表明其所指对象的类型。大部分 smart pointer templates 看起来像这样子：

> 译注：Scott Meyers 发表于 *Dr. Dobbs' Journal*, October 1999 的文章《Implementing `operator->*` for Smart Pointers》非常值得一观，可视为本条款的一份补充文档。

```
template<class T>                     // template，用来产生
class SmartPtr {                      // smart pointer objects。
public:
  SmartPtr(T* realPtr = 0);        // 产生一个 smart ptr，指向一个
                                   // 原本已由 dumb ptr 指向之物。
                                   //未初始化的 ptrs 被默认为 0（null）。

  SmartPtr(const SmartPtr& rhs);    // 复制一个 smart ptr。
  ~SmartPtr();                      // 销毁一个 smart ptr。

  // 对一个 smart ptr 做赋值（assignment）动作
  SmartPtr& operator=(const SmartPtr& rhs);

  T* operator->() const;            //解引（dereference）smart ptr，
                                    //以获得其所指之物的一个 member。

  T& operator*() const;             //解引（dereference）smart ptr。

private:
  T *pointee;                       // smart ptr 所指之物。
};
```

注意，这里的 copy constructor 和 assignment operator 都是 public。如果你的 smart pointer classes 不允许被复制或赋值，你应该将它们声明为 private（见条款 E27）。两个解引（dereferencing）操作符被声明为 const，因为解引“指针所指之物”并不会改变指针本身（虽然可能导致指针所指之物的改变）。此外，每个 smart pointer-to-T 都内含有一个 dumb pointer-to-T，后者才是实践指针行为的真正主角。

进入 smart pointer 的实现细节之前，应该先看看 clients 如何使用 smart pointers。考虑一个分布式系统，其中某些对象位于本地（local），某些位于远程（remote）。本地对象的访问通常比远程对象的访问简单而且快速，因为远程访问可能需要 remote procedure calls（RPC）或其他某种与不同机器沟通的方法。

对于应用程序而言，如果本地对象和远程对象的处理方式有所不同，是件挺麻烦的事儿。让所有对象都好像位于本地，应该是比较方便的做法。程序库可以提供 smart pointers，实现此一幻象：

```
template<class T>                  // 这个 template 所产生的 smart ptrs
class DBPtr {                      // 用来指向分布式数据库（DB）内的对象。
public:
  DBPtr(T *realPtr = 0);        // 产生一个 smart ptr，指向一个 DB 对象
                                //——如果已有一个本地端的 dumb 指针指向它。
```

```
  DBPtr(DataBaseID id);     // 产生一个 smart ptr，指向一个 DB 对象
                            // ——如果知道一个独一无二的 DB 识别码的话。

  ...                       // 其他的 smart ptr 函数。
};

class Tuple {                   // class，用来表现数据库中
public:                             // 的一笔数据（tuples）。
  ...
  void displayEditDialog();     // 呈现一个图形式对话框，允许
                                // 用户输入 tuple。

  bool isValid() const;         // 检验 *this 是否有效。
};

// class template，用来在一个 T 对象被修改时，
// 完成运转记录（log entries）。详见以下说明。
template<class T>
class LogEntry {
public:
  LogEntry(const T& objectToBeModified);
  ~LogEntry();
};

void editTuple(DBPtr<Tuple>& pt)
{
  LogEntry<Tuple> entry(*pt);       // 为以下编辑动作完成运转记录；
                                    // 详见以下说明。

  // 反复显示编辑对话框，直到获得有效值为止。
  do {
    pt->displayEditDialog();
  } while (pt->isValid() == false);
}
```

editTuple 所编辑的数据可能实际上位于远程，但是 editTuple 撰写者不需操心这样的事情；smart pointer class 会对系统隐瞒此事。程序员关心的是，所有数据（上述的 tuples）除了其声明形式外，都应该像内建指针一样地被使用。

请注意，editTuple 函数内使用了一个 LogEntry 对象。传统的设计是以“开始运转记录”和“结束运转记录”等函数调用动作，将 displayEditDialog 调用动作包围起来。这里的设计则显示，LogEntry constructor 开启一笔运转记录，而其 destructor 结束该笔运转记录。一如条款 9 所解释的，利用对象（而非明白调用某函数）来开始和结束运转记录，在面对 exceptions 时是一种比较稳健的做法。所以

你应该让自己习惯使用诸如 LogEntry 这样的 classes。此外，产生单一一个 LogEntry 对象，也比加上个别调用动作以分别启动和结束一笔运转记录更容易些。

如你所见，使用 smart pointer 和使用 dumb pointer，两者之间没有太大差别。这正是封装（encapsulation）的有效证据。我们可以想象，smart pointers 的用户能够把它们视同 dumb pointers。我们即将见到，有时候这样的取代行为会更透明无痕。

Smart Pointers 的构造、赋值、析构

Smart pointer 的构造行为通常明确易解：确定一个目标物（通常是利用 smart pointer 的 constructor 自变量），然后让 smart pointer 内部的 dumb pointer 指向它。如果尚未决定目标物，就将内部指针设为 0，或是发出一个错误消息（可能是抛出 exception）。

Smart pointer 的 copy constructor、assignment operator(s) 和 destructor 的实现，多少会因为"拥有权"的观念而稍微复杂。如果一个 smart pointer 拥有它所指的对象，它就有责任在本身即将被销毁时删除该对象。前提是这个 smart pointer 所指对象系动态分配而得——当我们使用 smart pointers 时，这个假设十分普遍（如何确定此一假设为真？见条款 27）。

考虑 C++ 标准程序库提供的 auto_ptr template。一如条款 9 解释的那样，auto_ptr 对象是个 smart pointer，用来指向一个诞生于 heap 内的对象，直到该 auto_ptr 被销毁为止。当销毁发生时，auto_ptr 的 destructor 会删除其所指物。auto_ptr template 可能实现如下：

```
template<class T>
class auto_ptr {
public:
  auto_ptr(T *ptr = 0): pointee(ptr) {}
  ~auto_ptr() { delete pointee; }
  ...
private:
  T *pointee;
};
```

在"同一对象只可被一个 auto_ptr 拥有"的前提下，上述做法可以有效运作。但一旦 auto_ptr 被复制或被赋值，会发生什么事？

```
auto_ptr<TreeNode> ptn1(new TreeNode);
auto_ptr<TreeNode> ptn2 = ptn1;        // 调用 copy ctor;
                                       // 会发生什么事？
```

```
auto_ptr<TreeNode> ptn3;
ptn3 = ptn2;                          // 调用 operator=;
                                      // 会发生什么事?
```

如果我们只是复制其内的 dumb pointer，会导致两个 auto_ptrs 指向同一对象。这会造成麻烦，因为每一个 auto_ptr 都会在被销毁时删除其所指之物。这表示对象会被删除两次。如此的双杀动作，其结果未有定义（但往往灾情惨重）。

另一种做法是以 new 操作符为所指对象产生一个新副本。这就保证我们不会有多个 auto_ptrs 指向同一对象，但这可能使新对象的诞生（以及后来的析构）形成无法让人接受的性能冲击。此外，我们不一定能够确知产生什么样类型的对象，因为一个 auto_ptr<T> 不一定得指向一个类型为 T 的对象；它可以指向一个 T 派生类型的对象。Virtual constructors（见条款 25）可以协助解决这个问题，但要在一个像 auto_ptr 这么目标广泛的 class 内使用该技术，似乎不甚合适。

如果我们禁止 auto_ptr 被复制和赋值，问题就消除了。但是 auto_ptr 采用一个更富弹性的解法：当 auto_ptr 被复制或被赋值，其“对象拥有权”会移转：

```
template<class T>
class auto_ptr {
public:
  ...
  auto_ptr(auto_ptr<T>& rhs);        // copy constructor

  auto_ptr<T>&                      // assignment operator
  operator=(auto_ptr<T>& rhs);
  ...
};

template<class T>
auto_ptr<T>::auto_ptr(auto_ptr<T>& rhs)     // copy constructor
{
  pointee = rhs.pointee;        // 将 *pointee 的拥有权转移至 *this。

  rhs.pointee = 0;              // rhs 不再拥有任何东西。
}
```

```
template<class T>                // assignment operator
auto_ptr<T>& auto_ptr<T>::operator=(auto_ptr<T>& rhs)
{
  if (this == &rhs)              // 如果自己赋值给自己，
    return *this;                // 不做任何事情。

  delete pointee;                // 删除目前拥有之物。

  pointee = rhs.pointee;         // 将 *pointee 的拥有权移转给 *this。
  rhs.pointee = 0;               // rhs 不再拥有任何东西。

  return *this;
}
```

注意，assignment 操作符在掌握一个新对象的拥有权之前，必须先删除它所拥有的对象。如果没有这么做，该对象就绝不会被删除。记住，只有 auto_ptr 对象才“拥有”它所指之对象。

由于 auto_ptr 的 copy constructor 被调用时，对象拥有权移转了，所以以 by value 方式传递 auto_ptrs 往往是个非常糟的主意（译注：因此 STL 容器中绝对不适合放置 auto_ptrs）。下面是其原因：

```
// 此函数往往导致灾难
void printTreeNode(ostream& s, auto_ptr<TreeNode> p)
{ s << *p; }

int main()
{
  auto_ptr<TreeNode> ptn(new TreeNode);
  ...
  printTreeNode(cout, ptn);          //以 by value 方式传递 auto_ptr。
  ...
}
```

当 printTreeNode 的参数 p 被初始化（通过 auto_ptr 的 copy constructor），ptn 所指对象的拥有权被移转至 p。当 printTreeNode 结束，p 即将离开其生存空间，于是其 destructor 会删除它所指（也是 ptn 原本所指）之物。然而 ptn 不再指向任何东西（其内部的 dumb pointer 是 null），所以 printTreeNode 被调用之后，任何人如果使用 ptn 都会导致未定义的行为。因此，只有当你确定要将对象拥有权移转给函数的某个参数时，才应该以 by value 方式传递 auto_ptrs。事实上很少有人想要这么做。

这并非意味你不能够以 auto_ptrs 作为参数，这只是意味 pass-by-value 并不适用。Pass-by-reference-to-const 才是适当的途径：

```
// 此函数的行为直观多了
void printTreeNode(ostream& s,
                   const auto_ptr<TreeNode>& p)
{ s << *p; }
```

在此函数中，p 是个 reference 而不是个对象，所以不会有 constructor 被用来为 p 设立初值。当 ptn 被传递给这一版的 printTreeNode，它保留了所指之物的拥有权，于是在 printTreeNode 被调用之后，ptn 还是可以安全地被使用。换句话说，以 by reference-to-const 的方式传递 auto_ptrs，可避免 pass-by-value 所造成的危险（至于宁用 pass-by-reference 而尽量不使用 pass-by-value 的其他理由，请看条款 E22）。

复制和赋值时“将拥有权从一个 smart pointer 移转至另一个 smart pointer”的概念，很有趣。更有趣的是 copy constructor 和 assignment operator 的非传统式声明。它们原本通常需要 const 参数，但上面的代码显示并非如此。事实上上述代码在复制和赋值时改变了参数内容，换句话说如果 auto_ptr 对象被复制，或是成为赋值动作的来源端，它们会被修改。

这是千真万确的事情。如果 C++ 有足够的弹性让你全权处理，不是很好吗？如果 C++ 语言要求 copy constructors 和 assignment operators 一定得采用 const 参数，你或许必须将参数的常量性加以转型（见条款 E21），要不就得另起炉灶玩另一个游戏。但现在你只需确实说出你想说的就好：当 smart pointer 被复制，或是身为赋值动作的来源端时，它会被改变。这可能不怎么直观，但的确简单、直接，而且正确。

如果你对 auto_ptr member functions 的验证感兴趣，你可能会想看一份完整实现品。本书第 291~294 页有一份完整实现品，在那里你会看到，C++ 标准程序库中的 auto_ptr template 的 copy constructors 和 assignment operators，其弹性比此处所描述的更高；在标准的 auto_ptr template 内，那些函数都是 member function templates，而不只是 member functions（关于 Member function templates，本条款稍后会介绍。你也可以在条款 E25 中读到它）。

Smart pointer 的 destructor 通常看起来像这样：

```
template<class T>
SmartPtr<T>::~SmartPtr()
{
  if (*this owns *pointee) {
    delete pointee;
  }
}
```

有时候没有必要在其中做测试动作——例如当 auto_ptr 总是拥有其所指物时。另一些时候，上述测试又可能有点复杂，例如一个运用了引用计数（reference counting，见条款 29）的 smart pointer，必须在决定“是否有权力删除其所指之物”前先调整计数器。当然，某些 smart pointers 很像 dumb pointers：它们本身被销毁时，对所指之物并没有影响。

实现 Dereferencing Operators（解引操作符）

现在让我们把注意力放在 smart pointers 的核心：operator* 和 operator-> 函数身上。前者返回所指对象。观念上十分简单：

```
template<class T>
T& SmartPtr<T>::operator*() const
{
  perform "smart pointer" processing;

  return *pointee;
}
```

这个函数首先做任何必要的初始化动作或是“让 pointee 获得有效值”的任何动作。例如，如果程序采用了 lazy fetching（缓式取值）设计（见条款 17），上述函数可能需要为 pointee 变幻出一个新对象。如果 pointee 有效，operator* 函数就返回一个 reference，代表被指之物。

注意，返回值是 reference 形式。如果返回的是对象，虽然编译器允许你这么做，结果会惨不忍睹。记住，pointee 不需非得指向类型为 T 的对象不可；它也可以指向一个 T 派生类型的对象。若真如此，而且你的 operator* 函数返回的是个 T 对象，而非一个 reference（代表真正的 derived class object），你的函数便是返回一个错误类型的对象！这涉及所谓的切割（slicing）问题，见条款 E22 和条款 13。这么一来，以该对象调用虚函数，将不会调用“被指之物”的动态类型相应函数。你的 smart pointer 也就因此没有在本质上适当地支持虚函数，这样的指针又哪能多么的“智能”呢？此外，返回 reference，效率比较高，因为其中不需构造临时对象（见条款 19）。正确性与效率都到手了，真令人开心。

如果你是个多虑的人，你可能会想，万一有人对着一个 null smart pointer（也就是其内嵌之 dumb pointer 为 null）调用 operator*，该怎么办。轻松点，你可以做你想做的任何事情。"解引 null 指针"是个无定义的行为，所以无所谓错误与否。想要抛出一个 exception 吗？丢吧。想要调用 abort 吗？调吧。想要走入内存将每个 byte 都设为你的生日除以 256 的余数吗？行！虽然不是很棒，但就目前的 C++ 语言而言，你有完全的自由。

operator-> 的故事和 operator* 差不多，但检验 operator-> 之前，让我们回忆一下调用此函数的一个不寻常意义。再次考虑 editTuple 函数，其中用到一个 smart pointer-to-Tuple：

```
void editTuple(DBPtr<Tuple>& pt)
{
  LogEntry<Tuple> entry(*pt);

  do {
    pt->displayEditDialog();
  } while (pt->isValid() == false);
}
```

其中的语句：

```
pt->displayEditDialog();
```

会被编译器解释为：

```
(pt.operator->())->displayEditDialog();
```

这意味不论 operator-> 返回什么，在该回传值身上施行 -> 操作符都必须是合法的。因此 operator-> 只可能返回两种东西：一个 dumb pointer（指向某对象），或是一个 smart pointer。大部分时候你会想要返回一个普通的 dumb pointer，于是你可以实现 operator-> 如下：

```
template<class T>
T* SmartPtr<T>::operator->() const
{
  perform "smart pointer" processing;

  return pointee;
}
```

这可以运作良好。由于此函数返回一个指针，所以通过 operator-> 调用虚函数，会有应有的表现。

对许多用途而言，这便是你需要知道的关于 smart pointers 的全部。例如条款 29 的引用计数（reference-counting）所使用的 smart pointers 便不超过目前所讨论的范围。然而如果你想要将 smart pointers 推往更高远的境界，你必须知道更多有关 dumb pointer 的行为，并知道 smart pointers 如何能够（或不能够）模拟那些行为。如果你的座右铭是“大部分人在此下马休息，但我不”，那么下面的材料是为你准备的。

测试 Smart Pointers 是否为 Null

有了先前讨论的函数，我们可以产生、销毁、复制、赋值、解引 smart pointers。但有一件事我们没办法做，那就是判断它是否为 null：

```
SmartPtr<TreeNode> ptn;
...
if (ptn == 0) ...                    // 错误！
if (ptn) ...                         // 错误！
if (!ptn) ...                        // 错误！
```

这是一个严重的限制。

为我们的 smart pointer classes 加上一个 isNull 函数很容易。但这并不能解决“smart pointers 无法如 dumb pointers 那般自然地测试是否为 null”这个枷锁。另一种做法是，提供一个隐式类型转换操作符，允许上述测试动作得以通过编译。这类转换的传统目标是 void*：

```
template<class T>
class SmartPtr {
public:
  ...
  operator void*();                // 如果 dumb ptr 是 null，返回零，
  ...                              // 否则返回非零值。
};

SmartPtr<TreeNode> ptn;
...
if (ptn == 0) ...                  // 现在可以了。
if (ptn) ...                       // 也可以了。
if (!ptn) ...                      // 没问题。
```

这很类似 iostream classes 提供的一种转换功能，同时也解释了为什么你可以写出这样的代码：

```
ifstream inputFile("datafile.dat");

if (inputFile) ...        // 测试 inputFile 是否成功地被开启。
```

就像所有类型转换函数一样，此处这个也有相同的缺点。在大部分程序员都认为“函数调用失败”的情况下，它却让其成功（见条款 5）。更明确地说，它允许你把 smart pointers 拿来和完全不同的类型做比较：

```
SmartPtr<Apple> pa;
SmartPtr<Orange> po;
...
if (pa == po) ...          // 竟然可以过关！
```

是的，即使我们并没有撰写以 `SmartPtr<Apple>` 和 `SmartPtr<Orange>` 为参数的 `operator==` 函数，但由于两个 smart pointers 都可以被隐式转换为 `void*` 指针，而针对语言内建指针，又存在有一个内建的比较函数，所以上式可通过编译。这种行为使得隐式转换函数非常危险（再次请看条款 5，并阅读再三，直到能够倒背如流）。

以“转换至 `void*`”为基调，可派生出各种变形。某些设计者喜欢转换为 `const void*`，另一些人喜欢转换为 `bool`，但没有一个可以消除上述“竟然允许不同类型互相比较”的问题。

有种差强人意的做法，允许你提供“测试 nullness”的合理语法，而且能够将“意外引起不同类型之 smart pointers 相互比较”的机会降到最低，那就是将“！操作符”重载。是的，对你的 smart pointer classes 撰写 `operator!`，并在其调用者（某个 smart pointer）是 null 的情况下，返回 `true`：

```
template<class T>
class SmartPtr {
public:
  ...
  bool operator!() const;     // 只有当 smart ptr 是 null 时才返回 true。
  ...
};
```

这使你的 clients 得以这么写：

```
SmartPtr<TreeNode> ptn;
...
if (!ptn) {                  // 没问题。
  ...                        // ptn 是 null。
}
else {
  ...                        // ptn 不是 null。
}
```

但不能这么写：

```
if (ptn == 0) ...            // 还是错误。

if (ptn) ...                 // 也错误。
```

唯一的风险就是这样：

```
SmartPtr<Apple> pa;
SmartPtr<Orange> po;
...
if (!pa == !po) ...           // 啊呀，这竟然可通过编译。
```

幸运的是程序员并不常常写出这样的代码。iostream 程序库不但允许隐式转换为 void*，还提供有一个 operator!，但这两个函数都只测试互异的少许 stream 状态（译注：彼此可转换者）。在 C++ 标准程序库中（见条款 E49 和条款 35），“隐式转换为 void*”已被“隐式转换为 bool”取代，而 operator bool 总是返回 operator! 的反相。

将 Smart Pointers 转换为 Dumb Pointers

有时候你可能会希望将 smart pointers 加入已使用 dumb pointers 的应用软件或程序库中。例如你的分布式数据库系统不可能一开始就是分布式，所以你可能会有一些老旧函数并非使用 smart pointers：

```
class Tuple { ... };                 // 如前。

void normalize(Tuple *pt);            // 将 *pt 放进标准形式中。
                                     // 注意，用的是 dumb pointer。
```

如果你调用 normalize 并指定一个 smart pointer-to-Tuple 给它，会发生什么事：

```
DBPtr<Tuple> pt;
...
normalize(pt);                       // 错误！
```

这个调用动作之所以失败，是因为目前没有办法可以将一个 `DBPtr<Tuple>` 转换为一个 `Tuple*`。如果这样就可以：

```
normalize(&*pt);                      // 难看，但合法。
```

但我希望你同意，那动作真是难看。

如果我们为 smart pointer-to-T template 加上一个隐式类型转换操作符，使之可转换为 dumb pointer-to-T，先前那个调用便可以成功：

```
template<class T>                     // 如前。
class DBPtr {
public:
  ...
  operator T*() { return pointee; } // 译注：新增的转换操作符。
  ...
};

DBPtr<Tuple> pt;
...
normalize(pt);                        // 现在这就成功了。
```

上述函数一旦加上，nullness 测试问题也就一并解决了：

```
if (pt == 0) ...                      //没问题 将 pt转换为一个 Tuple*。
if (pt) ...                           // 同上。
if (!pt) ...                          // 同上。
```

不过这样的转换也有黑暗面（总是如此啦，你看过条款 5 了吧）。它们使 clients 得以轻易地直接对 dumb pointers 做动作，因而回避了 smart pointer 当初的设计目的：

```
void processTuple(DBPtr<Tuple>& pt)
{
  Tuple *rawTuplePtr = pt;       // 将 DBPtr<Tuple> 转换为 Tuple*。

  use rawTuplePtr to modify the tuple;
}
```

通常，smart pointer 所提供的灵巧行为应该是你的一个基础设计思维，所以“允许 clients 直接使用 dumb pointers”往往会导致灾难。举个例子，如果 `DBPtr` 实现出条款 29 所展示的引用计数（reference-counting），那么“允许 clients 直接操控 dumb pointers”几乎一定会导致簿记方面的错误，造成引用计数所用的数据结构崩溃。

现在，好吧，即使你提供了一个隐式转换操作符，可以将 smart pointer 转换为其内部的 dumb pointer，你的 smart pointer 还是无法完全取代 dumb pointer。因为“从 smart pointer 转换为 dumb pointer”是一种用户定制的转换行为，而编译器禁止一次施行一个以上这类转换。举个例子，假设你有一个 class，用来表现“已处理过某笔特定数据（tuple）”的所有客户：

```
class TupleAccessors {
public:
  TupleAccessors(const Tuple *pt);      // pt 代表一笔数据（tuple）
  ...                                   // 而其处理者是我们所在乎的。
};
```

一如往常，TupleAccessors 的“单一自变量 constructor”也可以作为类型转换操作符使用，将 Tuple* 转换为 TupleAccessors（见条款 5）。现在考虑一个函数，用来将两个 TupleAccessors 对象内的信息合并在一起：

```
TupleAccessors merge(const TupleAccessors& ta1,
                     const TupleAccessors& ta2);
```

由于 Tuple* 可能被隐式转换为一个 TupleAccessors，所以以两个 dumb pointers Tuple* 作为自变量来调用 merge 函数，没有问题：

```
Tuple *pt1, *pt2;
...
merge(pt1, pt2);    // 没问题，两个指针都被转换为 TupleAccessors 对象
```

然而如果以两个 smart pointers DBPtr<Tuple> 调用之，就会失败：

```
DBPtr<Tuple> pt1, pt2;
...
merge(pt1, pt2);  // 错误！无法将 pt1 和 pt2 转换为 TupleAccessors 对象。
```

那是因为从 DBPtr<Tuple> 转换为 TupleAccessors 需要两个用户定制转换（第一个将 DBPtr<Tuple> 转换为 Tuple*，第二个将 Tuple* 转换为 TupleAccessors），而此等转换情节是 C++ 所不允许的。

Smart pointer classes 如果提供隐式转换至 dumb pointer，便是打开了一个难缠臭虫的门户。考虑这样的代码：

```
DBPtr<Tuple> pt = new Tuple;
...
delete pt;
```

这应该无法编译，毕竟 pt 不是指针，而是对象。你不能删除一个对象。只有指针才能够被删除，不是吗？

是的。但回忆条款 5 所说，编译器会寻找隐式类型转换，尽可能让函数调用成功。再回忆条款 8 所言，delete 操作符会导致 destructor 和 operator delete（两者都是函数）被调用。编译器希望那些函数调用动作都能成功，所以在上述的 delete 语句中，它们暗自将 pt 转换为一个 Tuple*，然后删除。这几乎一定会弄糟你的程序。

是的，如果 pt 拥有其所指之物，该对象现在被删除了两次，一次是在 delete 调用点，一次是在 pt 的 destructor 被调用时。如果 pt 并未拥有对象，其他人会拥有。那个人可能会 delete pt，那没问题。然而如果 pt 所指对象的拥有者不是 delete pt 的人，我们可以预期正牌拥有者稍后会再次删除该对象。上述第一种情况和第三种情况会导致对象被删除两次，而将对象删除一次以上会导致未定义的行为。

这个臭虫特别邪恶，容易致命，因为隐藏在 smart pointers 背后的整个概念就是让它们看起来及感觉起来尽量像 dumb pointers，而愈接近这个目标，你的 client 愈是可能忘记他们正在使用 smart pointers。因此，如果他们继续像以前一样地认为，为了避免资源泄漏，必须在调用 new 之后对应调用 delete，谁又能够责怪他们呢？

重点很简单：不要提供对 dumb pointers 的隐式转换操作符，除非不得已。

Smart Pointers 和“与继承有关的”类型转换

假设我们有一个 public inheritance 继承体系，构建出消费性音乐产品：

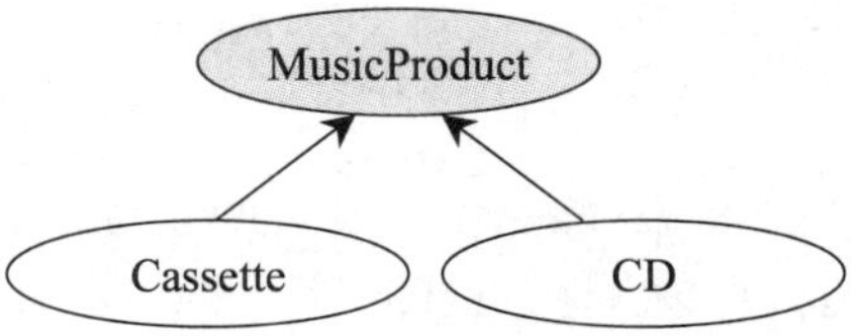


```
class MusicProduct {
public:
  MusicProduct(const string& title);
  virtual void play() const = 0;
  virtual void displayTitle() const = 0;
  ...
};
```

```
class Cassette: public MusicProduct {
public:
  Cassette(const string& title);
  virtual void play() const;
  virtual void displayTitle() const;
  ...
};

class CD: public MusicProduct {
public:
  CD(const string& title);
  virtual void play() const;
  virtual void displayTitle() const;
  ...
};
```

更进一步假设有个函数，给它一个 MusicProduct 对象，它就会显示标题并播放之：

```
void displayAndPlay(const MusicProduct* pmp, int numTimes)
{
  for (int i = 1; i <= numTimes; ++i) {
    pmp->displayTitle();
    pmp->play();
  }
}
```

我们可能这样使用这个函数：

```
Cassette *funMusic = new Cassette("Alapalooza");
CD *nightmareMusic = new CD("Disco Hits of the 70s");

displayAndPlay(funMusic, 10);
displayAndPlay(nightmareMusic, 0);
```

没什么令人惊讶的。但如果我们将 dumb pointers 以其 smart pointers 取代，看看会发生什么事：

```
void displayAndPlay(const SmartPtr<MusicProduct>& pmp,
                    int numTimes);

SmartPtr<Cassette> funMusic(new Cassette("Alapalooza"));
SmartPtr<CD> nightmareMusic(new CD("Disco Hits of the 70s"));

displayAndPlay(funMusic, 10);          // 错误！
displayAndPlay(nightmareMusic, 0);     // 错误！
```

如果 smart pointers 是那么聪明灵巧，为什么上述两行无法通过编译？

之所以无法通过编译，是因为没办法将 SmartPtr<CD> 或 SmartPtr<Cassette> 转换为 SmartPtr<MusicProduct>。编译器所看见的，是 3 个各不相干的 classes——

彼此之间没有任何关系。谁说编译器应该另作他想呢？毕竟情况并非“SmartPtr<CD> 或 SmartPtr<Cassette> 继承自 SmartPtr<MusicProduct>”。由于这些 classes 之间没有继承关系，我们很难期望编译器会将其中一种类型转换为另一种类型。

幸运的是，有个办法可以绕个弯解除这一束缚，其观念很简单（虽然实现上不简单）：令每一个 smart pointer class 有个隐式类型转换操作符（见条款 5），用来转换至另一个 smart pointer class。举个例子，在上述音乐产品的继承体系中，你可以为 Cassette 和 CD 的 smart pointer classes 加上一个 SmartPtr<MusicProduct> 操作符：

```
class SmartPtr<Cassette> {
public:
  operator SmartPtr<MusicProduct>()  // 译注：这便是新增的转换操作符。
  { return SmartPtr<MusicProduct>(pointee); }
  ...
private:
  Cassette *pointee;
};

class SmartPtr<CD> {
public:
  operator SmartPtr<MusicProduct>()  // 译注：这便是新增的转换操作符。
  { return SmartPtr<MusicProduct>(pointee); }
  ...
private:
  CD *pointee;
};
```

此做法有两个缺点。第一，你必须一一为每一个“SmartPtr class 实例”加入上述特殊式子，如此一来才有机会加上必要的隐式类型转换操作符。但这对 template 而言无异是一大讽刺。第二，你可能必须加上许多如此这般的转换操作符，因为你所指的对象可能位于继承体系的底层，而你必须为对象直接继承或间接继承的每一个 base class 提供一个转换操作符。如果你认为自己只需为每个直接继承的 base class 提供隐式类型转换操作符就好，请三思。由于编译器禁止一次执行一个以上的“用户定制的类型转换函数”，所以它们无法将一个 smart pointer-to-T 转换为一个 smart pointer-to-**indirect-base-class-of**-T——除非它们能够在单一步骤中完成它。

如果有办法让编译器为你完成所有这些隐式类型转换函数，便可以节省许多时间。谢天谢地，由于新近加入的一个语言扩充性质，你真的可以办到。这个扩充性质就是将 nonvirtual member function 声明为 templates，你可以利用它来产生 smart pointer 的转换函数，像这样：

```
template<class T>                  // template class，用于
class SmartPtr {                   // smart pointers-to-T 对象。
public:
  SmartPtr(T* realPtr = 0);

  T* operator->() const;
  T& operator*() const;

  template<class newType>          // template function，用于
  operator SmartPtr<newType>()     // 隐式转换操作符。
  {
    return SmartPtr<newType>(pointee);
  }
  ...
};
```

现在，稳住，这不是魔术——不过也很接近了。上述 template 运作如下（稍后我会给一个例子，所以如果本段剩余的部分读起来刻板枯燥，请不要灰心。在你看过实例之后，我保证你会更有感觉）。假设编译器有个 smart pointer-to-T 对象，而它需要将此对象转换为 smart pointer-to-**base-class-of**-T。编译器检验 class 内部对 SmartPtr<T> 的定义，看看其中是否声明有必要的转换操作符，结果没有（不可能有：上述 template 未曾声明任何转换操作符）。编译器于是再检查看看是否有哪一个 member function template 是它可以实例化的，以便完成外界要求的转换行为。它发现了这样一个 template（其类型参数为 newType），所以它将此 template 实例化，并将 newType 绑定于其 base class 的类型参数 T 身上，T 正是转换目标。此时唯一的问题就是，被实例化的 member function 是否可通过编译。为了让它被编译，将 dumb pointer pointee 交给"smart pointer-to-**base-of**-T 的 constructor"这一动作必须合法。pointee 的类型是 T，所以将它转换为一个指针，指向自己"以 public 方式继承或以 protected 方式继承"的 base classes，当然合法。因此，上述的类型转换操作符可通过编译，而从 smart pointer-to-T 至 smart pointer-to-**base-of**-T 的隐式转换因此得以成功。

看一个实际范例会比较有感觉。让我们回到 CDs, Cassettes 和 MusicProducts 继承体系。稍早我们看到下列代码无法编译，因为没有任何途径可以让编译器将"指向 CDs 或 Cassettes"的 smart pointers 转换为"指向 MusicProducts"的 smart pointers：

```
void displayAndPlay(const SmartPtr<MusicProduct>& pmp,
                    int howMany);

SmartPtr<Cassette> funMusic(new Cassette("Alapalooza"));
SmartPtr<CD> nightmareMusic(new CD("Disco Hits of the 70s"));

displayAndPlay(funMusic, 10);          // 原本是错误的。
displayAndPlay(nightmareMusic, 0);     // 原本是错误的。
```

如果使用修订版的 smart pointer class，令其带有 member function template，作为隐式类型转换操作符之用，上述代码便能成功。为什么？看看这个调用：

```
displayAndPlay(funMusic, 10);
```

funMusic 对象属于 SmartPtr<Cassette> 类型，而 displayAndPlay 函数期望得到的是个 SmartPtr<MusicProduct> 对象。编译器侦测到类型不吻合，于是寻找某种方法，企图将 funMusic 转换为一个 SmartPtr<MusicProduct> 对象。编译器在 SmartPtr<MusicProduct> class 内企图寻找一个“单一自变量之 constructor”（见条款 5），且其自变量类型为 SmartPtr<Cassette>，但是没有找到。于是再接再厉在 SmartPtr<Cassette> class 内寻找一个隐式类型转换操作符，希望可以产出一个 SmartPtr<MusicProduct> class。但是也失败了。接下来编译器再试图寻找一个“可实例化以导出合宜之转换函数”的 member function template。这一次它们在 SmartPtr<Cassette>找到了这样一个东西，当它被实例化并令 newType 绑定至 MusicProduct 时，产生了所需函数。于是编译器将该函数实例化，导出以下函数码：

```
SmartPtr<Cassette>::operator SmartPtr<MusicProduct>()  {
   return SmartPtr<MusicProduct>(pointee);
}
```

这可编译吗？这里面什么都没有，只是调用 SmartPtr<MusicProduct> constructor，并以 pointee 作为自变量。所以真正的问题是，你是否可以以一个 Cassette* 指针构造出一个 SmartPtr<MusicProduct> 对象。SmartPtr<MusicProduct> constructor 期望获得一个 MusicProduct* 指针，但现在我们面对的是 dumb pointer 类型间的转换，所以很明显地 Cassette* 可被交给一个期望获得 MusicProduct* 的函数。因此 SmartPtr<MusicProduct> 的构造会成功，而 SmartPtr<Cassette>至 SmartPtr<MusicProduct>的转换也会成功。太棒了，这就是 smart pointer 的隐式类型转换。还有什么能够比这更简单？

此外，还有什么能够比这更具威力？不要被此例误导，以为此法只适用于继承体系的向上转型。事实上此法对于指针类型之间的任何合法隐式转换都能成功。如果你手上有个 dumb pointer 类型为 T1*，另一个 dumb pointer 类型为 T2*，只要你能够将 T1* 隐式转换为 T2*，你便能够将 smart pointer-to-T1 隐式转换为 smart pointer-to-T2。

这项技术完全赋予你所想要的行为——几乎啦。假设我扩充 MusicProduct 继承体系，加上一个新的 CasSingle class。修订后的继承体系如下：

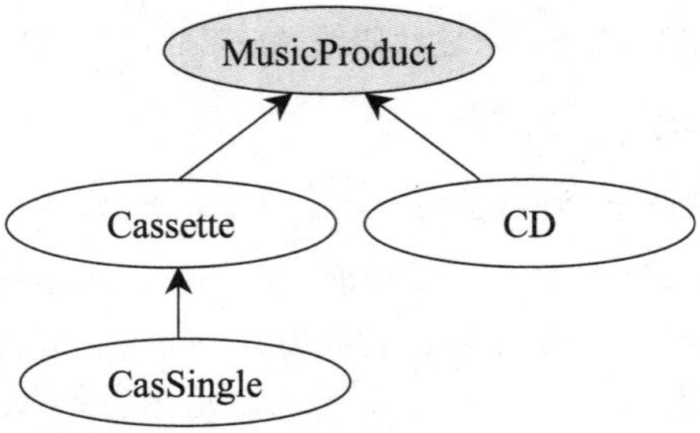

现在考虑这份代码：

```
template<class T>              // 如上，其中包括针对转换操作符
class SmartPtr { ... };        // 而设计的 member template。

void displayAndPlay(const SmartPtr<MusicProduct>& pmp,
                    int howMany);

void displayAndPlay(const SmartPtr<Cassette>& pc,
                    int howMany);

SmartPtr<CasSingle> dumbMusic(new CasSingle("Achy Breaky Heart"));

displayAndPlay(dumbMusic, 1);        // 错误！
```

此例之中，displayAndPlay 被重载，函数之一接受 SmartPtr<MusicProduct> 对象，函数之二接受 SmartPtr<Cassette> 对象。当我们调用 displayAndPlay 并给予一个 SmartPtr<CasSingle>，我们预期调用的是 SmartPtr<Cassette> 函数，因为 CasSingle 直接继承自 Cassette 而仅只间接继承自 MusicProduct。如果面对的是 dumb pointers，当然如此抉择。但我们的 smart pointers 没有那么“智能”，它们把 member functions 拿来作为转换操作符使用，而 C++ 的理念是，对任何转换函数的调用动作，无分轩轾一样地好。于是，displayAndPlay 的调用动作成为一种模棱两可的行为，因为从 SmartPtr<CasSingle> 转换至 SmartPtr<Cassette>，并不比转换至 SmartPtr<MusicProduct> 更好。

利用 member templates 来转换 smart pointer，有另外两个缺点。第一，目前支持 member templates 的编译器还不多，此技术虽好，移植性不高。未来形势当然会改变，但是没有人知道未来有多么遥远。第二，其间涵盖的技术并不那么简单，你必须熟悉（1）函数调用的自变量匹配规则、（2）隐式类型转换函数、（3）template functions 的暗自实例化、（4）member function templates 等技术。怜悯怜悯那些从未见过这些深层技术，却被要求以它们来维护或改善程序的可怜人吧。这项技术很“智能”，毋庸置疑，但是太过先进反而可能是件危险的事情。

让我们停止在这块尚未广被开垦的蛮荒大地上继续投注精力吧。我们真正想要知道的是如何能够使“smart pointer classes 的行为”在“与继承相关的类型转换”上，能够和 dumb pointers 一样。答案很简单：不能够。Daniel Edelson 指出：smart pointers 虽然 *smart*，却不是 *pointers*。是的，我们所能做的最好情况就是使用 member templates 来产生转换函数，然后再在其中出现模棱两可的时候使用转型动作（见条款 2）。这并不完美，但是够好。Smart pointers 提供了精巧的功能，而“必须使用转型动作以避免模棱两可”则是我们有时候必须付出的一个小小代价。

Smart Pointers 与 const

回忆过去使用 dumb pointers 的时光，const 可用来修饰被指之物，或是指针本身，或是两者兼具（见条款 E21）：

```
CD goodCD("Flood");

const CD *p;                      // p 是一个 non-const 指针，
                                  // 指向一个 const CD object。

CD * const p = &goodCD;           // p 是一个 const 指针，
                                  // 指向一个 non-const CD object;
                                  // 由于 p是 const，所以必须有初值。

const CD * const p = &goodCD;     // p 是一个 const 指针，
                                  // 指向一个 const CD object。
```

很自然地，我们希望 smart pointers 也有相同的弹性。不幸的是面对 smart pointers 只有一个地方可以放置 const：只能施行于指针身上，不能及于其所指的对象：

```
const SmartPtr<CD> p =            // p 是一个 const smart ptr，
  &goodCD;                        // 指向一个 non-const CD object。
```

矫正之道似乎很简单——产生一个 smart pointer，指向一个 const CD：

```
SmartPtr<const CD> p =          // p 是一个 non-const smart ptr,
  &goodCD;                      // 指向一个 const CD object。
```

现在我们可以对 const 以及 non-const 的对象及指针，产生 4 种组合：

```
SmartPtr<CD> p;                          // non-const object,
                                         // non-const pointer.
SmartPtr<const CD> p;                    // const object,
                                         // non-const pointer.
const SmartPtr<CD> p = &goodCD;          // non-const object,
                                         // const pointer.
const SmartPtr<const CD> p = &goodCD;    // const object,
                                         // const pointer.
```

啊呀，这块蛋糕上面有一只苍蝇。如果使用 dumb pointers，我们可以 non-const 指针作为 const 指针的初值，也可以“指向 non-const 对象”之指针作为“指向 const 对象”之指针的初值；赋值（assignment）规则亦类似。例如：

```
CD *pCD = new CD("Famous Movie Themes");
const CD * pConstCD = pCD;                   // 可以。
```

但是如果我们在 smart pointers 身上做相同动作，看看会发生什么事：

```
SmartPtr<CD> pCD = new CD("Famous Movie Themes");
SmartPtr<const CD> pConstCD = pCD;           // 可以吗？
```

SmartPtr<CD> 和 SmartPtr<const CD> 是完全不同的类型。就目前的编译器而言，它们之间毫无关系，所以没有理由认为它们之间可以彼此赋值。唯一能够让两个类型被视为“可互相赋值”的情况是，如果你提供有一个函数，能够将 SmartPtr<CD> 对象转换为 SmartPtr<const CD> 对象。如果你的编译器支持 member templates，你可以使用先前所示的技术，自动产出你所需要的隐式类型转换操作符（稍早我还特别提醒过，只要对应的 dumb pointers 可以转换成功，这项技术就可以成功。我可不是随便说说的。转换如果涉及 const，也不例外）。如果你没有这样的编译器，你必须多跳几次“火圈”。

类型转换如果涉及 const，便是一条单行道：从 non-const 转换至 const 是安全的，从 const 转换至 non-const 则不安全。此外，你能够对 const 指针所做的任何事情，也都可以对 non-const 指针进行，但你还可以对后者做更多事情（例如赋值，assignment）。同样道理，你能够对 pointer-to-const 所做的任何事情，也都可以对 pointer-to-non-const 做，但是面对后者，你还可以另做其他事情（例如赋值，assignment）。

这些规则听起来和 public inheritance 的规则（见条款 E35）很类似。是的，你可以将 derived class object 转换为 base class object，反之不然。你可以对 derived class object 做“可对 base class object 进行”的任何事情，但通常还可以对 derived class object 做更多事情。实现 smart pointers 时我们可以利用这种类似性质，令每一个 smart pointer-to-T class 公开继承一个对应的 smart pointer-to-const-T class：

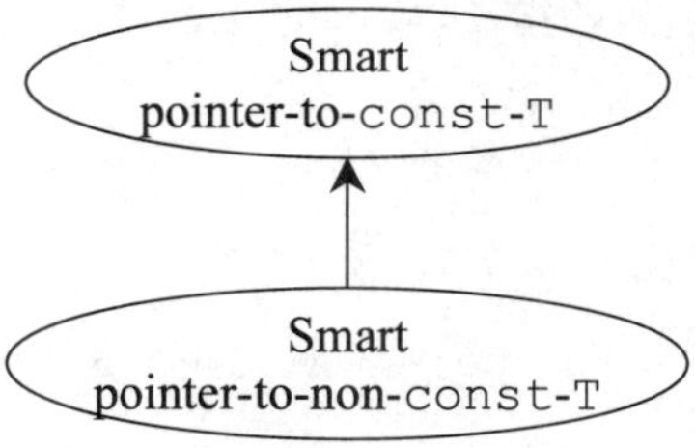


```
template<class T>              // smart pointers，用于 const 对象。
class SmartPtrToConst {
  ...                          // 一般都会有的 smart pointer member。
functions

protected:
  union {
    const T* constPointee;     // 给 SmartPtrToConst 使用。
    T* pointee;                // 给 SmartPtr 使用。
  };
};

template<class T>              // smart pointers，用于 non-const 对象。
class SmartPtr:
  public SmartPtrToConst<T> {
  ...                          // 没有 data members。
};
```

使用这样的设计，smart pointer-to-non-const-T 对象必须内含一个 dumb pointer-to-non-const-T，而 smart pointer-to-const-T 必须内含一个 dumb pointer-to-const-T。一个天真的想法是将一个 dumb pointer-to-const-T 放于 base class 中，并将一个 dumb pointer-to-non-const-T 放于 derived class 中。然而这是一种浪费，

因为 SmartPtr 对象会因此内含两个 dumb pointers：其一继承自 SmartPtrToConst，其二是 SmartPtr 本身所有。

这个问题可通过 C 语言的旧武器 union 获得解决。union 在 C++ 中的表现就像在 C 中一样。这一 union 的访问层级应该是 protected，使两个 classes 都可取用。其中内含两个必要的 dumb pointer 类型：constPointee 指针供 SmartPtrToConst<T> 对象使用，pointee 指针则供 SmartPtr<T> 对象使用。我们因此获得了两个互异指针的优点，又不必分配多余空间（条款 E10 有另一个关于 union 的例子）。这正是 union 漂亮之处。当然啦，两个 classes 的 member functions 必须约束自己，只使用适当的指针。编译器无法协助你厉行这项规范。这是使用 union 的风险。

运用这个新设计，我们获得了自己希望的行为：

```
SmartPtr<CD> pCD = new CD("Famous Movie Themes");

SmartPtrToConst<CD> pConstCD = pCD;     // 没问题。
```

评估

该结束 smart pointers 这个主题了，但是离开之前，应该问自己一个问题：如此大费周张，值得吗？特别是如果你的编译器尚未支持member function templates的话。

答案通常是肯定的。例如，条款 29 所展示的引用计数（reference-counting），就可以利用 smart pointers 加以简化。然而，就如本条款的例子所示，某些 smart pointers 的用途受到诸如“nullness 的测试、dumb pointers 的转换、以继承为本的转换、对 pointers-to-consts 的支持”等等限制。而且 smart pointers 可能不容易实现、了解、维护。欲对运用了 smart pointers 的代码进行调试，会比对运用了 dumb pointers 的代码进行调试更困难。你绝对无法成功设计出一个泛用型 smart pointer，可以完全无间隙地取代 dumb pointer。

尽管如此，smart pointers 能够为你完成一些原本极端困难达成的效果。Smart pointers 应该被明智而谨慎地运用，但每位 C++ 程序员一定都会在某些时候或某种场合下发现，它们的确很有用。

条款 29：Reference counting（引用计数）

Reference counting 这项技术，允许多个等值对象共享同一实值。此技术的发展有两个动机，第一是为了简化 heap objects 周边的簿记工作。一旦某个对象以 new 分配出来，记录“对象的拥有者”是件重要的事，因为他（也只有他）有责任删除该对象。但是在程序执行过程中，对象的拥有权可能移转（例如以指针作为函数自变量），所以记录对象的拥有权并非是件轻松的工作。类似 auto_ptr 那样的 classes（见条款 9）可以协助此类工作，但是经验显示，大部分程序仍然没有好好地利用它。Reference counting 可以消除“记录对象拥有权”的负荷，因为当对象运用了 reference counting 技术，它便拥有它自己。一旦不再有任何人使用它，它便自动销毁自己。也因此，reference counting 建构出垃圾回收机制（garbage collection）的一个简单形式。

Reference counting 的第二个发展动机则只是为了实现一种常识。如果许多对象有相同的值，将那个值存储多次是件愚蠢的事。最好是让所有等值对象共享一份实值就好。这么做不只节省内存，也使程序速度加快，因为不再需要构造和析构同值对象的多余副本。

Reference counting 架构在一大堆有趣的细节上面。其中或许谈不上什么真理，但是靠着这些细节，才有办法成功实现出 reference counting 技术。钻研细节之前，让我们先掌握基础面。首先让我们看看当初如何造成许多同值对象。下面是一种可能：

```
class String {                         // 标准的 string 类型有可能运用
public:                                // 本条款技术，但非绝对必要。
  String(const char *value = "");
  String& operator=(const String& rhs);
  ...
private:
  char *data;
};

String a, b, c, d, e;

a = b = c = d = e = "Hello";
```

很显然对象 a～e 都有相同的值“Hello”。该值的呈现方式视 String class 如何实现而定，通常每一个 String 对象会携带自己的一份数据。例如，String 的赋值（assignment）操作符可能实现如下：

```
String& String::operator=(const String& rhs)
{
  if (this == &rhs) return *this;             // 见条款 E17。

 delete [] data;                              // 译注：删除旧数据。
 data =   new char[strlen(rhs.data) + 1];     // 译注：分配新空间。
 strcpy(data, rhs.data);                      // 译注：赋予新值。

 return *this;                                // 见条款 E15。
}
```

有了这份实现码，我们可以将上述 5 个对象及其所含数据想象如下：

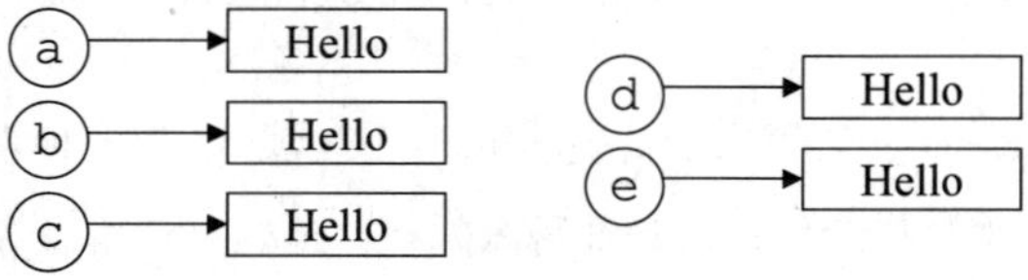

此法之累赘与浪费，清晰可见。理想情况下我们希望把这张图改变为：

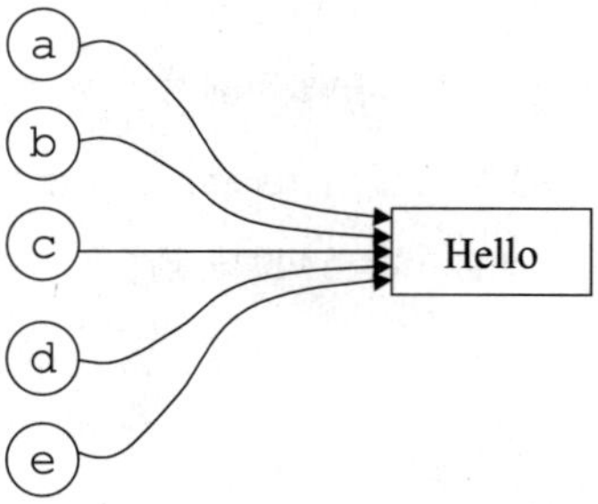

这里只存在一份“Hello”，所有“以‘Hello’为实值”的 String 对象，共享同一份数据实体。

实际上不可能达到这样的理想，因为我们必须追踪记录有多少个对象共享此值。如果上述对象 a 稍后被赋值为一个异于“Hello”的值，我们不可以销毁“Hello”，因为其他 4 个对象仍然需要它。从另一个角度说，如果只有一个对象的值是“Hello”而且此对象即将离开其生存空间（scope），不再有任何对象拥有该值，那么我们就必须销毁该值以免资源泄漏。

由于需要某些信息用以记录“目前共享同一实值”的对象个数，我们的理想图应该做一些修改，将一个 reference count（引用计数器）纳入：

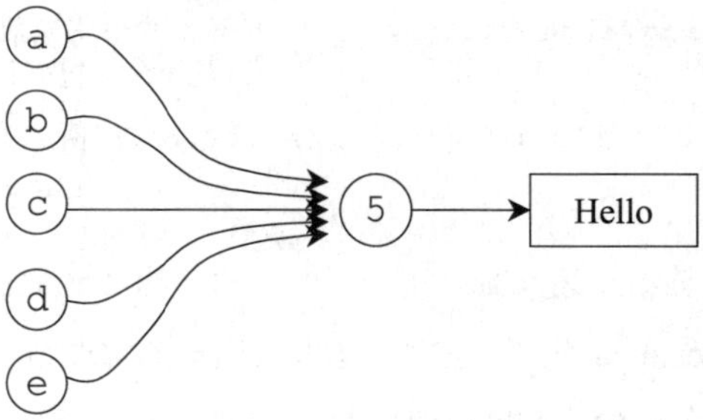

有人称此数值为 use count，但我不采用这个词。啊，是的，无可避免，C++ 有许多技术上的党派之争 ☺。

Reference Counting（引用计数）的实现

产生一个 reference-counted `String` class 并不困难，但必须注意许多细节。我将带你走过这类 class 最常见的一些 member functions。在此之前，认知我们“需要某个空间，用以为每一个 `String` 存储引用次数”是很重要的。那个空间不可以设计在 `String` 对象内，因为我们是要为每一个字符串值准备一个引用次数，而不是为每一个字符串对象准备。这暗示了“对象值”和“引用次数”之间有一种耦合（coupling）关系，所以我打算产生一个 class，不但存储引用次数，也存储它们所追踪的对象值。此 class 被我命名为 `StringValue`。由于其存在的唯一目的就是协助实现 `String` class，所以我把它嵌套放进 `String` 的 private 段落内。此外，如果让所有的 `String` member functions 都能够访问 `StringValue`，会带来很大的方便，所以我将 `StringValue` 声明为 struct。这是一个值得注意的技巧：将一个 struct 嵌套放进一个 class 的 private 段落内，可以很方便地让该 class 的所有 members 有权处理这个 struct，而又能够禁止任何其他人访问这个 struct（当然，class 的 friends 不在此限）。

我们的基本设计看起来像这样：

```
class String {
public:
  ...                        // 一般的 String member functions 安排在这里。
private:
  struct StringValue { ... };    // 持有一个引用次数（reference count）
                                 // 以及一个字符串值。

  StringValue *value;           // String 的值。
};
```

或许你认为应该给上述 class 一个不一样的名称（RCString 如何？），强调它是以 reference counting 技术完成的，但是 class 的实现细节不应该是客户关心的焦点，客户只对 class 的公开接口感兴趣。上述 String reference-counting 版本的操作接口与 non-reference-counted 版本完全一致，所以何必弄绉一池春水地将“实现细节上的决定”嵌入“原本用来彰显抽象概念”的 classes 名称内呢？真的没有必要，所以我们不这么做。

下面是 StringValue 的定义：

```
class String {
private:
  struct StringValue {
    int refCount;
    char *data;

    StringValue(const char *initValue);
    ~StringValue();
  };
  ...
};

String::StringValue::StringValue(const char *initValue)
: refCount(1)
{
  data = new char[strlen(initValue) + 1];
  strcpy(data, initValue);
}

String::StringValue::~StringValue()
{
  delete [] data;
}
```

这便是全部，很明显其中尚未实现出 reference-counted 字符串该有的完整机能。就拿一件事来说，既没有 copy constructor 也没有 assignment operator（见条款

E11），甚至没有 refCount 的处理函数。别担忧，这些遗漏的机能将由 String class 补足。StringValue 的主要目的是提供一个地点，将“某特定值”以及“共享该值的 String 对象个数”关联起来。这样的 StringValue 应该就够用了。

现在我准备完成 String 的 member functions。让我们从 constructors 开始：

```
class String {
public:
  String(const char *initValue = "");
  String(const String& rhs);
  ...
};
```

第一个 constructor 的实现尽可能简单。我们根据传进来的 char* 字符串产生一个新的 StringValue 对象，然后让构造中的这个 String 对象指向新铸造出来的那个 StringValue：

```
String::String(const char *initValue)
: value(new StringValue(initValue))
{}
```

于是，以下的运用：

```
String s("More Effective C++");
```

会导致形式如下的数据结构：

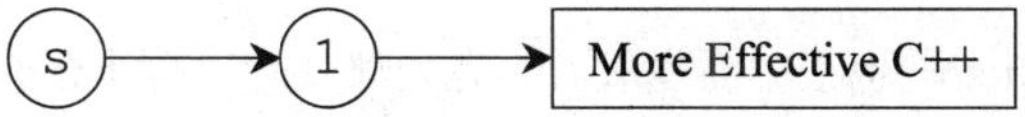

“分开构造，但拥有相同初值”的 String 对象，并不共享同一个数据结构。所以以下的运用形式：

```
String s1("More Effective C++");
String s2("More Effective C++");
```

会导致这样的数据结构：

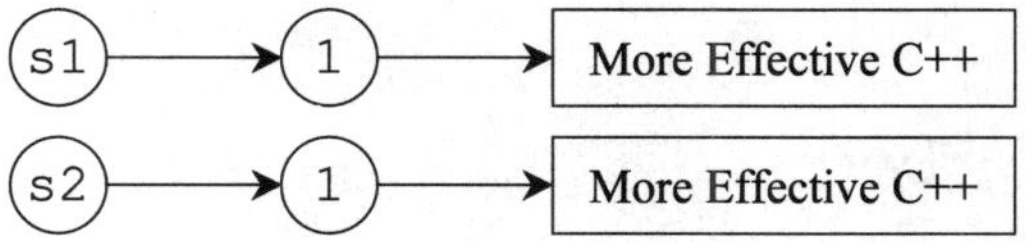

只要令 String（或 StringValue）追踪现有的 StringValue 对象，并仅仅在“面对真正独一无二的字符串时”才产生新的 StringValue 对象，上图所显示的重

复空间便可消除。这样的精雕细琢有点恐怖也有点令人憎恨，就留给读者做练习吧。

至于 String copy constructor，不仅不令人恐怖憎恨，还很有效率：当 String 对象被复制时，新产生的 String 对象共享同一个 StringValue 对象：

```
String::String(const String& rhs)
: value(rhs.value)
{
  ++value->refCount;
}
```

如果以图形表示，下面这样的代码：

```
String s1("More Effective C++");
String s2 = s1;
```

会导致这样的数据结构：

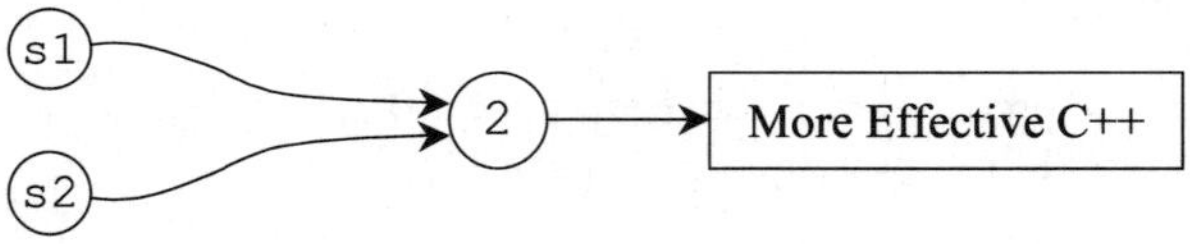

这比传统的 non-reference-counted String class 效率高。因为它不需要分配内存给字符串的第二个副本使用，也不需要于稍后归还内存，更不需要将字符串值复制到内存中。这里只需将指针复制一份，并将引用次数加 1。

String destructor 也很容易完成，因为大部分时间它什么事也没做。只要某个 StringValue 的引用次数不是 0，就表示至少有一个 String 对象正在使用该值；因此它一定不能被销毁。如果被析构的 String 是该值的唯一用户，也就是如果该值的引用次数为 1，String destructor 才应该销毁 StringValue 对象：

```
class String {
public:
  ~String();
  ...
};

String::~String()
{
  if (--value->refCount == 0) delete value;
}
```

让我拿它来和 non-reference-counted 版的 destructor 效率比较一下。后者总是调用 delete 并几乎确定有不低的执行成本。但是如果不同的 String 对象拥有相同的值，上述做法除了将计数器减 1 并与 0 相比之外，什么也没做。

如果在此时刻，reference counting 的诉求并不明显，上述做法也不会让你特别费神。

这就是 String 的构造和析构。现在让我们移动位置，考虑 String 的赋值（assignment）操作符：

```
class String {
public:
  String& operator=(const String& rhs);
  ...
};
```

当用户写下这样的代码：

```
s1 = s2;            // s1 和 s2 都是 String 对象
```

赋值结果应该是：s1 和 s2 指向同一个 StringValue 对象，该对象的引用次数应该在赋值过程中加 1。此外，s1 于赋值动作之前所指的 StringValue 对象的引用次数应该减 1，因为 s1 不再拥有该值。如果 s1 原本是该值的唯一拥有者，该值此刻就面临被销毁的时机了。在 C++ 中，一切看起来是这个样子：

```
String& String::operator=(const String& rhs)
{
  if (value == rhs.value) {          // 如果数值相同，什么也不做。
    return *this;                    // 这很类似对 &rhs 的惯常测试
  }                                  // （见条款 E17）。

  if (--value->refCount == 0) {      // 如果没有其他人使用，
    delete value;                    // 就销毁 *this 的数值。
  }

  value = rhs.value;                 // 令 *this 共享 rhs 的数值。
  ++value->refCount;

  return *this;
}
```

Copy-on-Write（写时才复制）

为了完整验证 reference-counted 字符串，让我们继续考虑方括号操作符（[]），它允许字符串中的个别字符被读取或被写：

```
class String {
public:
  const char&
    operator[](int index) const;        // 针对 const Strings。

  char& operator[](int index);          // 针对 non-const Strings。
...
};
```

此函数的 const 版实现起来十分直接，因为那是个只读动作；字符串内容不受影响：

```
const char& String::operator[](int index) const
{
  return value->data[index];
}
```

（这个函数以 C++ 的传统堂而皇之地执行索引值稳健测试——其实是什么都没测试。如果你希望对参数做更大程度的有效性测试，应该很容易加入。）

operator[] 的 non-const 版本就有完全不同的故事。这个函数可能用来读取一个字符，也可能用来写一个字符：

```
String s;
...
cout << s[3];                       // 这是一个读取动作。
s[5] = 'x';                         // 这是一个写动作。
```

我们希望读取动作和写动作的处理不一样。读取动作的处理可以和上述的 operator[] const 版相同，但是写动作必须以完全不同的方式完成。

当我们修改某个 String 的值时，必须小心避免更动“共享同一个 StringValue 对象”的其他 String 对象。不幸的是，C++ 编译器无法告诉我们 operator[]被用于读取或写。所以我们必须悲观地假设 non-const operator[] 的所有调用都用于写（条款 30 介绍的 proxy classes 可以帮助我们区分读取或写）。

为了安全实现出 non-const operator[]，我们必须确保没有其他任何“共享同一个 StringValue”的 String 对象因写动作而改变。简单地说，任何时候当我们返回一个 reference，指向 String 的 StringValue 对象内的一个字符时，我们必须确保该 StringValue 对象的引用次数确确实实为 1。以下是我的做法：

```
char& String::operator[](int index)
{
  // 如果本对象和其他 String 对象共享同一实值，
  // 就分割（复制）出另一个副本供本对象自己使用。
  if (value->refCount > 1) {
    --value->refCount;                        // 将目前实值的引用次数减 1，
                                              // 因为我们不再使用该值。

    value =                                   // 为自己做一份新副本。
      new StringValue(value->data);
  }

  // 返回一个 reference，代表我们这个“绝对未被共享”的
  // StringValue 对象内的一个字符。
  return value->data[index];
}
```

“和其他对象共享一份实值，直到我们必须对自己所拥有的那一份实值进行写动作”，这个观念在计算机科学领域中有很长的历史。特别是在操作系统领域，各进程（processes）之间往往允许共享某些内存分页（memory pages），直到它们打算修改属于自己的那一分页。这项技术是如此普及，因而有一个专用名称：copy-on-write（写时才复制）。这是提升效率的一般化做法（也就是 lazy evaluation，缓式评估，见条款 17）中的一剂“特效药”。

Pointers, References, 以及 Copy-on-Write

实现出 copy-on-write，使我们几乎得以同时保留效率和正确性。但是有一个挥之不去的问题困扰着我们。考虑以下代码：

```
String s1 = "Hello";
char *p = &s1[1];
```

此时数据结构如下：

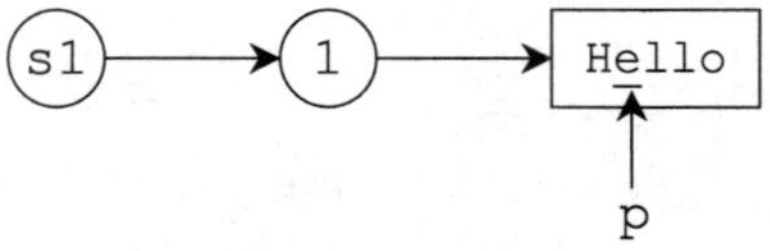

现在加上新的一行：

```
String s2 = s1;
```

String copy constructor（译注：p188）会造成 s2 共享 s1 的 StringValue，所以最新数据结构图如下：

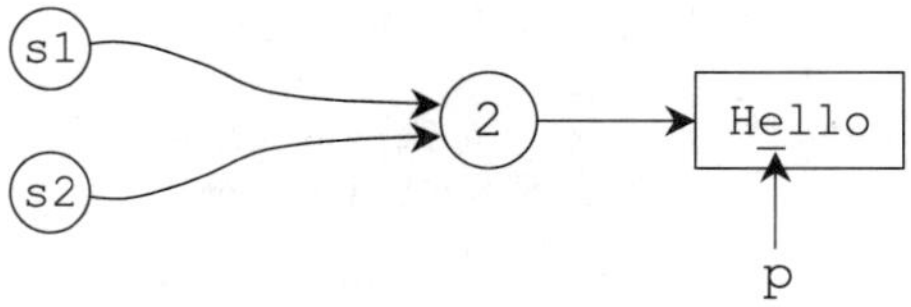

但是这暗示下面的句子会让人不愉快：

```
*p = 'x';                    // 同时修改 s1 和 s2!
```

String copy constructor 没办法侦测出这个问题，因为它没办法知道目前存在一个指针，指向 s1 的 StringValue 对象。这个问题不限于指针，如果有人将“String 的 non-const operator[] 返回值”的 reference 存储起来，也会发生同样的困扰。

至少有三个方法可以处理此问题。第一个方法是忽略之，假装不存在。此种锯箭法很不幸普遍为“实现 reference-counted 字符串”的 class 程序库采用。如果你正在使用 reference-counted 字符串，不妨试试上述例子，看看是否出现相同的困扰。如果你不确定自己所访问的是否为 reference-counted 字符串，无论如何请试试此例。因为，通过封装的神奇魔力，很可能你正在使用此种类型而不自知。

并非所有产品都会对此问题视而不见。有些产品知道这个问题，虽然无力（或不打算）解决，但却会在文件中多少做些说明：“不要那么做。如果你不听，后果不可预期。”如果你逞强做了——不论有意或无意——并抱怨结果，他们便说：“哦，我不是早告诉过你别那么做了吗。”这样的产品往往拥有良好效率，但离实用性还有一大段距离。

第三个方法实现上并不困难，但会降低对象之间共享的实值个数。基本观念是：为每一个 StringValue 对象加上一个标志（flag）变量，用以指示可否被共享。一开始我们先竖立此标志（表示对象可被共享），但只要 non-const operator[] 作用于对象值身上就将标志清除。一旦标志被清除（设为 false），可能永远不再改变状态[9]。

[9] C++ 标准程序库（见条款 E49 和 35）所提供的 string 类型使用上列第二和第三两种做法的组合。Non-const operator[] 返回的 reference 在下一次调用“可能修改该字符串”之函数前，保证有效。但是在那之后，使用该 reference（或是它所代表的字符）会导致未定义的结果。这允许字符串的“可共享标志”被重设为 true——只要调用了某个可能修改字符串的函数。

下面是 StringValue 的修改版，包含一个“可共享”标志（flag）：

```
class String {
private:
  struct StringValue {
    int refCount;
    bool shareable;               // 新增此行。
    char *data;

    StringValue(const char *initValue);
    ~StringValue();
  };
...
};

String::StringValue::StringValue(const char *initValue)
:   refCount(1),
    shareable(true)               // 新增此行。
{
  data = new char[strlen(initValue) + 1];
  strcpy(data, initValue);
}

String::StringValue::~StringValue()
{
  delete [] data;
}
```

如你所见，没有太多东西需要改变；修改的两行已经标记出来。当然，String member functions 亦必须更新，以便将“可共享字段”纳入考虑。以下是 copy constructor 的新作为：

```
String::String(const String& rhs)
{
  if (rhs.value->shareable) {
    value = rhs.value;
    ++value->refCount;
  }
  else {
    value = new StringValue(rhs.value->data);
  }
}
```

所有其他的 String member functions 都应该以类似方式检查 shareable。Non-const operator[] 是唯一将 shareable 设为 false 者：

```
char& String::operator[](int index)
{
  if (value->refCount > 1) {
    --value->refCount;
    value = new StringValue(value->data);
  }
  value->shareable = false;          // 新增此行。
  return value->data[index];
}
```

如果我们使用条款 30 的 proxy class 技术，将 operator[] 的读取和写用途区分开来，通常便可降低“需被标记为不可共享”之 StringValue 对象的个数。

一个 Reference-Counting（引用计数）基类

Reference-counting 可用于字符串以外的场合。任何 class 如果其不同的对象可能拥有相同的值，都适用此技术。然而重写 class 以便运用 reference counting，可能是个大工程，我们中的大部分人该做的事情还很多。如果我们能够在一个与外界无任何关联的环境下撰写 reference counting 代码（并测试及说明），然后在必要的时机把它移植到 classes 身上，岂不甚妙？这当然很好。好奇心改变了命运，是的，有一种办法可以完成它（或至少完成大部分目标）。

第一个步骤是，首先产生一个 base class RCObject，作为“reference-counted 对象”之用。任何 class 如果希望自动拥有 reference counting 能力，都必须继承自这个 class。RCObject 将“引用计数器”本身以及用以增减计数值的函数封装进来。此外还包括一个函数，用来将不再被使用（也就是其引用次数为 0）的对象值销毁掉。最后，它还内含一个成员，用来追踪其值是否“可共享”，并提供查询其值、将该成员设为 false 等相关函数。没有必要提供一个函数让外界设定该成员为 true，因为所有的对象值在默认情况下均为可共享。一如先前所提示，一旦某个对象被贴上“不可共享”标签，就没有办法再恢复其“可共享”的身份了。

RCObject 定义如下：

```
class RCObject {
public:
  RCObject();
  RCObject(const RCObject& rhs);
  RCObject& operator=(const RCObject& rhs);
  virtual ~RCObject() = 0;
```

```
    void addReference();
    void removeReference();
    void markUnshareable();
    bool isShareable() const;
    bool isShared() const;
  private:
    int refCount;
    bool shareable;
  };
```

RCObjects 可被生成（作为派生对象的“base class 成分”），亦可被销毁；可被赋予更高的引用次数，也可移除目前的引用次数。它们的共享状态可被查询，也可被除能（disabled）；它们可以回报目前是否正被共享。这便是它们所提供的全部。当一个 class 封装了这种“有引用计数能力”的概念，我们便能预期它们拥有上述各机能。请注意其中的 virtual destructor，表示这个 class 被设计作为一个 base class（见条款 E14）。也请注意这个 destructor 是纯虚函数，表示此 class 只被设计用来作为 base class。

RCObject 的实现代码十分简明扼要：

```
RCObject::RCObject()
: refCount(0), shareable(true) {}

RCObject::RCObject(const RCObject&)
: refCount(0), shareable(true) {}

RCObject& RCObject::operator=(const RCObject&)
{ return *this; }

RCObject::~RCObject() {}        // virtual dtors 必须被实现出来，
                                // 即使它们是纯虚函数而且不做
                                // 任何事情（见条款 33 和条款 E14）。

void RCObject::addReference() { ++refCount; }

void RCObject::removeReference()
{ if (--refCount == 0) delete this; }

void RCObject::markUnshareable()
{ shareable = false; }

bool RCObject::isShareable() const
{ return shareable; }

bool RCObject::isShared() const
{ return refCount > 1; }
```

说来或许古怪，我们在两个 constructors 中都将 refCount 设为 0。这似乎违反直觉。至少 RCObject 的创建者正在使用它，不是吗！其实这是为了简化事情，使对象创建者自行将 refCount 设为 1，所以此处不得不如此。很快我们便会看到其所导致的简化效果。

另一件看似奇怪的事情是，不论我们正要复制的那个 RCObject 的 refCount 数值是多少，copy constructor 总是将 refCount 设为 0。那是因为我们正在产生一个新对象，用以表现某值，而该新值既然曰“新”，一定尚未被共享，并且只被其创建者引用。再一次强调，refCount 的创建者有责任为 refCount 设定适当的值。

RCObject 的赋值（assignment）操作符看起来十足是个危险分子：它什么也没做。坦白说，这个操作符不太可能被调用。要知道，RCObject 是针对“实值可共享”之对象而设计的一个 base class，在一个拥有 reference counting 能力的系统中，此等对象并不会被赋值给另一个对象。在先前的例子中，我们并不认为 StringValue 对象会被赋值，我们只认为 String 对象会被赋值。在这样的赋值动作中，StringValue 的实值不会有任何改变——只有 StringValue 的引用次数会被改变。

不过，或许将来会有继承自 RCObject 的 classes，希望能够对“reference-counted 实值”做赋值（赋值）动作也说不定（见条款 32 和条款 E16）。果真如此，RCObject 的 assignment 操作符应该做出正确的行为，而其所谓正确的行为就是啥也不做。为什么？想象我们允许 StringValue 对象之间做赋值动作。假设有两个 StringValue 对象 sv1 和 sv2，在一个赋值动作中，sv1 和 sv2 的引用次数会发生什么变化？

```
sv1 = sv2;                    // sv1 和 sv2 的引用次数会受怎样的影响？
```

赋值动作之前，已有某些数量的 String 对象指向 sv1；该数量不会因为这个赋值动作而有变化，因为只有 sv1 的“实值”才会受此赋值动作而改变。同样情况，赋值动作之前，已有某些数量的 String 对象指向 sv2；赋值之后，该数量（sv2 的引用次数）亦不会有所变化。当 RCObjects 涉及赋值动作，指向“左右两方 RCObject 对象”的外围对象（例如本例的 String 对象）的个数都不会受到影响，因此 RCObject::operator= 不应该改变引用次数。这就是为什么 operator= 啥都没做的原因。违反直觉吗？或许吧，但这是正确的行为。

RCObject::removeReference 的责任不只在于将对象的 refCount 递减，也在于销毁对象——如果 refCount 的新值是 0 的话。完成的办法是 deleteing this，而正如条款 27 所解释的那样，只有当 *this 是个 heap 对象时，这个行为才安全。为了确保其成功，我们必须让 RCObjects 只诞生于 heap 内。“保证诞生于 heap 内”的一般手法已于条款 27 末尾讨论过，此处采用专属手段，将在本条款的最后结论中再描述。

为了运用这个新的 reference-counting base class，我修改 StringValue，令它继承 RCObject 的引用计数能力：

```
class String {
private:
  struct StringValue: public RCObject {
    char *data;

    StringValue(const char *initValue);
    ~StringValue();
  };
  ...
};

String::StringValue::StringValue(const char *initValue)
{
  data = new char[strlen(initValue) + 1];
  strcpy(data, initValue);
}

String::StringValue::~StringValue()
{
  delete [] data;
}
```

这一版的 StringValue 几乎与前一版完全相同，唯一的改变是 StringValue 的 member functions 不再处理 refCount 字段，改由 RCObject 掌管。

“让一个嵌套类（nested StringValue）继承另一个类（RCObject），而后者与外围类（nesting String）完全无关”，如果你对此感到惊讶与陌生，不要觉得它不好。任何人初次见到这样的安排都会觉得怪异，但这其实非常合适。nested class 和所有的 classes 没有两样，所以它当然也能够自由继承其他任何 classes。假以时日，你再也不会对这样的继承关系多看两眼。

自动操作 Reference Count（引用次数）

RCObject class 给了我们一个放置引用次数的空间，也给了我们一些 member functions，用来操作引用次数，但那些函数的调用动作还是一定得由我们手动式地安插到其他 class 内。并且还是有劳 String copy constructor 和 String assignment operator 调用 StringValue 对象所提供的 addReference 和 removeReference。这太笨拙了，我们希望能够把那些调用动作移至一个可复用的 class 内，这么一来就可以让诸如 String 之类的 classes 的作者不必操心 reference counting 的任何细节。办得到吗？噢，C++ 不是支持复用性（reuse）吗？

是的，的确可以办到。并没有什么轻松的办法可以让所有与 reference-counting 相关的杂务都从应用性 classes 身上移走，但是有一个办法可以为大部分 classes 消除大部分杂务（某些应用性 classes 可以去除 reference-counting 的所有相关杂务，但是本例的 String class 不是其中的一员。String 有一个 member function 破坏了欢乐的气氛，我想你不会太惊讶听到那个老名字，是的，又是 non-const operator[] 惹的祸。不过，放心好了，我们终将驯服这头怪兽）。

注意，每个 String 对象都内含一个指针，指向 StringValue 对象，后者用以表现 String 的实值：

```
class String {
private:
  struct StringValue: public RCObject { ... };
  StringValue *value;              // 用以表现这一 String 的实值。
   ...
 };
```

我们必须能够在任何时候，当任何有趣的事情发生于一个“指向 StringValue 对象的指针”身上时，操控该 StringValue 对象内的 refCount 成员。所谓有趣的事情包括对指针的复制、重新赋值、销毁。如果我们能够让指针本身侦测这些事情，并自动执行对 refCount 成员的操控动作，我们就可以自由自在无所挂碍了。不幸的是，指针是十分难搞的家伙，欲通过它们侦测任何事物，并自动对其侦测到的事物做反应，机率非常渺茫。幸运的是有个方法可以让指针聪明起来：以行为和形貌皆类似指针（但功能更多）的对象取代之。

此等对象称为 smart pointers，你可以在条款 28 中读到其相关细节。以此刻的目的而言，知道以下事实就够了：smart pointer 支持“成员选取操作符（->）”和“解引操作符（*）”，就像真正的指针（我们常称之为 dumb pointers）一样；它们也像

dumb pointers 一样具有强烈的类型性（strongly typed），换句话说你不能够令一个 smart pointer-to-T 指向一个类型 T 以外的对象。

下面这个 template 用来产生 smart pointers，指向 reference-counted 对象：

```
// template class，用于 smart pointers-to-T。
// T 必须支持 RCObject 接口，因此 T 通常继承自 RCObject。
template<class T>
class RCPtr {
public:
  RCPtr(T* realPtr = 0);
  RCPtr(const RCPtr& rhs);
  ~RCPtr();

  RCPtr& operator=(const RCPtr& rhs);

  T* operator->() const;      // 见条款 28。
  T& operator*() const;       // 见条款 28。
private:
  T *pointee;                 // dumb ptr
  void init();                // 共同的初始化动作。
};
```

这个 template 让 smart pointer objects 控制其构造、赋值、析构期间发生的事情。当此类事件发生时，这些对象可以自动执行适当的处置行为——以此处目的而言就是处理它们所指对象的 refCount 成员。

举个例子，当程序产生一个 RCPtr 时，其所指对象的引用次数必须加 1。没有必要让应用程序开发人员承担这样令人厌烦的细节，因为 RCPtr constructors 可以自行处理。RCPtr 的两个 constructors 函数码几乎完全相同，只有 member initialization lists 不同，所以我不打算写两次，我把相同代码放进一个名为 init 的 private member function 内，并令两个 constructors 调用之：

```
template<class T>
RCPtr<T>::RCPtr(T* realPtr): pointee(realPtr)
{
  init();
}

template<class T>
RCPtr<T>::RCPtr(const RCPtr& rhs): pointee(rhs.pointee)
{
  init();
}

template<class T>
```

```
void RCPtr<T>::init()
{
  if (pointee == 0) {                  // 如果 dumb pointer 是 null，
    return;                            // 那么 smart pointer 也是。
  }
  if (pointee->isShareable() == false) {     // 如果其值不可共享，
    pointee = new T(*pointee);               // 就复制一份。
  }
  pointee->addReference();          //注意现在有了一个针对实值的新接口。
}
```

将共同代码搬移到另一个函数中（如本例的 init），是软件工程的楷模行为，但是其光辉会因不正确的行为而黯淡失色。本例这般行为并不正确。

问题出在当 init 需要为实值产生一份新副本时（因原有副本不可共享），它执行以下代码：

```
pointee = new T(*pointee);
```

pointee 的类型是 pointer-to-T，所以这个句子产生了一个新的 T 对象，并调用 T 的 copy constructor 进行初始化工作。如果 RCPtr 应用于 String class 中，T 便是 String::StringValue，所以上面的句子将调用 String::StringValue 的 copy constructor。然而我们并未为该 class 声明 copy constructor，所以编译器会为我们

译注：本中文版以 *More Effective C++的 CD 版*为本（见本书译序），CD 版与印刷版于本页内容有不小变化，我采用内容较新的 CD 版，致篇幅略有变动，多出以下半页空白。

另，CD 版对于本书 p209 的 RCIPtr 实现码，考虑更周详，其代码多于印刷版。为求中英文版页页对应，我将 p209 新增代码移至以下。

```
template<class T>                      // 实现出 copy-on-write (COW)
void RCIPtr<T>::makeCopy()             //    中的 copy 部分。
{
  if (counter->isShared()) {
    T *oldValue = counter->pointee;
    counter->removeReference();
    counter = new CountHolder;
    counter->pointee = new T(*oldValue);
    counter->addReference();
  }
}

template<class T>                              // non-const access;
T* RCIPtr<T>::operator->()                     // 需要 COW。
{ makeCopy(); return counter->pointee; }

template<class T>                              // non-const access;
T& RCIPtr<T>::operator*()                      // 需要 COW。
{ makeCopy(); return *(counter->pointee); }
```

产生一个。这样一个 copy constructor 将完全遵循“由 C++ 编译器自动产生之 copy constructors”的规矩，只复制 StringValue 的 data 指针；它不会复制 data 指针所指的 char* 字符串。如此行为几乎会在任何 class（不只是 reference-counted classes）内造成惨重灾情，这也正是为什么你应该养成习惯，为所有内含指针的 classes 撰写 copy constructor（及 assignment operator）的原因（见条款 E11）。

如果想要让 RCPtr<T> template 的行为正确，前提是 T 必须拥有一个可对“T 所表现之实值”执行深层复制（deep copy）的 copy constructor。我们必须为 StringValue 加上如此一个 constructor 以便搭配 RCPtr class：

```
class String {
private:
  struct StringValue: public RCObject {
    StringValue(const StringValue& rhs);
    ...
  };
  ...
};

String::StringValue::StringValue(const StringValue& rhs)
{
  data = new char[strlen(rhs.data) + 1];
  strcpy(data, rhs.data);
}
```

“可执行深层复制行为”的 copy constructor，并非是 RCPtr<T> 对 T 的唯一要求。它还要求 T 必须继承自 RCObject，或至少提供 RCObject 的所有机能。由于 RCPtr 对象的设计仅仅用来指向 reference-counted 对象，所以这勉强可算是一个尚称合理的假设。尽管如此，此一假设还是应该有良好的说明文档。

RCPtr<T> 的最后一个假设是，其对象所指的对象，类型需为 T。这仿佛多此一举，毕竟 pointee 被声明为类型 T*。但是 pointee 其实可能指向 T 的 derived class。例如，假设我们有一个 SpecialStringValue class，继承自 String::StringValue：

```
class String {
private:
  struct StringValue: public RCObject { ... };
  struct SpecialStringValue: public StringValue { ... };
  ...
};
```

而我们最终拥有一个 String，内含一个 RCPtr<StringValue>，指向一个 SpecialStringValue 对象。在此情况下，我们希望 init 函数中的这一行：

```
pointee = new T(*pointee);   // T 是 StringValue，但 pointee 真正
                             // 指向的却是一个 SpecialStringValue。
```

调用的是 SpecialStringValue（而非 StringValue）的 copy constructor。我们可以使用 virtual copy constructor（见条款 25）来确保此事发生。在本条款的 String 例子中，我们并不预期会有派生自 StringValue 的 classes，所以也就不理会这个题目。

妥善处理了 RCPtr 的 constructors 之后，RCPtr 的其余函数可以非常大的活泼度被迅速处理。RCPtr 的赋值动作十分直截了当——虽然测试"新被赋值的实值是否为可共享"这一必要动作使事情稍稍复杂了些。幸运的是这个复杂度已经在先前"针对 RCPtr constructors 而设计的 init 函数"内处理掉了，所以我们再次利用 init：

```
template<class T>
RCPtr<T>& RCPtr<T>::operator=(const RCPtr& rhs)
{
  if (pointee != rhs.pointee) {          // 如果实值没有变化，就跳离。
    if (pointee) {
      pointee->removeReference();        // 移除当前实值的引用次数。
    }
    pointee = rhs.pointee;               // 指向新的实值。
    init();                              // 如果可能，共享之；
  }                                      // 否则做一份属于自己的副本。
  return *this;
}
```

Destructor 更简单。当一个 RCPtr 被销毁，仅仅只需移除 reference-counted 对象的引用次数就好：

```
template<class T>
RCPtr<T>::~RCPtr()
{
  if (pointee)pointee->removeReference();
}
```

如果此处寿终正寝的 RCPtr 是目标对象的最后一个引用者，该对象将会被销毁（在 RCObject 的 removeReference member function 内）。因此 RCPtr 对象不需操心"销毁其所指实值"这档事儿。

最后，RCPtr 的“指针模拟”操作符，和你在条款 28 所读到的 smart pointer 标准做法完全相同：

```
template<class T>
T* RCPtr<T>::operator->() const { return pointee; }

template<class T>
T& RCPtr<T>::operator*() const { return *pointee; }
```

把所有努力放在一起

够了！了结它吧！经过漫长的努力，我们终于能够将所有成果放在一起，以具有复用性质的 RCObject 和 RCPtr classes 为基础，建造一个 reference-counted String class。如果够幸运，你应该没有忘记这是我们最初的目标。

每一个 reference-counted 字符串均以此数据结构实现出来：

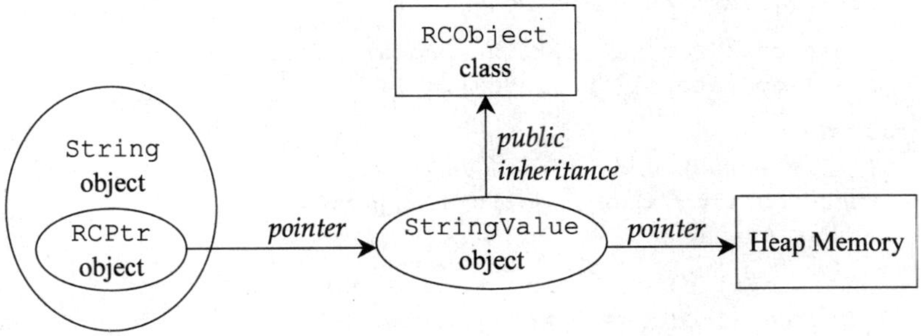

架构出上述数据结构的各个 classes，定义于下：

```
template<class T>                        // template class，用来产生
class RCPtr {                            // smart pointers-to-T objects;
public:                                  // T 必须继承自 RCObject。
  RCPtr(T* realPtr = 0);
  RCPtr(const RCPtr& rhs);
  ~RCPtr();

  RCPtr& operator=(const RCPtr& rhs);

  T* operator->() const;
  T& operator*() const;

private:
  T *pointee;

  void init();
};
```

```
class RCObject {        // base class，用于 reference-counted objects。
public:
  void addReference();
  void removeReference();

  void markUnshareable();
  bool isShareable() const;

  bool isShared() const;

protected:
  RCObject();
  RCObject(const RCObject& rhs);
  RCObject& operator=(const RCObject& rhs);
  virtual ~RCObject() = 0;

private:
  int refCount;
  bool shareable;
};

class String {          // 应用性 class，这是应用程序开发人员接触的层面。
public:

  String(const char *value = "");

  const char& operator[](int index) const;
  char& operator[](int index);

private:
  // 以下 struct 用以表现字符串实值。
  struct StringValue: public RCObject {
    char *data;

    StringValue(const char *initValue);
    StringValue(const StringValue& rhs);
    void init(const char *initValue);
    ~StringValue();
  };

  RCPtr<StringValue> value;
};
```

其中大部分都只是将先前发展出来的代码重述一遍而已，所以不应该有任何东西让你感到惊讶。仔细检验，你会发现我在 `String::StringValue` 身上多加了一个 `init` 函数；稍后你会看到，它的功用和 `RCPtr` 的同名函数相同：只是将 constructors 内的重复代码集中起来而已。

此 `String` class 的公开接口和我们在本条款一开始所用的那个有重大的差异。copy constructor 哪里去了？assignment operator 哪里去了？destructor 哪里去了？某些东西似乎遗漏掉了。

不，没有什么东西被遗漏。事实上一切运作非常完美。如果你不了解为什么如此，显然你需要好好再读一读 C++。

是的，我们并不需要那些函数！当然啦，String 对象的复制行为还是受到支持的，而且，是的，复制行为仍然能够正确处理底部的 reference-counted StringValue 对象，但是 String class 不需要提供单独一行代码来让这事发生，因为编译器为 String 所产生的 copy constructor，会自动调用 String 内的 RCPtr member 的 copy constructor，而后者会执行对 StringValue 对象的所有必要处理，包括其引用次数。RCPtr 是一个 smart pointer，记得吗？我们设计它就是为了处理 reference counting 的细节，所以那就是它的工作。它也处理“赋值”和“析构”行为，这便是为什么 String 不需撰写那些函数的原因。我们原先的目标是要将无法重用的 reference-counting 码移出 String class 之外，移入“与上下情境无关”的 classes 内，使后者能够被任何 class 使用。现在我们已经做到了（以 RCObject 和 RCPtr classes 的形式），所以当它们开始运转，不要反而惊讶起来。

下面是 RCObject 的实现代码：

```
RCObject::RCObject()
: refCount(0), shareable(true) {}

RCObject::RCObject(const RCObject&)
: refCount(0), shareable(true) {}

RCObject& RCObject::operator=(const RCObject&)
{ return *this; }

RCObject::~RCObject() {}

void RCObject::addReference() { ++refCount; }

void RCObject::removeReference()
{ if (--refCount == 0) delete this; }

void RCObject::markUnshareable()
{ shareable = false; }

bool RCObject::isShareable() const
{ return shareable; }

bool RCObject::isShared() const
{ return refCount > 1; }
```

下面是 RCPtr 的实现代码：

```
template<class T>
void RCPtr<T>::init()
{
  if (pointee == 0) return;
  if (pointee->isShareable() == false) {
    pointee = new T(*pointee);
  }
  pointee->addReference();
}

template<class T>
RCPtr<T>::RCPtr(T* realPtr)
: pointee(realPtr)
{ init(); }

template<class T>
RCPtr<T>::RCPtr(const RCPtr& rhs)
: pointee(rhs.pointee)
{ init(); }

template<class T>
RCPtr<T>::~RCPtr()
{ if (pointee)pointee->removeReference(); }

template<class T>
RCPtr<T>& RCPtr<T>::operator=(const RCPtr& rhs)
{
  if (pointee != rhs.pointee) {
    if (pointee) pointee->removeReference();
    pointee = rhs.pointee;
    init();
  }
  return *this;
}

template<class T>
T* RCPtr<T>::operator->() const { return pointee; }

template<class T>
T& RCPtr<T>::operator*() const { return *pointee; }
```

下面是 `String::StringValue` 的实现代码：

```
void String::StringValue::init(const char *initValue)
{
  data = new char[strlen(initValue) + 1];
  strcpy(data, initValue);
}

String::StringValue::StringValue(const char *initValue)
{ init(initValue); }
```

```
String::StringValue::StringValue(const StringValue& rhs)
{ init(rhs.data); }

String::StringValue::~StringValue()
{ delete [] data; }
```

最后，所有的道路导往 String，以下是其实现代码：

```
String::String(const char *initValue)
: value(new StringValue(initValue)) {}

const char& String::operator[](int index) const
{ return value->data[index]; }

char& String::operator[](int index)
{
  if (value->isShared()) {
    value = new StringValue(value->data);
  }
  value->markUnshareable();
  return value->data[index];
}
```

如果你把现在的 String class 拿来和先前以 dumb pointers 发展的 String class 比较，就会发现，第一，新版本精简了许多，因为 RCPtr 做掉了许多原本落在 String 身上的 reference-counting 杂务。第二，目前还保留于 String 内的代码，与原先版本几乎没变，换句话说 smart pointer 几乎毫无间隙地取代了 dumb pointer。事实上，唯一的改变只在 operator[]，其内调用 isShared 而不再直接检验 refCount，此外我们使用 smart object RCPtr，又消除了在 copy-on-write 时机下自行动手处理引用次数的需要。

这一切都非常好。谁能写出更少的代码来？谁能拒绝封装带来的美好生活？不过，重点决定于新的 String class 对其 clients 带来的冲击，而非 String 的任何实现细节——虽然那让人眼睛为之一亮。如果说没有消息就是好消息的话，这里的消息实在是非常好：String 的接口没有任何改变。我们加上了 reference counting，我们加上了“让个别的字符串实值不再可共享”的能力，我们将引用计数的概念搬移到一个新的 base class 内，我们加上了 smart pointers（以便将引用次数的处理自动化），但是没有一行 client 码需要改变。当然，我们改变了 String class 的定义，所以如果 clients 希望取得 reference-counted 字符串的好处，必须重新编译和连接，但是他们的投资（源代码）完全获得了保障。你看，封装是件多么美妙的事情呀。

将 Reference Counting 加到既有的 Classes 身上

截至目前所讨论的每一件事情，都必须动用到我们感兴趣的那个 class 的源代码。但如果我们想要将 reference counting 施行于程序库中一个名为 Widget 的 class 呢？程序库的内容不是我们可以更改的，所以没办法让 Widget 继承自 RCObject，也就无法对 Widget 使用 smart RCPtrs。难道幸运之神已离我们而去？

不，幸运之神还站在我们这一边。只要稍微修改设计，我们就可以为任何类型加上 reference counting 能力。

首先，让我们考虑，如果令 Widget 继承自 RCObject，我们的设计看起来将如何。这种情况下，我们必须增加一个 RCWidget class 给 clients 使用，但每件事情都极类似先前的 String/StringValue 例子：RCWidget 扮演 String 的角色，Widget 扮演 StringValue 的角色。整个设计看起来如下：

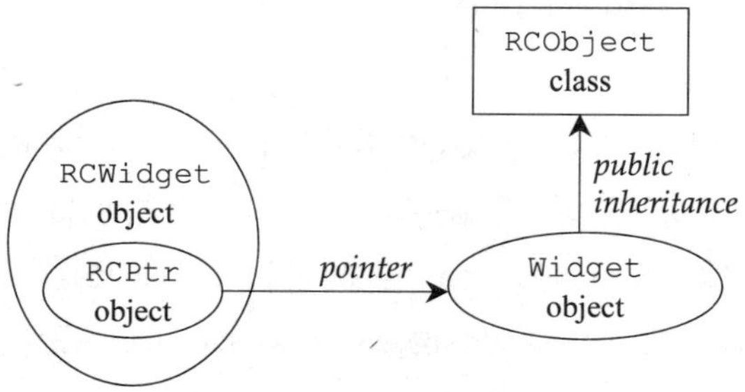

现在我们可以将“计算机科学领域中大部分问题得以解决”的原理施展出来。我们可以加上一层间接性。是的，我们增加一个新的 CountHolder class，用以持有引用次数，并令 CountHolder 继承自 RCObject。我们也令 CountHolder 内含一个指针，指向一个 Widget。然后将 smart RCPtr template 以同样聪明的 RCIPtr template 取代，后者知道 CountHolder class 的存在。RCIPtr 的“I”意指“indirect”（间接）。修改后的设计如下：

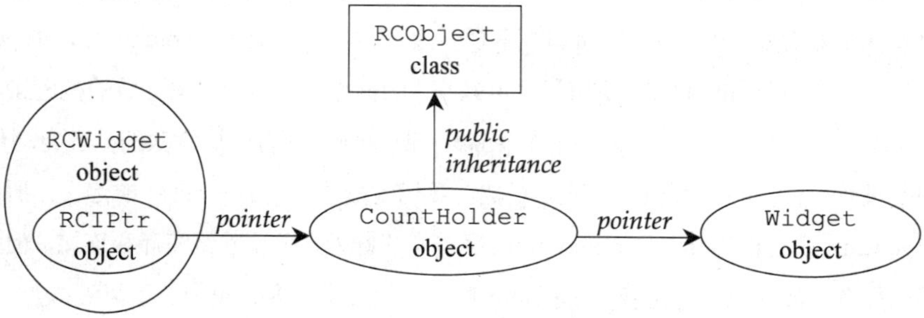

就像“StringValue 只是实现细节，不需让 String 的用户知道”一样，CountHolder 也是实现细节，不需让 RCWidget 的用户知道。事实上它是 RCIPtr 的实现细节，所以我把它嵌套放进 RCIPtr class 内部。RCIPtr 实现如下：

```
template<class T>
class RCIPtr {
public:
  RCIPtr(T* realPtr = 0);
  RCIPtr(const RCIPtr& rhs);
  ~RCIPtr();

  RCIPtr& operator=(const RCIPtr& rhs);

  const T* operator->() const;      // 稍后会解释为什么
  T* operator->();                  // 这些函数以此方式声明。
  const T& operator*() const;
  T& operator*();
private:
  struct CountHolder: public RCObject {
    ~CountHolder() { delete pointee; }
    T *pointee;
  };
  CountHolder *counter;
  void init();
  void makeCopy();     // 见稍后说明
};

template<class T>
void RCIPtr<T>::init()
{
  if (counter->isShareable() == false) {
    T *oldValue = counter->pointee;
    counter = new CountHolder;
    counter->pointee = new T(*oldValue);
  }
  counter->addReference();
}

template<class T>
RCIPtr<T>::RCIPtr(T* realPtr)
: counter(new CountHolder)
{
  counter->pointee = realPtr;
  init();
}

template<class T>
RCIPtr<T>::RCIPtr(const RCIPtr& rhs)
: counter(rhs.counter)
{ init(); }
```

译注：部分代码移至 **p200**，请见该页说明。

```
template<class T>
RCIPtr<T>::~RCIPtr()
{ counter->removeReference(); }

template<class T>
RCIPtr<T>& RCIPtr<T>::operator=(const RCIPtr& rhs)
{
  if (counter != rhs.counter) {
    counter->removeReference();
    counter = rhs.counter;
    init();
  }
  return *this;
}

template<class T>                                // const access;
const T* RCIPtr<T>::operator->() const           // 不需要 COW。
{ return counter->pointee; }

template<class T>                                // const access;
const T& RCIPtr<T>::operator*() const            // 不需要 COW。
{ return *(counter->pointee); }
```

RCIPtr 和 RCPtr 之间有两个差异。第一，“RCPtr 对象”直接指向实值，而“RCIPtr 对象”通过中介层“CountHolder 对象”指向实值。第二，RCIPtr 将 operator-> 和 operator* 重载了，如此一来只要有 non-const access 发生于被指物身上，copy-on-write（写时进行复制）就会自动执行。

有了 RCIPtr，RCWidget 的实现就很容易，因为 RCWidget 的每一个函数都只是通过底层的 RCIPtr 转调用对应的 Widget 函数。如果 Widget 看起来像这样：

```
class Widget {
public:
  Widget(int size);
  Widget(const Widget& rhs);
  ~Widget();
  Widget& operator=(const Widget& rhs);
  void doThis();
  int showThat() const;
};
```

那么 RCWidget 应该定义如下：

```
class RCWidget {
public:
  RCWidget(int size): value(new Widget(size)) {}
  void doThis() { value->doThis(); }
  int showThat() const { return value->showThat(); }
private:
  RCIPtr<Widget> value;
};
```

注意 RCWidget constructor 如何以其所获得的参数作为自变量，通过 new operator（见条款 8）调用 Widget constructor。注意 RCWidget 的 doThis 函数如何调用 Widget 的 doThis 函数，RCWidget::showThat 又是如何返回其对应之 Widget 兄弟所返回的东西。也请注意，RCWidget 没有声明 copy constructor，也没有 assignment operator 和 destructor。就像先前的 String class 一样，不再需要撰写这些函数了。感谢 RCIPtr class，默认版本做了正确的事情。

如果你认为，RCWidget 是如此制式，应该可以自动化生产之，你是对的。写个程序，以 Widget 之类的 class 作为输入，产出 RCWidget 之类的 class 作为输出，似乎并不困难。如果你写出这样的程序，请让我知道。

评估

让我们从 widgets, strings（字符串），values（实值），smart pointers，以及 reference-counting base classes 的种种细琐中解脱出来。这样我们才得以站定，在更宽阔的环境中回头思索 reference counting。在那更宽阔的环境中，我们必须回答一个层次更高的问题：什么时候适合使用 reference counting 技术？

Reference-counting 的实现并非不需成本。每一个拥有引用计数能力的实值都携带有一个引用计数器，而大部分操作都需要能够以某种方式查验或处理这个引用计数器。对象的实值因而需要更多内存；面对它们，有时候我们得执行更多代码。此外，reference-counted class 的底层源代码比以前复杂得多。一个 un-reference-counted 字符串类通常可以很独立，但本条款最后的那个 String class 必须在其他 3 个辅助类（StringValue, RCObject, RCPtr）都存在的情况下才有用。是的，我们的复杂设计在“实值可被共享”时提供了更佳效率的承诺，它消除了“追踪对象拥有权”的必要性，它也助长了 reference counting 这个构想及其实现品的可重用性。尽管如此，却得写出那四重奏般的 classes，并加以测试、说明、维护。比起单一各类的撰写、测试、说明、维护，工作繁重多了——就算是呆伯特经理也看得出来。

Reference counting 是个优化技术，其适用前提是：对象常常共享实值（见条款 18）。如果这个假设失败，reference counting 反而会赔上更多内存，执行更多代码。从另一个角度看，如果你的对象确实有“共同实值”的倾向，reference counting 应可同时节省你的时间和空间。你的对象值愈大，并且有愈多对象可同时共享实值，你所节省的内存就愈多。你在对象之间做的复制动作和赋值动作愈频繁，你所节省的时间就愈多。产生和销毁一个实值的成本愈高，你所节省的时间也愈多。简单地说，以下是使用 reference counting 改善效率的最适当时机：

- **相对多数的对象共享相对少量的实值**。如此的共享行为通常是通过 assignment operators 和 copy constructors。“对象/实值”数量比愈高，reference counting 带来的利益愈大。
- **对象实值的产生或销毁成本很高，或是它们使用许多内存**。不过即使这种情况，reference counting 还是不能为你带来任何利益，除非实值可被多个对象共享。

只有一个确切方法可以告诉你，你的程序是否满足这些情况。这个方法不是漫天瞎猜，也不是仰赖直觉（见条款 16）。“确定程序是否受益于 reference counting”的可靠方法就是严谨地分析（profile）你的程序。于是你可以知道，产生和销毁对象实值，是否是性能上的瓶颈；你也可以量测“对象/实值”比率。有了这些数据在手，你才能够决定 reference counting 带来的利益是否多于损失。

即使上述各状态都符合，reference counting 的运用仍有可能不恰当。某些数据结构（例如 directed graphs）会导致自我参考（self-referential）或循环相依（circular dependency）结构。此等数据结构有一个倾向，它会滋生（*spawn*）出孤立的对象群，此等对象虽不为任何人所用，其引用次数却从不降为 0。那是因为“未使用”之结构内的每一个对象都被同结构内的至少另一个对象指向。工业水平的垃圾回收器（garbage collectors）以特殊技术来找出此类结构并消除它们，但是我们此处所验证的简易型 reference-counting 做法，并不容易含入此等特殊技术。

即使效率不是你的第一考虑，reference counting 也可能吸引你。如果你发现自己由于“不确定谁被允许删除什么东西”而茶不饮饭不思，reference counting 可用来减轻你的负担。许多程序员只是为了这个因素就投身于 reference counting。

让我们以先前悬而未决的一项技术来结束本条款。当 `RCObject::removeReference` 将对象的引用次数减 1，它会检查新的计数是否为 0。如果的确是 0，`removeReference`

会以 deleteing this 的方式销毁这个对象。只有当对象以 new 分配而得，这才是一个安全的行为。所以我们需要某种方法确保 RCObjects 只以 new 分配出来。

这一次我们以惯例规范来达成目标。RCObject 的设计目的是用来作为有引用计数能力之“实值对象”的基类，而那些“实值对象”应该只被 RCPtr smart pointers 取用。此外，应该只有确知“实值对象”共享性的所谓“应用对象”才能将“实值对象”实例化。描述“实值对象”的那些 classes 不应该被外界看到。在我们的例子中，描述“实值对象”者为 StringValue，我们令它成为“应用对象”String 内的私有成员，以限制其用途。只有 String 才能够产生 StringValue 对象，所以，确保所有 StringValue 对象皆以 new 分配而得，是 String class 作者的责任。

我们这种“限制 RCObjects 只能诞生于 heap”的做法，其实就是把责任交给一组有良好定义的 classes，并确保只有这组 classes 可以产出 RCObjects。其他任何 clients 都不可能意外（或恶意）地以不适当的方式产出 RCObjects。我们限制了 reference-counted 对象的产出权，而与此同时，我们也很清楚地给了一个附带条件：对象诞生规则必须获得遵守。

条款 30：Proxy classes（替身类、代理类）

虽然你的岳母只有一个（就说是一维吧），这个世界通常却并非如此美好☺。不幸的是 C++ 尚未掌握这个事实。至少 C++ 语言在数组的支持方面提不出什么有力的证据证明它掌握了这一事实。你可以在 FORTRAN、BASIC 甚至在 COBOL 中产生二维数组、三维数组，乃至于 *n* 维数组（好吧，我承认 FORTRAN 只允许最多七维数组，但这不是重点），你能够在 C++ 中这么做吗？嗯，某种情况下才可以。

下面这样做是合法的：

```
int data[10][20];                          // 二维数组，大小 10 × 20。
```

但如果以变量作为数组大小，就不可以：

```
void processInput(int dim1, int dim2)
{
  int data[dim1][dim2];                    // 错误！数组的尺度（大小）
  ...                                      // 必须在编译期已知。
}
```

C++ 甚至不允许一个与二维数组相关的 heap-based 分配行为：

```
int *data =
  new int[dim1][dim2];                          // 错误！
```

实现二维数组

多维数组在任何语言中有用，在 C++ 中也一样有用，所以想出某种办法，相当程度地支持它们，是件重要的事情。C++ 中最广泛也最标准的做法就是：产生一个 class，用以表现我们有需要但却被语言遗漏的对象。我们可以为二维数组定义一个 class template：

```
template<class T>
class Array2D {
public:
  Array2D(int dim1, int dim2);
  ...
};
```

于是就可以这样定义我们所要的数组了：

```
Array2D<int> data(10, 20);              // 没问题。

Array2D<float> *data =
  new Array2D<float>(10, 20);           // 没问题。

void processInput(int dim1, int dim2)
{
  Array2D<int> data(dim1, dim2);        // 没问题。
  ...
}
```

然而，这些数组对象的使用并不十分直截了当。为了保持 C 和 C++ 共同的语法传统，我们希望能够以方括号表现数组索引：

```
cout << data[3][6];
```

如何在 `Array2D` 中声明所谓的索引操作符（indexing operator），以便完成上述心愿呢？

我们的第一个冲动可能是声明 `operator[][]` 函数，像这样：

```
template<class T>
class Array2D {
public:
  // 注意，以下声明无法通过编译。
  T& operator[][](int index1, int index2);
  const T& operator[][](int index1, int index2) const;
  ...
};
```

然而我们很快学会抑制如此冲动，因为根本没有 `operator[][]` 这样的东西，别以为你的编译器会疏忽这一点（条款 7 有一份清单，列出所有操作符，以及其中可被重载者）。

如果愿意忍受奇特的语法，你或许可以循着许多程序语言的做法，以圆括号表现数组索引。为使用圆括号，你必须将 `operator()` 重载：

```
template<class T>
class Array2D {
public:
  // 以下声明可通过编译。
  T& operator()(int index1, int index2);
  const T& operator()(int index1, int index2) const;
  ...
};
```

于是我们得以这样的方式使用数组：

```
cout << data(3, 6);
```

这很容易实现，也很容易推广至任意维度。缺点是你的 `Array2D` 对象看起来一点也不像个内建数组。上面那个对元素 (3, 6) 的访问动作，看起来倒像是个函数调用。

如果你拒绝让你的数组看起来像 FORTRAN 的二等公民，你可能再回到“以方括号作为索引操作符”的概念上。虽然没有 `operator[][]`这样的东西，但你知道，这样写却是合法的：

```
int data[10][20];
...
cout << data[3][6];          // 没问题。
```

这带给你什么启示？

是这样的，变量 data 并非真正是个二维数组，它其实是 10 个元素所组成的一维数组。每个元素本身又是 20 个元素所组成的一维数组，所以表达式 data[3][6] 真正的意思是 (data[3])[6]，亦即“data 的第四个元素所表现之数组”中的第七个元素。简单地说，第一个方括号导出另一个数组，第二个方括号才取得次数组中的某个元素。

我们可以在 Array2D class 中玩相同的把戏：将 operator[] 重载，令它返回一个 Array1D 对象。然后我们再对 Array1D 重载其 operator[]，令它返回原先二维数组中的一个元素：

```
template<class T>
class Array2D {
public:
  class Array1D {
  public:
    T& operator[](int index);
    const T& operator[](int index) const;
    ...
  };

  Array1D operator[](int index);
  const Array1D operator[](int index) const;
  ...
};
```

于是下面的动作就合法了：

```
Array2D<float> data(10, 20);
...
cout << data[3][6];           // 没问题。
```

在这里，data[3] 获得一个 Array1D 对象，而对该对象再施行 operator[]，获得原二维数组中 (3, 6) 位置的浮点数。

Array2D class 的用户不需要知道 Array1D class 的存在。Array1D 所象征的一维数组对象，观念上对 Array2D 的用户而言并不存在。用户就好像是在使用真正的、活生生的、如假包换的二维数组。

每个 Array1D 对象象征一个一维数组，观念上它并不存在于 Array2D 的用户心中。凡“用来代表（象征）其他对象”的对象，常被称为 proxy objects（替身对象），而用以表现 proxy objects 者，我们称为 proxy classes。本例的 Array1D 便是个 proxy class，其实体代表一个观念上并不存在的一维数组。proxy objects 和 proxy classes 等术语并非全球通用；proxy objects 有时候被称为 surrogates（代用品）。

区分 operator[ ] 的读写动作

利用 proxies 的观念来制作 classes，使其对象像是多维数组，这种用途很常见，但 proxy classes 远比此更具弹性。举个例子，条款 5 显示 proxy classes 如何能够用来阻止“单自变量 constructors”被用来执行不受欢迎的类型转换。在 proxy classes 的各种用途之中，最先驱的当属协助区分 operator[] 的读写动作了。

考虑一个 reference-counted（引用计数）字符串类型，它支持 operator[]。此等类型曾在条款 29 中有过详细讨论。如果你错过 reference counting 的基础观念，现在是把它补起来的好时机。

一个支持 operator[] 的字符串类型，允许用户写出以下代码：

```
String s1, s2;      // String 类似标准程序库所提供的 string;
                    // 由于此处运用了 proxies，所以这个 class
                    // 并不兼容于标准的 string 接口。
...
cout << s1[5];          // 读取 s1。
s2[5] = 'x';            // 写 s2。
s1[3] = s2[8];          // 写 s1，读取 s2。
```

注意 operator[] 可以在两种不同情境下被调用：用来读取一个字符，或是用来写一个字符。读取动作是所谓的右值运用（rvalue usages）；写动作是所谓的左值运用（lvalue usages）。这些术语来自编译器开发团队，lvalue 意指赋值动作（assignment）的左手边，rvalue 意指右手边。一般而言，以一个对象作为 lvalue，意思是它可以被修改，而以之作为 rvalue 的意思是它不能被修改。

我们希望区分 operator[] 的左值运用和右值运用，因为（特别是针对 reference-counted 数据结构）“读取”做法可能比“写”做法简单快速得多。一如条款 29 所解释的那样，“写”一个 reference-counted objects，可能需要复制一份完整的数据结构，而“读取”则只是简单返回一个值。很不幸的是，operator[] 内没有任何办法可以决定它被调用当时的情境：是的，没有人能够在 operator[] 内区分它是左值运用或右值运用。

“但是等等，”你说，“不需要区分。我们可以利用常量性来对 operator[] 重载，那使我们得以区分读或写。”换句话说，你建议我这样解决问题：

```
class String {
public:
  const char& operator[](int index) const;        // 针对读取。
  char& operator[](int index);                    // 针对写。
  ...
};
```

哎呀呀，这是没有用的。编译器在 const 和 non-const member functions 之间的选择，只以“调用该函数的对象是否是 const”为基准，并不考虑它们在什么情境下被调用。因此：

```
String s1, s2;
...
cout << s1[5];    // 调用 non-const operator[]，因为 s1 不是 const。

s2[5] = 'x';      // 也调用 non-const operator[]，因为 s2 不是 const。

s1[3] = s2[8];    // 左右都调用 non-const operator[]，因为 s1 和 s2
                  // 都是 non-const 对象。
```

换句话说，将 operator[] 重载，并不能因此区分其被读或被写状态。

我们曾经在条款 29 中放任自己于这个难以解决的状态。我们保守地假设，对 operator[] 的所有调用动作都是为了“写”目的。这次我们不再那么轻易弃守了。虽然仍然无法在 operator[] 内区分左值运用和右值运用，但问题仍然需要解决。我们必须找出新方法。如果你让自己被种种限制束缚住，生活将是多么无趣。

我的想法基于一个事实：虽然或许不可能知道 operator[] 是在左值或右值情境下被调用，我们还是可以区分读和写——只要将我们所要的处理动作延缓，直至知道

operator[] 的返回结果将如何被使用为止。我们需要知道的，就是如何延缓我们的决定（决定对象究竟是被读或被写），直到 operator[] 返回。这是条款 17 的缓式评估（lazy evaluation）例子之一。

Proxy class 让我们得以买到我们所要的时间，因为我们可以修改 operator[]，令它返回字符串中字符的 proxy，而不返回字符本身。然后我们可以等待，看看这个 proxy 如何被运用。如果它被读，我们可以（有点过时地）将 operator[] 的调用动作视为一个读取动作。如果它被写，我们必须将 operator[] 的调用视为一个写动作。

稍后你会看到代码。首先，重要的是了解我们即将使用的 proxies。对于一个 proxy，你只有 3 件事情可做：

- 产生它，本例也就是指定它代表哪一个字符串中的哪一个字符。
- 以它作为赋值动作（assignment）的目标（接受端），这种情况下你是对它所代表的字符串内的字符做赋值动作。如果这么使用，proxy 代表的将是“调用 operator[] 函数”的那个字符串的左值运用。
- 以其他方式使用之。如果这么使用，proxy 表现的是“调用 operator[] 函数”的那个字符串的右值运用。

下面是一个 reference-counted String class，其中利用 proxy class 来区分 operator[] 的左值运用和右值运用：

```
class String {                          // reference-counted strings;
public:                                 // 条款 29 有其细节。

  class CharProxy {                     // proxies for string chars
  public:
    CharProxy(String& str, int index);              // 构造。

    CharProxy& operator=(const CharProxy& rhs);     // 左值运用。
    CharProxy& operator=(char c);

    operator char() const;                          // 右值运用。

  private:
    String& theString;                // 这个 proxy 所附属（相应）的字符串。
    int charIndex;                    // 这个 proxy 所代表的字符串字符。
  };

  const CharProxy
   operator[](int index) const;          // 针对 const Strings。
```

```
  CharProxy operator[](int index);      // 针对 non-const Strings。
  ...
friend class CharProxy;

private:
  RCPtr<StringValue> value;
};
```

除了增加 CharProxy class（我将于稍后讨论）以外，这个 String class 和条款 29 最后的那个 String class 之间唯一的差别就是，此处的两个 operator[] 都返回 CharProxy 对象。然而 String 的用户可以忽略此点，犹如 operator[] 返回字符（或字符的 references——见条款 1）一样：

```
String s1, s2;              //reference-counted字符串(采用 proxies)。
...
cout << s1[5];              // 仍然合法，仍然有效运作。
s2[5] = 'x';                // 也合法，也有效运作。
s1[3] = s2[8];              // 当然合法，当然有效运作。
```

有趣的并不是它能够有效运作，有趣的是它如何运作。

考虑第一个句子：

```
cout << s1[5];
```

表达式 s1[5] 产生一个 CharProxy 对象。此对象不曾定义 output 操作符，所以你的编译器赶紧寻找一个它能够实施的隐式类型转换，使 operator<< 调用动作能够成功（见条款 5）。编译器真的找到了一个：将 CharProxy 隐式转型为 char。此转换函数声明于 CharProxy class 内。于是编译器自动调用这个转换操作符，于是 CharProxy 所表现的字符串字符被打印出去。这是典型的 CharProxy-to-char 转换，发生在所有“被用来作为右值”的 CharProxy 对象身上。

左值运用的处理方式又不相同。看看这一行：

```
s2[5] = 'x';
```

和上例一样，表达式 s2[5] 导出一个 CharProxy 对象，但这次这个对象是 assignment 动作的目标物。会调用哪个 assignment 操作符呢？由于目标物是个 CharProxy，所以被调用的 assignment 操作符会是 CharProxy class 所定义的那个。这很重要，因为在 CharProxy 的 assignment 操作符内，我们确知“被赋值的 CharProxy 对象被用来作为一个左值”。我们因此知道 proxy 所代表的那个“字符串内的字符”将被用来作为一个左值，并因此必须采取所有必要行动，对该字符实施左值处理。

同样道理，以下句子：

```
s1[3] = s2[8];
```

调用的是两个 CharProxy 对象的 assignment 操作符，在该操作符中我们知道左端对象被用来作为一个左值，右端对象被用来作为一个右值。

“是，是，是，”你喃喃抱怨，“秀给我看呀。”没问题。下面是 String 的 operator[]:

```
const String::CharProxy String::operator[](int index) const
{
  return CharProxy(const_cast<String&>(*this), index);
}
String::CharProxy String::operator[](int index)
{
  return CharProxy(*this, index);
}
```

每个函数都只是产生并返回“被请求之字符”的一个 proxy。没有任何动作施加于此字符身上：我们延缓此等行为，直到知道该行为是“读取”或是“写”。

注意，const operator[] 返回的是一个 const proxy。由于 CharProxy::operator= 不是一个 const member function，如此的（const）proxies 不能被用来作为赋值（赋值）动作的目标物。因此不论是 const operator[] 所返回的 proxy，或是该 proxy 所代表的字符，都不能被用来作为左值。太好了，这正是我们希望 const operator[] 所具备的行为。

也请注意，当 const operator[] 产生一个 CharProxy 对象准备返回时，作用于 *this 身上的 const_cast（见条款 2）。为了满足 CharProxy constructor 的限制，那是必要的，因为 CharProxy constructor 只接受 non-const String。转型（*cast*）常常让人忧心，不过此例之中被 operator[] 返回的 CharProxy 对象本身是 const，所以倒是不必担心 String 内含的字符（被 proxy 指向者）会被修改。是的，没有任何风险。

operator[] 返回的每一个 proxy 都会记住它所附属的字符串，以及它所在的索引位置：

```
String::CharProxy::CharProxy(String& str, int index)
: theString(str), charIndex(index) {}
```

将 proxy 转换为右值，是非常直截了当的事——我们只需返回该 proxy 所表现的字符副本即可：

```
String::CharProxy::operator char() const
{
  return theString.value->data[charIndex];
}
```

如果你已经忘记 String 对象、value 成员，以及 value 所指之 data 成员彼此间的关系，请回到条款 29 重新建立你的记忆。由于这个函数以 by value 方式返回一个字符，并且由于 C++ 限制只能在右值情境下使用这样的 by value 返回值，所以这个转换函数只能够用于右值合法之处。

接下来我们实现 CharProxy 的 assignment 操作符。其间必须面对一个事实：proxy 所代表的字符即将被作为赋值动作的目标，也就是成为一个左值。我们可以实现出 CharProxy 的传统 assignment 操作符如下：

```
String::CharProxy&
String::CharProxy::operator=(const CharProxy& rhs)
{
  // 如果本字符串与其他 String 对象共享同一个实值，
  // 将实值复制一份，供本字符串单独使用。
  if (theString.value->isShared()) {
    theString.value = new StringValue(theString.value->data);
  }

  // 现在进行赋值动作：将 rhs 所代表的字符值
  // 赋予 *this 所代表的字符。
  theString.value->data[charIndex] =
    rhs.theString.value->data[rhs.charIndex];

  return *this;
}
```

把这份代码拿来和条款 29（p207）的 non-const String::operator[] 比较，你会发现它们非常类似。此乃预料之中。我们在条款 29 中悲观地假设所有 non-const operator[] 调用动作都是为了写，所以我们以近似上述的方式来完成它们。此处我们把完成“写动作”的代码移到 CharProxy 的 assignment 操作符中，避免 non-const operator[] 在右值情境下竟然付出写的昂贵代价。顺带一提，请注意，此函数要求处理 String 的 private data member value。这就是为什么稍早出现的 String 定义式中将 CharProxy 声明为 friend 的原因。

第二个 CharProxy assignment 操作符与上述传统版本几乎雷同：

```
String::CharProxy& String::CharProxy::operator=(char c)
{
  if (theString.value->isShared()) {
    theString.value = new StringValue(theString.value->data);
  }

  theString.value->data[charIndex] = c;

  return *this;
}
```

身为一位合格的软件工程师，你当然会将这两个 assignment 操作符内重复的代码抽出来放进一个 private CharProxy member function，然后让两个操作符都去调用它，是吧！

限制

Proxy class 很适合用来区分 operator[] 的左值运用和右值运用，但是这项技术并非没有缺点。我们希望 proxy object 能够无间隙地取代它们所代表的对象，但是这样的想法却很难达成。因为除了赋值（assignment）之外，对象亦有可能在其他情境下被当做左值使用，而那种情况下的 proxies 常常会有与真实对象不同的行为。

再次考虑条款 29 的程序片段（译注：p191 下），正是因为它才引发我们决定为每个 StringValue 对象加上一个“可共享”标志（flag）。如果 String::operator[] 返回的是个 CharProxy 而非 char&，那段代码将不再能够通过编译：

```
String s1 = "Hello";
char *p = &s1[1];            // 错误!
```

表达式 s1[1] 返回一个 CharProxy，所以“=”右手边的表达式类型是 CharProxy*。由于不存在任何函数可以将 CharProxy* 转换为 char*，所以上述对 p 的初始化动作无法通过编译。一般而言，“对 proxy 取址”所获得的指针类型和“对真实对象取址”所获得的指针类型不同。

为了消弭这个难点，我们需要在 CharProxy class 内将取址（address-of）操作符加以重载：

```
class String {
```

```
public:
  class CharProxy {
  public:
    ...
    char * operator&();
    const char * operator&() const;
    ...
  };
  ...
};
```

这些函数很容易实现出来。其中的 const 版只是返回一个指针，指向“proxy 所表现之字符”的 const 版本：

```
const char * String::CharProxy::operator&() const
{
  return&(theString.value->data[charIndex]);  //译注：参考 p219，p186
}
```

non-const 版做的事就稍微多些，因为它必须返回一个指针，指向一个可被修改的字符。这很类似条款 29 的 String::operator[] non-const 版行为（译注：p207），所以其实现码也十分类似：

```
char * String::CharProxy::operator&()
{
  // 确定“标的字符”（本函数将返回一个指针指向它）所属的字符串实值不为
  // 任何其他 String 对象共享（译注：如果共享，就做一份专属副本出来）。
  if (theString.value->isShared()) {
    theString.value = new StringValue(theString.value->data);
  }
  // 我们不知道 clients 会将本函数返回的指针保留多久，所以“目标字符”
  // 所属的字符串实值（一个 StringValue 对象）绝不可以被共享。
  theString.value->markUnshareable();

  return &(theString.value->data[charIndex]);
}
```

这段代码和其他 CharProxy member functions 有许多共同点，我知道你一定会将它们抽出来成为一个 private member function，让所有用到它的人调用它，是吧！

如果我们有一个 template，用来实现 reference-counted 数组，其中利用 proxy classes 来区分 operator[] 被调用时的左值运用和右值运用，那么 chars 和其替身 CharProxys 的第二个不同点更是显而易见：

```
template<class T>                          // reference-counted 数组
```

```
class Array {                                    // 运用 proxies。
public:
  class Proxy {
  public:
    Proxy(Array<T>& array, int index);
    Proxy& operator=(const T& rhs);
    operator T() const;
    ...
  };
  const Proxy operator[](int index) const;
  Proxy operator[](int index);
  ...
};
```

考虑这些数组的使用方式：

```
Array<int> intArray;
...
intArray[5] = 22;                          // 没问题。
intArray[5] += 5;                          // 错误！
intArray[5]++;                             // 错误！
```

一如预期，以 operator[]作为赋值动作的目标物，可以成功，但是将 operator[] 用于 operator+=或 operator++调用式的左手边，会失败。那是因为 operator[]返回一个 proxy，而该 proxy objects 并没有供应 operator+= 或 operator++。类似情况发生在其他需要左值的操作符身上，包括 operator*=，operator<<=，operator-- 等等。如果你希望这些操作符都能够和“返回 proxies”的 operator[] 合作，你必须为 Array<T>::Proxy class 一一定义这些函数。这个工作量可不小，你或许不打算自己动手。不幸的是，要不你就乖乖动手，要不你就失去它们，没有其他选择。

另一个相关问题是“通过 proxies 调用真实对象的 member functions”。如果你直率地那么做，会失败。例如，假设我们希望实现出一个 reference-counted 数组，每个元素都是有理数（rational numbers）。我们可以定义一个 Rational class，然后使用刚才见过的那个 Array template：

```
class Rational {
public:
  Rational(int numerator = 0, int denominator = 1);
  int numerator() const;
  int denominator() const;
  ...
};

Array<Rational> array;
```

下面便是我们希望的数组运用方法，但是结果令人失望：

```
cout << array[4].numerator();                    // 错误!
int denom = array[22].denominator();             // 错误!
```

这个困难其实在意料之内：operator[] 返回的是 Rational 对象的替身（proxy），而不是一个真正的 Rational 对象。但是 numerator 和 denominator 这两个 member functions 只对 Rationals（而非其 proxies）存在。因此编译器必然不让上述代码通过。为了让 proxies 模仿其所代表之对象的行为，你必须将适用于真实对象的每一个函数加以重载，使它们也适用于 proxies。

Proxies 无法取代真实对象的另一种情况是，用户将它们传递给"接受 references to non-const objects"的函数：

```
void swap(char& a, char& b);    // 将 a 和 b 的值对调。
String s = "+C+";     // 哎呀，我想把它改为"C++"。
swap(s[0], s[1]);     //按说这应能够把"+C+"改为"C++"，但它却无法编译。
```

String::operator[] 返回一个 CharProxy，但是 swap 要求其自变量必须是 char& 类型。CharProxy 可能会被隐式转换为一个 char，但是没有任何函数可以将它转换为一个 char&。此外，就算能够转换，转换所得的那个 char 也无法绑定于 swap 的 char& 参数身上，因为那个 char 是个临时对象（operator char 的返回值），而条款 19 有一些好理由使编译器拒绝将临时对象绑定至 non-const reference 参数身上。

proxies 难以完全取代真正对象的最后一个原因在于隐式类型转换。当 proxy object 被隐式转换为它所代表的真正对象时，会有一个用户定制的转换函数被调用。例如只要调用 operator char，便可将一个 CharProxy 转换为它所代表的 char。然而正如条款 5 所言，编译器在"将调用端自变量转换为对应的被调用端（函数）参数"过程中，运用"用户定制转换函数"的次数只限一次。于是就有可能发生这样的情况：以真实对象传给函数，成功；以 proxies 传给函数，失败。举个实例，假设我们有一个 TVStation class 以及一个函数 watchTV：

```
class TVStation {
public:
  TVStation(int channel);
  ...
};

void watchTV(const TVStation& station, float hoursToWatch);
```

由于 int 至 TVStation 之间有隐式类型转换（见条款 5），所以我们可以这么做：

```
watchTV(10, 2.5);                          // 观看频道 10，共 2.5 小时。
```

但是如果使用前述用于 reference-counted 数组的 template，并以 proxy classes 来区分 operator[] 的左值运用和右值运用，就不能这么做了：

```
Array<int> intArray;
intArray[4] = 10;
watchTV(intArray[4], 2.5);      // 错误！没有任何转换动作可以将
                                // Proxy<int> 转换为 TVStation。
```

如果你了解隐式类型转换伴随而来的问题，对上述情况就不会激动得说不出话来。事实上比较好的设计是，将 TVStation class 的 constructor 声明为 explicit，这么一来即使先前第一次调用 watchTV，也无法通过编译。隐式类型转换的细节以及 explicit 对它产生的影响，请见条款 5。

评估

Proxy classes 允许我们完成某些十分困难或几乎不可能完成的行为。多维数组是其中之一，左值/右值的区分是其中之二，压抑隐式转换（见条款 5）是其中之三。

然而，proxy classes 也有缺点。如果扮演函数返回值的角色，那些 proxy objects 将是一种临时对象（见条款 19），需要被产生和被销毁。而构造和析构并非毫无成本，虽然这份成本比起 proxies 所带来的好处（例如可以区分写动作和读取动作）可能微不足道。此外，proxy classes 的存在也增加了软件系统的复杂度，因为额外的 classes 使产品更难设计、实现、了解、维护。

最后，当 class 的身份从“与真实对象合作”移转到“与替身对象（proxies）合作”，往往会造成 class 语义的改变，因为 proxy objects 所展现的行为常常和真正对象的行为有些隐微差异。有时候这会造成 proxies 在系统设计上的一个弱势，不过通常很少需要用到“proxies 和真实对象有异”的那些操作行为，例如，很少

有人会想要在本条款起始处所举的二维数组例子中对一个 `Array1D` 对象取地址，也很少有人会将 `ArrayIndex` 对象（条款 5）交给一个“参数类型并非 `ArrayIndex`”的函数。许多情况下，proxies 可完美取代其所代表的真正对象。一旦出现这种情况，意味两者间的隐微差异不是重点。

条款 31：让函数根据一个以上的对象类型来决定如何虚化

有时候，呃，套用一句俚语，“好事不应单行”。怎么说呢？举个例子，假设你积极寻找一份软件开发工作，准备毛遂自荐给华盛顿雷蒙区的一家声望好、评论佳、薪水高的著名软件公司——嗯，呵呵，我是指 Nintendo 啦。为了让 Nintendo 的管理层注意到你，你可能决定写一个视频游戏软件，场景发生于外层空间，涉及宇宙飞船、太空站、小行星等天体。

当宇宙飞船、太空站、小行星飕飕掠过你所构筑的人工世界，它们自然也应该有碰撞的风险。假设碰撞规则如下：

- 如果宇宙飞船和太空站以低速碰撞，宇宙飞船会泊进太空站内。否则宇宙飞船和太空站受到的损害与其碰撞速度成正比。
- 如果宇宙飞船和宇宙飞船碰撞，或是太空站和太空站碰撞，碰撞双方都遭受损害，损害程度与撞击速度成正比。
- 如果小号的小行星碰撞到宇宙飞船或太空站，小行星会损毁。如果碰撞的是大号小行星，则宇宙飞船或太空站损毁。
- 如果小行星撞击另一颗小行星，两者都碎裂成更小的小行星，向四面八方散逸。

听起来这或许是个无聊的游戏，但是对此处目的而言已经足够。此处的目的是思考如何架构出两物碰撞的 C++代码。

一开始我们应该标示出宇宙飞船、太空站、小行星三者的共同特性。如果没有意外，它们统统处于运动状态，所以它们都有速度。有了这样的共通性，我们很自然地会定义一个被三者继承的 base class。这样的 class 在实际设计时，几乎必然成为一个抽象基类（abstract base class）。如果你注意到我在条款 33 中所给的警告，base classes 应该总是抽象的。整个继承体系看起来如下所示：

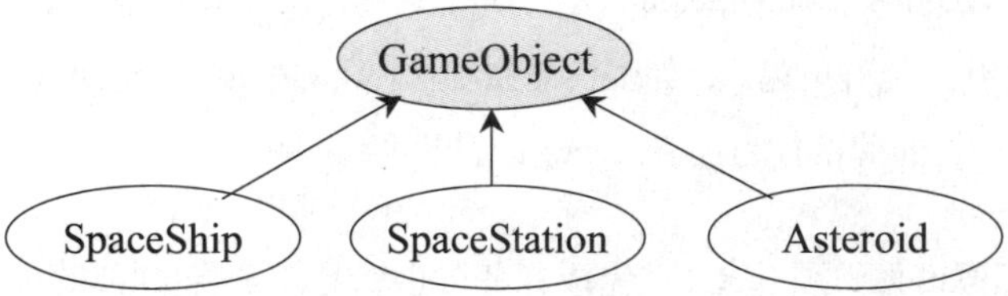


```
class GameObject { ... };
class SpaceShip: public GameObject { ... };
class SpaceStation: public GameObject { ... };
class Asteroid: public GameObject { ... };
```

假设你已经深入程序的五脏六腑，准备写出函数码来检验并处理对象的碰撞。你可能会产生这样一个函数：

```
void checkForCollision(GameObject& object1,
                       GameObject& object2)
{
  if (theyJustCollided(object1, object2)) {
    processCollision(object1, object2);
  }
  else {
    ...
  }
}
```

现在，挑战浮现出来了。当调用 processCollision 时，你知道 object1 和 object2 彼此碰撞，而且你也知道其碰撞结果视 object1 到底是什么及 object2 到底是什么而定，但是你并不知道它们到底是什么；你只知道它们都是 GameObjects。如果碰撞的处理程序只依 object1 的动态类型而定，你可以令 processCollision 成为 GameObject 的虚函数，然后调用 object1.processCollision(object2)。如果碰撞处理程序依 object2 的动态类型而定，你的应对之道应该相同。然而事实上，碰撞结果同时视 object1 和 object2 两者的动态类型而定。显然，你看，上述的函数调用只因“单一”对象而虚化，是不够的。

你需要的是某种函数，其行为视一个以上的对象类型而定。C++ 并未提供这样的函数。尽管如此，你还是必须满足上述要求。问题是如何满足？

可能性之一就是舍弃 C++，选择另一种程序语言。例如改用 CLOS——Common Lisp Object System。CLOS 支持你所能够想象的最一般化的面向对象函数调用机制：所谓 multi-methods。Multi-method 是一种“根据你所希望的多个参数而虚化”的函数。CLOS 甚至走得更远，给你坚实的控制权，让你控制“经过重载的（overloaded）multi-methods”的调用行为决议（*resolved*）程序。

然而，假设你必须以 C++ 完成任务，也就是你必须自行想办法完成上述需求（常被称为 double-dispatching）。此名称来自面向对象程序设计社区，在那个领域里，人们把一个“虚函数调用动作”称为一个“message dispatch”（消息分派）。因此某个函数调用如果根据两个参数而虚化，自然而然地就被称为“double dispatch”。更广泛的情况（函数根据多个参数而虚化）则被称为 multiple dispatch。有数种做法值得考虑，没有一个是完美无瑕的，但这不应该令你感到惊讶。C++ 并不直接支持 double-dispatching，所以你必须自行完成“编译器对虚函数的实现工作”（见条款 24）；如果那份工作轻而易举，今天我们大概都停留在 C 语言并自己完成虚函数机制了。不，我们不是这样，也不想这样。所以，系紧你的安全带，迎面而来的将是一段崎岖不平的山路。

虚函数 + RTTI（运行时期类型辨识）

虚函数实现出 single dispatch；那是我们所需要的一半。编译器有能力为我们做出虚函数，所以让我们从“在 `GameObject` 中声明一个虚函数 `collide`”开始。这个函数会在 derived classes 中被改写：

```
class GameObject {
public:
  virtual void collide(GameObject& otherObject) = 0;
  ...
};

class SpaceShip: public GameObject {
public:
  virtual void collide(GameObject& otherObject);
  ...
};
```

此处我只显示 derived class `SpaceShip`，至于 `SpaceStation` 和 `Asteroid` 的情况完全相同。

最一般化的 double-dispatching 实现法，把我们带回蛮荒世界：利用一长串的 if-then-elses 来仿真虚函数。在如此粗暴而不优雅的世界里，我们先找出 otherObject 的真实类型，然后对它测试所有可能性：

```
// 如果我们和一个未知类型的对象相撞，就抛出以下的 exception:
class CollisionWithUnknownObject {
public:
  CollisionWithUnknownObject(GameObject& whatWeHit);
  ...
};

void SpaceShip::collide(GameObject& otherObject)
{
  const type_info& objectType = typeid(otherObject);

  if (objectType == typeid(SpaceShip)) {
    SpaceShip& ss = static_cast<SpaceShip&>(otherObject);

    process a SpaceShip-SpaceShip collision;
  }

  else if (objectType == typeid(SpaceStation)) {
    SpaceStation& ss =
      static_cast<SpaceStation&>(otherObject);

    process a SpaceShip-SpaceStation collision;
  }

  else if (objectType == typeid(Asteroid)) {
    Asteroid& a = static_cast<Asteroid&>(otherObject);

    process a SpaceShip-Asteroid collision;
  }

  else {
    throw CollisionWithUnknownObject(otherObject);
  }
}
```

注意，我们只需决定碰撞双方之一的类型。另一对象是 *this，其类型已经被虚函数机制决定下来了。我们正位于一个 SpaceShip member function 内，所以 *this 一定是个 SpaceShip 对象。因此我们只需设法找出 otherObject 的真正类型即可。

这段代码并不复杂。它很容易写出，也可以有效运作。那正是 RTTI 令人烦恼的一个理由：它看起来无害。这段代码内可能出现的危机，竟只由最后一个 else 子句所发出的 exception 来警示。

此刻，我们必须对封装（encapsulation）说再见，因为每一个 `collide` 函数都必须知道其每一个兄弟类——也就是所有继承自 `GameObject` 的那些 classes。更明确地说，如果有个新型对象加入游戏行列，我们必须修改上述程序中的每一个可能遭遇新对象的 RTTI-based `if-then-else` 链，如果我们遗忘了其中任何一个，程序就会出错，而此错误并不明显。此外，编译器无法帮助我们侦测出这样的疏失，因为它对我们的行为一无所知（见条款 E39）。

这种“以类型为行事基准”的程序方法在 C 语言中有一段很长的历史，而我们对它的一个固有印象就是：它会造成程序难以维护。欲对这种程序再扩充（译注：指加入新的类型），基本上是很麻烦的。这便是虚函数当初被发明的主要原因：把生产及维护“以类型为行事基准之函数”的负荷，从程序员肩上移转给编译器。如果我们使用 RTTI 来实现 double-dispatching，等于回到了那个老旧而糟糕的年代。

老旧而糟糕年代下的技术会导致 C 语言发生错误，也会导致 C++ 语言发生错误。为了辨识出人为过失，我们为 `collide` 函数加上最后一个 `else` 子句，该子句用来处理不明撞击物。这样的情况原则上是不可能的，但是当我们决定使用 RTTI，我们的道理又在哪里呢？有许多种方法可以处理此等预料之外的撞击，但是没有一个令人满意。在这个例子中我们选择抛出 exception，但是调用者是否能够比我们处理得更好，实在不无疑问，因为我们面对的是未知的东西。

只使用虚函数

有一个办法可以将“以 RTTI 做法实现 double-dispatching”的风险降至最低，但是在我们讨论那个做法之前，先看看如何能够只以虚函数来解决这个问题。此策略一开始的基本结构和先前的 RTTI 法相同，`collide` 被声明为 `GameObject` 内的虚函数，并在每一个 derived class 内重新获得定义。此外，`collide` 亦在每一个 class 内被重载，每一个重载版本对应继承体系中的一个 derived class：

```
class SpaceShip;          // 前置声明（forward declarations）。
class SpaceStation;
class Asteroid;
```

```
class GameObject {
public:
  // 译注：collide 被重载，每一个版本对应继承体系中的一个 derived class。
  virtual void collide(GameObject&   otherObject) = 0;
  virtual void collide(SpaceShip&    otherObject) = 0;
  virtual void collide(SpaceStation& otherObject) = 0;
  virtual void collide(Asteroid&     otherobject) = 0;
  ...
};

class SpaceShip: public GameObject {
public:
  // 译注：collide 被重载，每一个版本对应继承体系中的一个 derived class。
  virtual void collide(GameObject&   otherObject);
  virtual void collide(SpaceShip&    otherObject);
  virtual void collide(SpaceStation& otherObject);
  virtual void collide(Asteroid&     otherobject);
  ...
};
```

基本想法是，将 double-dispatching 以两个 single dispatches（也就是两个分离的虚函数调用）实现出来：其一用来决定第一对象的动态类型，其二用来决定第二对象的动态类型。和先前一样，第一个虚函数调用动作针对的是“接获 GameObject& 参数”的 collide 函数。该函数现在简单得有点让人吓一跳：

```
void SpaceShip::collide(GameObject& otherObject)
{
  otherObject.collide(*this);
}
```

乍见之下这似乎是个 collide 递归调用，只是把参数顺序颠倒了，也就是 otherObject 摇身一变为调用者，而 *this 则变成参数。然而，睁大眼睛再看一遍，这并不是递归调用。如你所知，编译器必须根据“此函数所获得之自变量”的静态类型，才能解析出哪一组函数被调用。在此情况下，4 个不同的 collide 函数都可能被调用，但是雀屏中选者实乃根据 *this 的静态类型。该类型是什么？在 class SpaceShip 的 member function 内，*this 的类型一定是 SpaceShip。因此上述代码将调用“参数类型为 SpaceShip&（而非 GameObject&）”的 collide 函数。

所有的 collide 都是虚函数，所以 SpaceShip::collide 内的调用动作会被决议为“对应于 otherObject 真实类型”的那个 collide 函数；而在其中，两个对象的真实类型都知道了：左端对象是 *this（其类型也就是实现出此 collide 函数的 class），右端对象的真实类型是 SpaceShip，亦即参数类型。

看过 SpaceShip 的其他 collide 函数内容后，情况可能会更清楚：

```
void SpaceShip::collide(SpaceShip& otherObject)
{
  process a SpaceShip-SpaceShip collision;
}

void SpaceShip::collide(SpaceStation& otherObject)
{
  process a SpaceShip-SpaceStation collision;
}

void SpaceShip::collide(Asteroid& otherObject)
{
  process a SpaceShip-Asteroid collision;
}
```

如你所见，既不会乱七八糟，也不令人吃惊；不需要 RTTI，也不需要为了未知的对象类型抛出 exceptions。不可能会有未知的对象类型——那正是使用虚函数的关键点。事实上，如果不是因为有致命的瑕疵，这几乎可以说是 double-dispatching 问题的完美解答。

所谓致命的瑕疵，和稍早我们看到的 RTTI 解法一样：每个类都必须知道其兄弟类。一旦有新的 classes 加入，代码就必须修改。然而，代码的修改在本解法的情况有些不同。这里并没有 if-then-elses 需要修改，却有某些常常容易出错的东西：每一个 class 的定义式都必须修正，含入一个新的虚函数。举个例子，如果你决定为游戏软件加上一个新的 class Satellite（卫星，继承自 GameObject），就必须为程序中每一个既有的 classes 增加一个新的 collide 函数。

“修改既有的 classes”往往不是你可以单独（或有权力）决定的事。如果你并非完全自力地写出这个游戏软件，而是以一个市售商用程序库为起点——该程序库有个视频游戏软件的应用程序框架（application framework），你或许就不需要写 GameObject class 或是其 derived classes。在此情况下，增加新的 member functions（不论是否为 virtual）是不可能的。有时候，你可能真的可以碰触那些有待修改的 classes，但你没有权力那么做。假设你被 Nintendo 录用，而你被赋予的项目运用了某个程序库，内含 GameObject 及其他 classes。当然你不会是唯一使用这个程序库的人，而 Nintendo 或许并不愿意为了“你个人需要增加一个新的对象类型”而重新编译每一个运用此程序库的软件。实际情况是，程序库愈被广泛采用，愈是难得修改，因为重新编译程序库的每一个用户（应用程序），成本实在太大了（如何设计程序库使其编译相依程度得以最小化，细节请见条款 E34）。

简单地说就是，如果你需要在程序中实现 double-dispatching，最好的方向就是修改设计，消除此项需求。如果不能，那么，虚函数法比 RTTI 法安全一些，但是如果你对头文件（译注：内含 classes 的声明和定义）的权力不够，这种做法会束缚你的系统扩充性。至于 RTTI 法，虽不需要重新编译，却往往导致软件难以维护。你总是得付出代价，才能获得机会。

自行仿真虚函数表格（Virtual Function Tables）

有一个方法可以强化那些机会。回忆条款 24，编译器通常通过函数指针数组（vtbl）来实现虚函数；当某个虚函数被调用时，编译器便索引至该数组内，取得一个函数指针。有了 vtbl，编译器便可以不必执行一大串 `if-then-else` 运算，并得以在所有的虚函数调用端产生相同代码，用以：（1）决定正确的 vtbl 索引，（2）调用 vtbl 中的索引位置内所指的函数。

没有理由你不能够自行完成这一切。如果这么做，不只你的 RTTI-based 代码会更有效率（因为索引至一个数组内并调用其中的函数指针，几乎总是比执行一连串 `if-then-else` 更有效率，所需代码也更少），你也可以将 RTTI 的使用隔离至单一地点：vtbl 初始化之处。我必须提醒你，如果你不够坚强，往下阅读之前请先大口深呼吸。

让我们从修改 `GameObject` 继承体系内的函数开始：

```
class GameObject {
public:
  virtual void collide(GameObject& otherObject) = 0;
  ...
};

class SpaceShip: public GameObject {
public:
  virtual void collide(GameObject& otherObject);
  virtual void hitSpaceShip(SpaceShip& otherObject);
  virtual void hitSpaceStation(SpaceStation& otherObject);
  virtual void hitAsteroid(Asteroid& otherobject);
  ...
};
```

```
void SpaceShip::hitSpaceShip(SpaceShip& otherObject)
{
  process a SpaceShip-SpaceShip collision;
}

void SpaceShip::hitSpaceStation(SpaceStation& otherObject)
{
  process a SpaceShip-SpaceStation collision;
}

void SpaceShip::hitAsteroid(Asteroid& otherObject)
{
  process a SpaceShip-Asteroid collision;
}
```

就像一开始所说的 RTTI 解法一样，`GameObject` class 只含一个碰撞处理函数，此函数执行“两个必要的 dispatches”中的第一个。而和后来出现的虚函数解法一样，每一种天体互动都被封装于一个函数之中，不过现在这些函数有不同的名字，不再共享相同的 `collide` 名称。这里放弃了重载（overloading），我们很快就会看到理由（译注：p243）。上述设计涵盖我们需要的每一样东西，独缺 `SpaceShip::collide` 实现码；那是调用各个撞击函数的地方。一如先前，一旦我们成功地实现出 `SpaceShip` class，`SpaceStation` 和 `Asteroid` classes 就可以萧规曹随。

在 `SpaceShip::collide` 函数内，我们需要一种方法，将参数 `otherObject` 的动态类型映射至某个 member function 指针，指向适当的碰撞处理函数。一种简单的做法就是产生一个关系型（associative）数组，只要获得 class 名称，便能导出适当的 member function 指针。直接使用这个数组来实现 `collide` 是有可能的，但如果加上一个中介函数 `lookup`，会更容易些。`lookup` 接获一个 `GameObject` 并返回适当的 member function 指针。也就是说，你交给 `lookup` 一个 `GameObject`，它会返回一个指针，指向“当你和 `GameObject` 对象碰撞时”必须调用的 member function。

下面是 `lookup` 的声明：

```
class SpaceShip: public GameObject {
private:
  typedef void (SpaceShip::*HitFunctionPtr)(GameObject&);
  static HitFunctionPtr lookup(const GameObject& whatWeHit);
  ...
};
```

函数指针的语法从来就不曾让人觉得可爱有趣，member function 的函数指针，情况尤有过之。所以我以 typedef 定义出 `HitFunctionPtr`，代表一个“指向 `SpaceShip` member function”的指针——该函数的参数为一个 `GameObject&`，不返回任何东西。

一旦有了 `lookup` 函数，`collide` 的情况就像“黑暗已经过去，黎明还会远吗”：

```
void SpaceShip::collide(GameObject& otherObject)
{
  HitFunctionPtr hfp =
    lookup(otherObject);                  //找出调用的对象（一个函数）。

  if (hfp) {                              // 如果找到目标
    (this->*hfp)(otherObject);            // 就调用之。
  }
  else {
    throw CollisionWithUnknownObject(otherObject);
  }
}
```

如果关系型数组的内容能够与 `GameObject` 继承体系保持一致，`lookup` 就一定能够针对我们传进去的对象，找出一个有效的函数指针。但人类毕竟不是上帝，即使是最小心谨慎并且技巧高超的软件系统，还是可能到处蔓延错误。这就是为什么我们还是需要检验，确定 `lookup` 返回一个有效指针。这也是为什么我们还是在 `lookup` 失败时（虽然应该不可能发生）抛出一个 exception。

现在剩下的唯一工作就是将 `lookup` 实现出来。如果已有一个关系型数组，可将对象类型映射到某个 member function 指针，那么 `lookup` 本身很简单。但是产生、初始化、销毁该关系型数组，倒成为一个有趣的问题。

此一数组应该在被使用之前先被产生并初始化，并在它不再被使用时加以销毁。我们可以利用 `new` 和 `delete` 亲手产生和销毁数组，但是那样容易发生错误：如何能够保证数组不会在初始化之前先被使用？比较好的解决办法就是让编译器将此程序自动化，亦即让关系型数组成为 `lookup` 内的 static 对象。那么，只有在 `lookup` 第一次被调用时它才会被产生，而在 `main` 结束之后它才会被销毁（见条款 E47）。

此外，我们可以运用 Standard Template Library（见条款 35）所提供的 `map` template 作为关系型数组，因为 `map` 的功能正是如此：

```
class SpaceShip: public GameObject {
private:
  typedef void (SpaceShip::*HitFunctionPtr)(GameObject&);
  typedef map<string, HitFunctionPtr> HitMap;
  ...
};

SpaceShip::HitFunctionPtr
SpaceShip::lookup(const GameObject& whatWeHit)
{
  static HitMap collisionMap;
  ...
}
```

此处 collisionMap 便是我们的关联数组，用来将一个以 string 呈现的 class 名称，对应到一个 SpaceShip member function 指针。由于 map<string, HitFunctionPtr> 相当冗长，我以一个 typedef 简化之（你不妨试试，重写 collisionMap 声明式而不利用 HitMap 和 HitFunctionPtr 这两个 typedefs。大部分人试一次后就手软了）。

有了 collisionMap，lookup 的难度陡降，因为数据的查找原本就是 map class 直接支持的行为之一，而我们又总是能够对着 typeid 返回的对象调用 name 函数（它将返回标的物的动态类型名称[10]）。只要找出 collisionMap 内“与 lookup 之自变量相应”的那个动态类型，lookup 便算完成了。

lookup 函数码十分直接易懂，但如果你不熟悉 Standard Template Library（见条款 35），可能又不是那么易懂。别担心。函数内的注释会说明其中进行的动作。

```
SpaceShip::HitFunctionPtr
SpaceShip::lookup(const GameObject& whatWeHit)
{
  static HitMap collisionMap;            // 稍后我们将看到如何
                                         // 初始化这玩意儿。
  // 为 whatWeHit 寻找碰撞处理函数。返回值是一个类似指针的对象，
  // 我们称之为“iterator”(见条款 35)。
  HitMap::iterator mapEntry=
    collisionMap.find(typeid(whatWeHit).name());
  // 如果寻找失败，mapEntry == collisionMap.end();
```

---

10 事实并非总是如此。C++ standard 并未明定 type_info::name 的返回值。不同编译器的行为不尽相同。例如，已知一个 class SpaceShip，我知道有个编译器的 type_info:: name 会为之返回“class SpaceShip”。较好的设计是以“class 相应之 type_info 对象”的地址来鉴识 class，因为它绝对是独一无二的。那么，HitMap 的类型应该声明为 map<const type_info*, HitFunctionPtr> 才是。

```
  // 这是标准的 map 行为。见条款 35。
  if (mapEntry == collisionMap.end()) return 0;

  // 如果到达这里，表示查找成功。此时 mapEntry 指向一个完整的 map 条目，
  // 那是一个 (string, HitFunctionPtr) pair。我们只需其中的第二个成分，
  // 当做返回值。
  return (*mapEntry).second;
}
```

函数的最后一个语句返回的是 (*mapEntry).second，而非使用较为传统的 mapEntry->second 形式，这是为了满足 STL 的奇特行为。详情见 p96 脚注。

将自行仿真的虚函数表格（Virtual Function Tables）初始化

现在我们面临着 collisionMap 的初始化问题。我们或许希望这么做：

```
// 一个不正确的做法。
SpaceShip::HitFunctionPtr
SpaceShip::lookup(const GameObject& whatWeHit)
{
  static HitMap collisionMap;

  collisionMap["SpaceShip"] = &hitSpaceShip;
  collisionMap["SpaceStation"] = &hitSpaceStation;
  collisionMap["Asteroid"] = &hitAsteroid;
  ...
}
```

但是这会在每次 lookup 被调用时将"member function 指针"安插到 collisionMap 内，这是不必要的。此外上述做法也无法编译，不过那是次要问题，很快就可以解决。

此刻我们所需要的是一个方法，可以将"member function 指针"放进 collisionMap 内一次就好——在 collisionMap 诞生时刻。这很容易达成，只需写一个 private static member function，名为 initializeCollisionMap，用以产生并初始化我们的 map，然后以 initializeCollisionMap 的返回值作为 collisionMap 的初值即可：

```
class SpaceShip: public GameObject {
private:
  static HitMap initializeCollisionMap();
  ...
};

SpaceShip::HitFunctionPtr
SpaceShip::lookup(const GameObject& whatWeHit)
{
  static HitMap collisionMap = initializeCollisionMap();
  ...
}
```

但这意味我们可能必须为复制行为（亦即“将 initializeCollisionMap 返回的 map 对象复制给 collisionMap”）付出成本（见条款 19 和条款 20）。我们希望最好避免此事。如果 initializeCollisionMap 返回的是一个指针，就不需要付出成本，但那么一来我们又得操心“指针所指的 map 对象应该在适当时候被删除”这档事儿。

幸运的是，有个方法让我们鱼与熊掌兼得。我们可以把 collisionMap 放进一个 smart pointer（见条款 28）中，于是当指针本身被销毁，其所指物亦会自动被删除。事实上 C++ 标准程序库就有一个名为 auto_ptr 的 template，正是一个作为此等用途的 smart pointer（见条款 9）。只要让 collisionMap 成为 lookup 中的一个 static auto_ptr，我们就可以令 initializeCollisionMap 返回指针，指向一个已经初始化的 map 对象，而不必担心资源泄漏问题；当 collisionMap 被销毁时，其所指的那个 map 亦会被自动销毁。于是：

```
class SpaceShip: public GameObject {
private:
  static HitMap * initializeCollisionMap();
  ...
};

SpaceShip::HitFunctionPtr
SpaceShip::lookup(const GameObject& whatWeHit)
{
  static auto_ptr<HitMap>
    collisionMap(initializeCollisionMap());
  ...
}
```

最直接而明显的 initializeCollisionMap 实现法似乎是这样：

```
SpaceShip::HitMap * SpaceShip::initializeCollisionMap()
{
  HitMap *phm = new HitMap;

  (*phm)["SpaceShip"] = &hitSpaceShip;
  (*phm)["SpaceStation"] = &hitSpaceStation;
  (*phm)["Asteroid"] = &hitAsteroid;

  return phm;
}
```

但正如稍早我所提示的那样，这无法通过编译。因为 HitMap 被声明为用来存放“member functions 指针”，这些指针都需有相同类型（亦即 GameObject）的参数。但是 hitSpaceShip 的参数是一个 SpaceShip，hitSpaceStation 的参数是一个 SpaceStation，而 hitAsteroid 的参数是一个 Asteroid。虽然 SpaceShip, SpaceStation 和 Asteroid 都可以被隐式转换为 GameObject，但是“分别以上述这些类型作为参数”的各个成员函数指针之间，却不存在隐式转换。

为了安抚编译器，你可能会企图使用 reinterpret_casts（见条款 2），通常那是在两个函数指针之间做转型时的一个选择：

```
// 一个坏主意……
SpaceShip::HitMap * SpaceShip::initializeCollisionMap()
{
  HitMap *phm = new HitMap;

  (*phm)["SpaceShip"] =
    reinterpret_cast<HitFunctionPtr>(&hitSpaceShip);

  (*phm)["SpaceStation"] =
    reinterpret_cast<HitFunctionPtr>(&hitSpaceStation);

  (*phm)["Asteroid"] =
    reinterpret_cast<HitFunctionPtr>(&hitAsteroid);

  return phm;
}
```

这虽然可通过编译，但却是个坏主意。它伴随了某些你应该绝对禁止的行为：欺骗编译器。这样的转型是告诉编译器说：hitSpaceShip, hitSpaceStation 和 hitAsteroid 都是“期望获得一个 GameObject 自变量”的函数。但这并非事实。hitSpaceShip 期望获得一个 SpaceShip，hitSpaceStation 期望获得一个 SpaceStation，而 hitAsteroid 期望获得一个 Asteroid。上述的转型语法对编译器说了谎话。

比道德问题更严重的是，编译器不喜欢被欺骗。当它们发现自己被辜负，它们会找出报仇雪恨的方法。在这个例子中，它们可能会在你“通过 *phm 调用某些函数”时，为你产生不良代码——如果在那些函数中 GameObject's derived classes 运用了多重继承或是拥有虚拟基类（virtual base classes）。换句话说，如果 SpaceStation, SpaceShip 或 Asteroid 有 GameObject 之外的其他 base classes，你可能会发现，你在 collide 中对碰撞处理函数的调用，会导致相当粗鲁的行为（译注：因为非自然多态，unnatural polymorphism 之故，见下说明）。

为了说明其前因后果，让我们再次考虑条款 24 所描述的 A-B-C-D 继承体系以及 `D` 对象可能的对象布局：

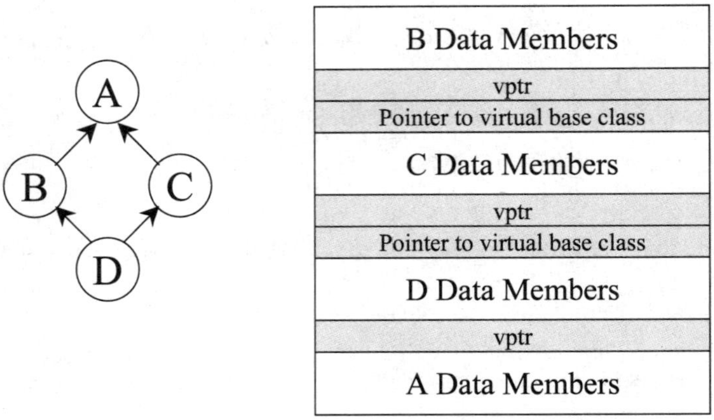

`D` 对象内的 4 个“class 成分”，每一个都有不同地址。这很重要，因为虽然指针和 references 的行为不同（见条款 1），编译器通常以指针来实现 references。因此，pass-by-reference 通常是利用“传递一个指向对象的指针”完成的。当对象（例如 `D` 对象）拥有多个 base classes，并以 by reference 方式传递给函数，编译器是否传递了正确的地址（此地址相应于被调用函数的参数声明类型），将是非常关键的。

如果你欺骗编译器，告诉它你的函数期望获得一个 `GameObject`，而其实它真正期望获得的是个 `SpaceShip` 或 `SpaceStation` 会怎样呢？那么，当你调用那个函数，编译器就会传递错误的地址，导致运行时期可怕的大屠杀。这种问题很难找出原因。转型令人沮丧，原因有许多个，这是其中之一。

那么就把“转型法”三振出局吧。很好，但这么一来先前所说的“函数指针类型”不吻合的情况便依然存在。只有一个办法可以解决冲突：改变函数的类型，使它们统统接纳 `GameObject` 自变量：

```
class GameObject {                          // 这个并未改变。
public:
  virtual void collide(GameObject& otherObject) = 0;
  ...
};
```

```
class SpaceShip: public GameObject {
public:
  virtual void collide(GameObject& otherObject);

  // 这些函数现在统统接受一个 GameObject 参数。
  virtual void hitSpaceShip(GameObject& spaceShip);
  virtual void hitSpaceStation(GameObject& spaceStation);
  virtual void hitAsteroid(GameObject& asteroid);
  ...
};
```

我们对 double-dispatching 的解法原本是以"被重载的虚函数 collide"为基础的。现在终于了解为什么这里不能再使用重载了吧（译注：p236 曾说会给一个理由，就是这里）。这便是为什么我们决定以"由 member function 指针所组成的关系型数组"取而代之的缘故。所有撞击函数有着完全相同的参数类型，所以我必须给它们不同的函数名称。

现在我们可以写出我们一直希望的 initializeCollisionMap 形式了：

```
SpaceShip::HitMap * SpaceShip::initializeCollisionMap()
{ // 译注：同 p240。
  HitMap *phm = new HitMap;

  (*phm)["SpaceShip"] = &hitSpaceShip;
  (*phm)["SpaceStation"] = &hitSpaceStation;
  (*phm)["Asteroid"] = &hitAsteroid;

  return phm;
}
```

很可惜，撞击函数如今获得的是个一般性的 GameObject 参数，而非它们所期望的精确的 derived class 参数。为了在预期行为中夹带真实性，我们必须在每个函数顶端运用 dynamic_cast（见条款 2）：

```
// 译注：旧版本在 p236。
void SpaceShip::hitSpaceShip(GameObject& spaceShip)
{
  SpaceShip& otherShip=
    dynamic_cast<SpaceShip&>(spaceShip);

  process a SpaceShip-SpaceShip collision;
}

void SpaceShip::hitSpaceStation(GameObject& spaceStation)
{
  SpaceStation& station=
    dynamic_cast<SpaceStation&>(spaceStation);

  process a SpaceShip-SpaceStation collision;
}
```

```
void SpaceShip::hitAsteroid(GameObject& asteroid)
{
  Asteroid& theAsteroid =
    dynamic_cast<Asteroid&>(asteroid);
  process a SpaceShip-Asteroid collision;
}
```

dynamic_casts 如果转型失败，会抛出一个 bad_cast exception。当然啦，它们应该绝对不会失败才是，因为上述各个 hit_ 函数应该绝不会获得不正确的参数类型。不过不怕一万就怕万一，这样总比满口抱歉的好。

使用“非成员（Non-Member）函数”的碰撞处理函数

现在我们知道如何建立一个类似 vtbl 的关系型数组，使我们得以完成 double-dispatch 的第二半部，我们也知道如何将关系型数组的细节封装于一个 lookup 函数内。然而由于这个数组内含指针，指向 member functions，所以如果有新的 GameObject 类型加入这个游戏软件，我们仍然需要修改 class 的定义。这也意味所有客户都必须重新编译，甚至那些并不在乎新型对象的人。举个例子，如果 Satellite 加进这场游戏，我们必须膨胀 SpaceShip class，多写一个用来处理“卫星和宇宙飞船之间的碰撞”的函数声明。SpaceShip 的所有用户都因而必须重新编译，即使他们并不在乎卫星存在与否。这不正是我们拒绝“单纯以虚函数来解决 double-dispatching”的原因吗？先前的解法甚至比眼前所讨论的解法单纯得多呢。

如果关系型数组内含的指针所指的是 non-member functions，重新编译的问题便可消除。此外，改用“non-member 碰撞处理函数”可以解决一个截至目前一直被我们忽略的设计问题，那就是：如果两个不同类型的物体发生碰撞，到底哪一个 class 应该负责处理？以先前发展的情况来看，如果对象 1 和对象 2 碰撞，而对象 1 碰巧是 processCollision 的左端自变量，那么这一碰撞事件将在对象 1 所属的 class 中被处理。然而如果对象 2 碰巧是 processCollision 的左端自变量，那么这一碰撞事件就在对象 2 所属的 class 中被处理。这合理吗？难道没有更好的设计，使类型分别为 A 和 B 的两物发生碰撞时，既不由 A 也不由 B 处理，而是由某个中立第三者处理吗？

如果将碰撞处理函数移出 classes 之外，我们就可以给予用户一些“不含任何碰撞处理函数”的 class 定义式（位于头文件中），然后便可构筑我们的 processCollision 函数如下：

```
#include "SpaceShip.h"
#include "SpaceStation.h"
#include "Asteroid.h"

namespace {                     // 匿名的 namespace——见稍后说明。

  // 主要的碰撞处理函数。
  void shipAsteroid(GameObject& spaceShip,
                    GameObject& asteroid);

  void shipStation(GameObject& spaceShip,
                   GameObject& spaceStation);

  void asteroidStation(GameObject& asteroid,
                       GameObject& spaceStation);
  ...
  // 次要的碰撞处理函数，只是为了实现对称性：
  // 对调参数位置，然后调用主要的碰撞处理函数。
  void asteroidShip(GameObject& asteroid,
                    GameObject& spaceShip)
  { shipAsteroid(spaceShip, asteroid); }

  void stationShip(GameObject& spaceStation,
                   GameObject& spaceShip)
  { shipStation(spaceShip, spaceStation); }

  void stationAsteroid(GameObject& spaceStation,
                       GameObject& asteroid)
  { asteroidStation(asteroid, spaceStation); }
  ...

  // 稍后我会对这些 types/functions 有所描述和说明。
  typedef void (*HitFunctionPtr)(GameObject&, GameObject&);
  typedef map< pair<string,string>, HitFunctionPtr > HitMap;

  pair<string,string> makeStringPair(const char *s1,
                                     const char *s2);
  HitMap * initializeCollisionMap();

  HitFunctionPtr lookup(const string& class1,
                        const string& class2);
} // namespace 结束。

void processCollision(GameObject& object1,
                      GameObject& object2)
{
  HitFunctionPtr phf = lookup(typeid(object1).name(),
                              typeid(object2).name());

  if (phf) phf(object1, object2);
  else throw UnknownCollision(object1, object2);
}
```

注意此处使用了一个匿名的 namespace，内含用以实现 processCollision 的各个函数。匿名之 namespace 内的每样东西对其所驻在的编译单元（文件）而言都是私有的，其效果就好像在文件里头将函数声明为 static 一样。由于 namespaces 的出现，“文件生存空间（file scope）内的 statics”已经不再继续被鼓励使用，所以你应该尽快让自己习惯使用匿名的 namespaces——如果你的编译器支持它的话。

这份实现码的观念和先前的 member functions 版相同，但其中有些极小差异。第一，HitFunctionPtr 如今是个 typedef，表示一个指针，指向一个 non-member function。第二，exception class CollisionWithUnknownObject 已经被重新命名为 UnknownCollision 并改为取得两个（而不再是一个）对象。最后一点，lookup 现在必须接获两个类型名称，并执行 double-dispatch 的完整两半部。这也意味我们的 collision map 如今必须持有三份信息：两个类型名称和一个 HitFunctionPtr。

但是标准的 map class 只能持有两份信息。我们可以轻易解决这个问题：标准的 pair template 让我们将两个类型名称捆绑在一块儿，成为单一对象。于是，initializeCollisionMap 加上其辅助函数 makeStringPair，看起来像这样：

```
// 我们借此函数，以两个 char* 字面常量产生一个 pair<string,string> 对象。
// 此函数被用于 initializeCollisionMap（稍后出现）内。请注意此函数如何
// 形成返回值优化（return value optimization，见条款 20）。

namespace {          // 又是匿名的 namespace——见稍后说明。
  pair<string,string> makeStringPair(const char *s1,
                                     const char *s2)
  { return pair<string,string>(s1, s2);   }
} // namespace 结束。

namespace {          // 又是匿名的 namespace——见稍后说明。
  HitMap * initializeCollisionMap()
  {
    HitMap *phm = new HitMap;
    (*phm)[makeStringPair("SpaceShip","Asteroid")] =
      &shipAsteroid;
    (*phm)[makeStringPair("SpaceShip", "SpaceStation")] =
      &shipStation;
    ...
    return phm;
  }
} // namespace 结束。
```

lookup 也必须修改，以便接纳 pair<string, string> 对象，此物构成 collision map 的第一成分：

```
namespace {        // 又是匿名的 namespace，稍后我会解释。真的，相信我！
 HitFunctionPtr lookup(const string& class1,
                       const string& class2)
 {
   static auto_ptr<HitMap>
     collisionMap(initializeCollisionMap());

   // 稍后对于 make_pair 有一些说明。
   HitMap::iterator mapEntry=
     collisionMap->find(make_pair(class1, class2));

   if (mapEntry == collisionMap->end()) return 0;

   return (*mapEntry).second;
 }
} // namespace 结束。
```

这几乎和先前版本完全相同。唯一真正的差异是在以下语句中使用 make_pair 函数：

```
HitMap::iterator mapEntry=
  collisionMap->find(make_pair(class1, class2));
```

make_pair 是标准程序库（见条款 E49 和条款 35）提供的一个十分便利的 function template，可免除我们在构造一个 pair 对象时“必须指定类型”的麻烦。以上语句也可以改写为：

```
HitMap::iterator mapEntry=
  collisionMap->find(pair<string,string>(class1, class2));
```

这段代码需要多打几个字，而为 pair 指定类型又显多余（它们一定和 class1 及 class2 的类型相同，不是吗），所以大部分人比较喜欢采用刚才那个 make_pair 形式。

由于 makeStringPair, initializeCollisionMap 和 lookup 都被声明于一个匿名的 namespace 内，所以它们都必须实现于相同的 namespace 内。这也就是为什么上述函数的实现码都被我放在一个匿名的 namespace 内（和它们的声明驻在同一编译单元）：这么一来连接器才能够正确地将其定义（亦即其实现码）和稍早出现的声明关联在一起。

我们终于达成了目标。一旦有新的 GameObject subclasses 加进这个继承体系中，原有的 classes 不再需要重新编译（除非它们想要使用新的 classes）。我们不需维护纠葛混乱并且基于 RTTI 的 switch 或 if-then-else。如果新的 classes 欲加入 GameObject 继承体系，只需其本身定义良好；我们的系统亦只需要局部改变：在 initializeCollisionMap 内为 map 增加一个（或更多）项目，并在“与 processCollision 相应的那个匿名 namespace”内增加新碰撞处理函数的声明。经过了许多努力，终于到达现在这一点，但至少漫长的旅程是值得的。是吗？是吗？也许！

“继承”+“自行仿真的虚函数表格”

我们必须面对最后一个问题（如果此刻你开始心生困惑，怎么总是有最后一个问题需要面对，我想你终于真正认识了“为虚函数设计一个实现机制”的困难度）。目前我们所做的每一件事都可以有效运作——只要在调用碰撞处理函数时不发生 inheritance-based 类型转换。但假设我们开发了一个游戏软件，该软件有时候必须区分商业宇宙飞船和军事宇宙飞船。我们可以修改继承体系如下，其中已注意条款 33 的忠告，令具体类 CommercialShip 和 MilitaryShip 继承自新的抽象类 SpaceShip：

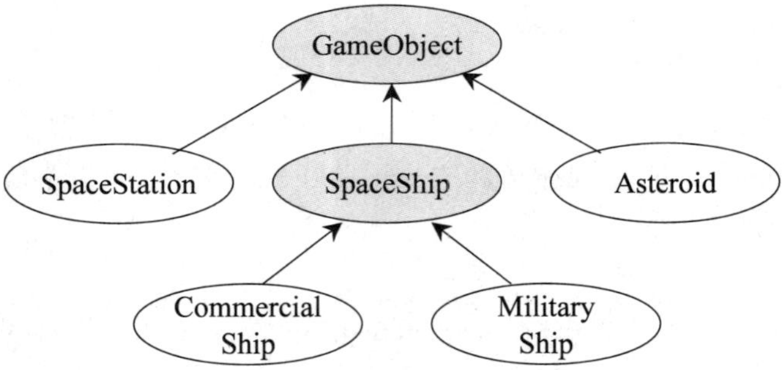

假设商业宇宙飞船和军事宇宙飞船的碰撞行为完全相同，因此我们希望使用原本已开发出来的碰撞处理函数。更明确地说，如果一个 MilitaryShip 和一个 Asteroid 碰撞，我们希望被调用的是：

```
void shipAsteroid(GameObject& spaceShip,
                  GameObject& asteroid);
```

但结果并非如此，而是抛出一个 UnknownCollision exception。那是因为 lookup 被要求针对类型名称“MilitaryShip”和“Asteroid”找出一个对应函数，而在 collisionMap 中其实并没有这样的函数。虽然一个 MilitaryShip 对象可被视为一个 SpaceShip 对象，但 lookup 函数并不知道。

此外，根本没有简单的办法来告知此事。如果你需要实现 double-dispatching 而且你需要支持 inheritance-based 参数转换（像上个例子那样），那么唯一可用的资源就是回到我们稍早验证过的“双虚函数调用”机制。那也就意味当你扩大你的继承体系时，必须要求每个人都重新编译。有时候情况就是如此，生活只好牵就。

将自行仿真的虚函数表格初始化（再度讨论）

以上就是关于 double-dispatching 的所有处理技术，但是以如此遗憾的音符作为奏鸣曲的结束，实在让人觉得不舒服。而且这种不舒适感恐怕会“绕梁三日”。所以，让我们大略描述 collisionMap 初始化的另一个做法，作为结论。

截至目前，整个设计完全是静态的。一旦我们登录了一个用来处理两物撞击的函数，它就永远杵在那里了。如果我们希望对撞击处理函数做新增、移除、修改等动作，抱歉，门儿都没有。

其实门道还是有的。我们可利用一个 map 来存储撞击处理函数，放进某 class 内，该 class 提供一些 member functions，让我们得以动态修改 map 的内容。例如：

```
class CollisionMap {
public:
  typedef void (*HitFunctionPtr)(GameObject&, GameObject&);

  void addEntry(const string& type1,
                const string& type2,
                HitFunctionPtr collisionFunction,
                bool symmetric = true);              // 见稍后说明。

  void removeEntry(const string& type1,
                   const string& type2);

  HitFunctionPtr lookup(const string& type1,
                        const string& type2);

  // 这个函数返回一个 reference，代表仅有的一个 map——见条款 26。
  static CollisionMap& theCollisionMap();

private:
  // 这些函数都是 private，用以防止产生多个 maps——见条款 26。
  CollisionMap();
  CollisionMap(const CollisionMap&);
};
```

这个 class 使我们得以为 map 增加条目（entries）、移除条目，并寻找与“某一对类型名称”相应的碰撞处理函数。它也运用条款 26 的技术，将 CollisionMap 对象的个数限制为 1，因为我们的系统只需一个 map（带有多个 maps 的复杂游戏也很容易想象）。最后，它允许我们将“对称撞击造成 map 条目增加”的情况予以简化（也就是说，T1 对象撞击 T2 对象的效果和 T2 对象撞击 T1 对象的效果一样）：在 addEntry 被调用且其 symmetric 参数被指定为 true 时，自动为我们加上 map 条目。

有了这个 CollisionMap class，用户就可以这样直接地为 map 加上一个条目：

```
void shipAsteroid(GameObject& spaceShip,
                  GameObject& asteroid);
CollisionMap::theCollisionMap().addEntry("SpaceShip",
                                         "Asteroid",
                                         &shipAsteroid);
void shipStation(GameObject& spaceShip,
                 GameObject& spaceStation);
CollisionMap::theCollisionMap().addEntry("SpaceShip",
                                         "SpaceStation",
                                         &shipStation);
void asteroidStation(GameObject& asteroid,
                     GameObject& spaceStation);
CollisionMap::theCollisionMap().addEntry("Asteroid",
                                         "SpaceStation",
                                         &asteroidStation);
...
```

请小心确保这些 map 条目在其对应的任何撞击发生之前就被加入 map 之中。办法之一是令 GameObject's subclasses 的 constructors 加以检查，看看是否在对象产生之际已有适当的 map 条目加入。这需要付出一些时间成本。另一种做法就是产生一个 RegisterCollisionFunction class:

```
class RegisterCollisionFunction {
public:
  RegisterCollisionFunction(
         const string& type1,
         const string& type2,
         CollisionMap::HitFunctionPtr collisionFunction,
         bool symmetric = true)
  {
    CollisionMap::theCollisionMap().addEntry(type1, type2,
                                             collisionFunction,
                                             symmetric);
  }
};
```

client 于是可以利用这种类型的全局对象来自动注册它们需要的函数：

```
RegisterCollisionFunction cf1("SpaceShip", "Asteroid",
                              &shipAsteroid);

RegisterCollisionFunction cf2("SpaceShip", "SpaceStation",
                              &shipStation);

RegisterCollisionFunction cf3("Asteroid", "SpaceStation",
                              &asteroidStation);
...
int main(int argc, char * argv[])
{
  ...
}
```

由于这些全局对象都是在 `main` 被调用前产生的，它们的 constructors 所注册的函数也会在 `main` 被调用前加入 `map`。稍后如果我们加入一个新的 derived class：

```
class Satellite: public GameObject { ... };
```

并写出一个或多个新的碰撞处理函数：

```
void satelliteShip(GameObject& satellite,
                   GameObject& spaceShip);

void satelliteAsteroid(GameObject& satellite,
                       GameObject& asteroid);
```

这些新函数可以类似方法加入到 `map` 之中，不需扰动原有代码：

```
RegisterCollisionFunction cf4("Satellite", "SpaceShip",
                              &satelliteShip);

RegisterCollisionFunction cf5("Satellite", "Asteroid",
                              &satelliteAsteroid);
```

还是没有完美办法可以实现出 double dispatch，但此法让我们可以轻松完成一个以 `map` 为基础的实现品——如果此种做法最吻合我们需要的话。

杂项讨论

Miscellany

我们终于抵达了最后一站。本章内含难以归类的准则。一开始的两个条款讨论 C++ 软件开发过程如何设计出能够容纳日后变化的系统。是的，面向对象方法应用于系统构造的一个强大力量就是，它支持日后的变化。这些条款描述了一些特定步骤，你可以用来强化你的软件工事，抵抗这个拒绝停滞的世界带来的刀戟箭弩。

接下来我将验证如何在同一个程序中结合 C 和 C++。这个需求导致语言上的额外考虑，不过 C++ 毕竟生存于真实世界之中，有时候我们必须面对这样的问题。

最后，我把“C++ 标准规格”公开之后的各项语言变化做一番摘要整理。在此特别涵盖标准程序库中翻天覆地的大变化（亦请参考条款 E49）。如果你未曾密切跟随标准化的脚步，对于这些变化可能会有很大的惊喜。是的，标准程序库中有许多让人愉悦的东西。

条款 32：在未来时态下发展程序

世事永远在变。

身为软件开发人员，我们可能不是知道得很多，但我们确切知道世事永远在变。我们不一定知道改变的是什么，改变如何到来，改变何时发生，或为什么会发生，但我们真的知道：事情会改变。

好的软件对于变化有良好的适应能力。好的软件可以容纳新的性质，可以移植到新的平台，可以适应新的需求，可以掌握新的输入。软件具备如此的弹性、健壮性、可信赖度，并非是天上掉下来的礼物，而是那些“即使面对今天的束缚，仍然对明天可能的需求念兹在兹”的设计者和实现者共同努力的结果。把目光摆在未来时态的程序员，才写得出这种软件——可优雅接受变化的软件。

所谓在未来时态下设计程序，就是接受“事情总会改变”的事实，并准备应因之道。也许程序库会加入新的函数，导致新的重载（overloadings）发生，于是导致潜伏的歧义（模棱两可）函数发作（见条款 E26）。也许继承体系会加入新的 classes，致使今天的 derived classes 成为明天的 base classes。也许新的应用软件会出现，函数会在新的环境下被调用，而我们必须考虑那种情况下仍能正确执行任务。记住，程序的维护者通常都不是当初的开发者，所以设计和实现时应该注意到如何帮助其他人理解、修改、强化你的程序。

要做到这件事情，办法之一就是以 C++“本身”（而非只是注释或说明文件）来表现各种规范。举个例子，如果某个 class 在设计时绝不打算成为 derived classes，那么就不应该只是在头文件的 class 上端摆一行注释就好，而是应该以 C++ 语法来阻止派生：条款 26 告诉你怎么做。如果一个 class 要求其所有对象实体都必须于 heap 内产生，那么请不要只是告诉 clients 那么做，应该以条款 27 厉行这项约束。如果 copying 和 assignment 对某个 class 没有意义，我们应该将其 copy constructor 和 assignment operator 声明为 private（见条款 E27）。C++ 提供了很大的威力、弹性、表现力。使用这些语言特征来厉行你的设计吧。

既然知道事情总会改变，那么就请在这演化速度有如浪淘沙的软件世界中写一些抗变性比较高的 classes 吧。是的，请避免“demand-paged”式的虚函数，那会使你习惯于“不让任何函数成为 virtual，除非有人需要”。你应该决定函数的意义，并决定它是否适合在 derived classes 内被重新定义。如果是，就把它声明为 virtual，即使眼前并没有人重新定义它。如果不是，就把它声明为 nonvirtual，并且不要只为了图某人的方便就改变其定义。请确定你所做的改变对于整个 class 的上下关系乃至于它所表现的抽象性是合理的（见条款 E36）。

请为每一个 class 处理 assignment 和 copy construction 动作，即使没有人使用那样的动作。现在没有人使用，并不意味将来都没有人使用（见条款 E18）。如果这些函数不易完成，请将它们声明为 `private`（见条款 E27），那就不会有任何人不经意调用“编译器自动产生，行为却错误”的版本（这常常发生于 default assignment operators 和 copy constructors 身上——见条款 E11）。

请不要做出令人大吃一惊的怪异行为：请努力让 classes 的操作符和函数拥有自然的语法和直观的语义。请和内建类型的行为保持一致：如果有疑惑，不妨看看 `ints` 有怎样的表现。

记住，任何事情只要有人能够做，就会有人做。他们会抛出 exceptions，他们会将对象自我赋值，他们会在尚未获得初值前就使用对象，他们会给对象初值却从不使用它，他们会给对象过大的值，他们会给对象过小的值，他们会给对象 null 值。通常，只要编译没问题，就会有人做。所以，请让你的 classes 容易被正确地使用，不容易被误用。请接受“客户会犯错”的事实，并设计你的 classes 有预防、侦测或甚至更正的能力（见条款 33 和条款 E46）。

请努力写出可移植代码。这并不会比写出不可移植代码更困难，只有某些罕见情况会显著影响性能，使我们不得不调整为不具移植性的架构（见条款 16）。即使程序被设计用于定制型硬件，通常也可能有移植的需求，因为硬件库存量往往数年内便会到达不动如山的窘境。撰写具有移植性的代码，你便能够轻易转换平台，放大客户群，并夸耀说自己支持开放系统。如果你对操作系统押错宝，具有移植性的代码也可以使你不至于全盘皆输。

请设计你的代码，使“系统改变所带来的冲击”得以局部化。尽可能采用封装性质，尽可能让实现细目成为 private（见条款 E20）。如果可用，就尽量用匿名的 namespaces 或文件内的 `static` 对象和 `static` 函数（见条款 31）。尽量避免设计出 virtual base classes，因为这种 classes 必须被其每一个 derived class（即使是间接派生者）初始化（见条款 4 和条款 E43）。请避免以 RTTI 作为设计基础并因而导致一层一层的 `if-then-else` 语句（见条款 31；条款 E39 对此有良好措施）：因为每当 class 继承体系一有改变，每一组这样的语句都得更新，如果你忘了其中一个，编译器不会给你任何警告。

这些都是广为人知且常被提起的忠告，但大部分程序员还是掉进“现在式”的泥淖中。不幸的是许多书籍作者也缺乏高瞻远瞩。看看这位 C++ 专家提出的忠告：

> 只要有人删除 `B*` 而它实际上指向 `D`，便表示你需要一个 virtual destructor。

这里的 `B` 是指 base class，`D` 是指 derived class。换句话说这位作者建议如果你的程序看起来像这样，你的 `B` 就不需要一个 virtual destructor 喽：

```
class B { ... };            // 不需要 virtual destructor。
class D: public B { ... };

B *pb = new D;
```

然而如果你加上这一行，情况就改变了：

```
delete pb;                  // 现在，你的 B需要一个 virtual destructor。
```

client 端的微小改变——增加一个 delete 语句而已——竟导致需要改变 B 的定义，更进而导致 B 的所有客户都必须重新编译。如果恪守这位作者的忠告，那么单单增加一行语句便导致程序库的所有客户大规模地重新编译和连接。这绝非高效的软件设计。

针对同一议题，另一位作者写道：

> 如果一个 public base class 没有 virtual destructor，那么其 derived class 及“该 derived class 的 data members”都不应该有 destructor。

换言之，下面是好的：

```
class string {                   // 来自 C++ 标准程序库。
public:
  ~string();
};

class B { ... };                 // destructor 内没有 data members。
                                 // 没有 virtual destructor。
```

但如果有个新的 class 继承自 B，事情便有了变化：

```
class D: public B {
  string name;                   // 现在 ~B 必须是 virtual。
};
```

再一次，B 用途上的小小改变（此处是增加一个 derived class，其中内含一个“带有 destructor”的成员）可能造成 client 端大规模的重新编译和连接。但是软件的小改变应该只造成小小的冲击才是。所以这样的设计并不好。

同一位作者又写道：

> 如果多重继承（multiple inheritance）体系中有任何 destructors，那么每一个 base class 都应该有一个 virtual destructor。

请注意我引用的这些例子中的“现在式思维”：用户此刻如何运用指针？哪些 class members 此刻拥有 destructors？继承体系中的哪些 classes 此刻拥有 destructors？

未来式思维就不一样。我们不再问自己，class 此刻如何被使用，我们问的是这个 class 被设计作为什么用途。未来式思维说，如果 class 被设计用来作为一个 base class（即使它目前不是），它就应该拥有一个 virtual destructor（见条款 E14）。如此的 classes 才会在现在和未来都有正确的行为，而且不会在诞生新的 derived classes 时，影响程序库的其他用户（至少在 destructor 这个主题上他们不受影响。如果 class 有必要做其他改变，用户就有可能受到影响）。

我手上有一个市售的类库（发表于 C++ 标准程序库的 `string` 规格公开之前），内含一个没有 virtual destructor 的 `String` class。厂商的解释是：

> 我们不让 destructor 成为 virtual，因为我们不希望 `String` 有个 vtbl。我们并不意图拥有 `String*`，所以不会造成问题。我们清楚地知道这可能造成的困难。

这是现在式思维？还是未来式思维？

当然，vtbl 是正当的技术性考虑（见条款 24 和条款 E14）。大部分 `String` classes 的设计都只在每一个 `String` 对象内放置一个孤零零的 `char*` 指针，所以在每个 `String` 对象身上增加一个 vptr，会使其大小倍增。这很容易让人了解为什么厂商没有意愿那么做，特别是身为一个被高度运用的 `String` class——此等 class 的性能很可能轻易掉进程序那 20% 的部分（见条款 16），带来巨大的影响。

但是，一个字符串对象所消耗的内存总量——包括对象本身所需及用来放置字符串实值的 heap 内存——往往远大于一个 `char*` 指针所需。由此观之，一个 vptr 所带来的额外开销其实是微不足道的。尽管如此，这毕竟是个正当的技术考虑（当然 ISO/ANSI 标准委员会可能是这么想的：标准 `string` 类型已经有一个 nonvirtual destructor 了）。

令人困惑的是厂商的陈述：“我们并不意图拥有 `String*`，所以这不会造成问题”。那可能是真的，但 `String` class 是程序库的一部分，而程序库可能给成千上万的开发人员使用。“成千上万”是很可怕的数字，其中每一个人的 C++ 使用经验多寡不同，每一个人做不同的事情。是否那些开发人员都了解到 `String` 并没有 virtual destructor 呢？是否他们都知道，由于 `String` 没有 virtual destructor，当他们从 `String` 派生出新的 classes，是一种高度冒险的行为？是否厂商自信其客户都能够了解，由于缺乏 virtual destructor，“通过 `String*` 指针删除一个对象”将无法正确运作，而作用于 Strings 指针和 String reference 身上的 RTTI 操作符也可能返回不正确的信息？是否这个 class 很容易被正确地运用，很不容易被错误地运用？

厂商应该为其 String class 提供说明文件，使大家更清楚地知道这个 class 并非设计作为派生用途。但如果程序员漏看这项警告，或是根本就没有阅读这份文件呢？

最好的办法就是以 C++ 本身性质来禁止派生。条款 26 对此有些描述：限制对象必须产生于 heap 之中，然后以 auto_ptr 对象来处置 heap 对象。这使得 String 的“生成接口”既不传统也不便利，必须这样才能产出一个对象来：

```
auto_ptr<String> ps(String::makeString("Future tense C++"));
...          // 将 ps 视为一个指针，指向一个 String 对象，
             // 但不必操心其删除事宜。
```

而不再是如此：

```
String s("Future tense C++");
```

或许，将“行为不适当之 derived classes”所造成的风险降低，此利益值得我们忍受上述语法的不方便（对 String 而言情况并非如此，不过对其他 classes 而言，这项交易还满划算的）。

“现在式思维”当然有其必要，毕竟你所开发的软件必须和目前的编译器合作；你无法苦苦等待最后一个语言特性被实现出来。你的软件必须在目前的硬件上执行，必须在客户的环境下执行；你不能够强迫你的客户升级他们的系统，或是修改他们的操作环境。你的软件现在就必须提供可接受的性能；承诺数年之后给一个更小、更快的版本，通常不会对潜在客户带来温暖。你手上开发的软件必须“很快”上市，那通常意味着在即将到来的某个时刻。这些都是重要的约束，你无法忽略它们。

未来式思维只不过是加上一些额外的考虑：

- 提供完整的 classes（见条款 E18）——即使某些部分目前用不到。当新的需求进来，你不太需要回头去修改那些 classes。

- 设计你的接口，使有利于共同的操作行为，阻止共同的错误（见条款 E46）。让这些 classes 轻易地被正确运用，难以被错误运用。例如，面对那些“copying 和 assignment 并不合理”的 classes，请禁止那些动作的发生（见条款 E27）。请防止部分赋值（partial assignments，见条款 33）的发生。
- 尽量使你的代码一般化（泛化），除非有不良的巨大后果。举个例子，如果你正在写一个算法，用于树状结构（tree）的来回遍历，请考虑将它一般化，以便能够处理任何种类的 directed acyclic（非环状的）graph。

“未来式思维”可增加你的代码重用性、加强其可维护性、使它更健壮，并促使在一个“改变实乃必然”的环境中有着优雅的改变。它必须和“目前的规范”取得平衡。太多程序员专注于目前的需要，其他什么都不管，因而牺牲了他们所设计并实现的软件长期生存与发育的能力。做个不一样的人，做个离经叛道者吧。请在未来时态下开发程序。

条款 33：将非尾端类（non-leaf classes）设计为抽象类（abstract classes）

假设你正在进行一项项目，以软件来处理动物。此软件将大部分动物视为十分类似，只有两种动物需要特殊对待：蜥蜴和鸡。在此情况下，很明显我们可以将动物、蜥蜴、鸡这 3 个 classes 组织如下：

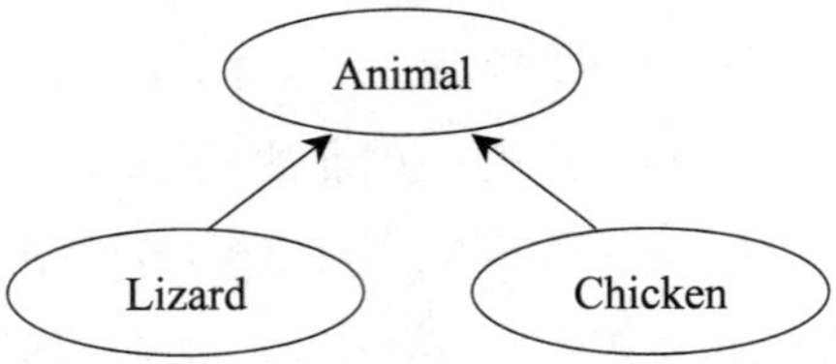

`Animal` class 负责将你所处理的所有动物的共同特征具体化，`Lizard` 和 `Chicken` classes 则分别将 `Animal` 特殊化为蜥蜴和鸡。

下面是这些 classes 定义式的一个梗概：

```
class Animal {
public:
  Animal& operator=(const Animal& rhs);
  ...
};
```

```
class Lizard: public Animal {
public:
  Lizard& operator=(const Lizard& rhs);
  ...
};

class Chicken: public Animal {
public:
  Chicken& operator=(const Chicken& rhs);
  ...
};
```

这里只显示出 assignment 操作符，不过那就够我们忙上一阵子了。考虑这段代码：

```
Lizard liz1;
Lizard liz2;

Animal *pAnimal1 = &liz1;
Animal *pAnimal2 = &liz2;
...
*pAnimal1 = *pAnimal2;
```

其中有两个问题。第一，最后一行调用 `Animal` class 的 assignment 操作符——即使涉及的对象类型为 `Lizard`。于是，只有“`liz1` 的 `Animal` 成分”会被修改。这便是所谓的部分赋值（partial assignments）。在此动作之后，`liz1` 的 `Animal` members 内容与 `liz2` 相同，但是 `Lizard` members 则保持不变。

第二个问题是，很多人真的这样写程序。是的，通过指针，对对象进行赋值动作，并不罕见，特别是有丰富 C 经验而改用 C++的程序员。我们希望赋值（assignment）动作的行为更合理些。一如条款 32 指出的那样，我们的 classes 应该轻松地被正确运用，难以被错误运用，而上述继承体系内的 classes 却很容易被错用。

一个解决办法就是让 assignment 操作符成为虚函数。如果 `Animal::operator=` 是虚函数，先前的赋值行为就会调用 `Lizard` 的 assignment 操作符，那便是正确的调用。然而，如果我们真的将 assignment 操作符声明为 virtual，看看会发生什么事：

```
class Animal {
public:
  virtual Animal& operator=(const Animal& rhs);
  ...
};
```

```
class Lizard: public Animal {
public:
  virtual Lizard& operator=(const Animal& rhs);
  ...
};

class Chicken: public Animal {
public:
  virtual Chicken& operator=(const Animal& rhs);
  ...
};
```

由于 C++ 语言后期的一个特性变化，我们得以定制 assignment 操作符的返回类型，使它们各返回一个 reference，代表正确的 class。但是这一规则强迫我们在每一个 class 中为此虚函数声明完全相同的参数类型。那就意味 Lizard 和 Chicken classes 的 assignment 操作符必须接受“任何种类的 Animal 对象出现在赋值动作的右边”。也就是说，我们必须面对一个事实——以下是合法代码：

```
Lizard liz;
Chicken chick;

Animal *pAnimal1 = &liz;
Animal *pAnimal2 = &chick;
...
*pAnimal1 = *pAnimal2;                  // 将一只鸡赋值给一只蜥蜴。
```

这是一种异型赋值：Lizard 在左边而 Chicken 在右边。异型赋值在 C++ 中向来不会造成问题，因为这个语言的强烈类型检验（strong typing）通常会将它们视为不合法。然而如果让 Animal 的 assignment 操作符成为虚函数，我们便打开了“异型赋值”的一扇门。

这使我们顿感为难。我们希望允许“通过指针进行”的同型赋值，但又希望禁止“通过同样那些指针”而进行的异型赋值。换言之，我们希望允许这么做：

```
Animal *pAnimal1 = &liz1;
Animal *pAnimal2 = &liz2;
...
*pAnimal1 = *pAnimal2;              // 将一只蜥蜴赋值给另一只蜥蜴。
```

但禁止这么做：

```
Animal *pAnimal1 = &liz;
Animal *pAnimal2 = &chick;
...
*pAnimal1 = *pAnimal2;              // 将一只鸡赋值给一只蜥蜴。
```

要区分这些情况，恐怕得在运行时期才有办法，因为将 *pAnimal2 赋值给 *pAnimal1，有时候有效，有时候无效。我们因而进入了“因类型而造成的运行时期错误”的黑暗世界里。明确地说，如果我们面对的是个异型赋值，就应该在 operator= 内发出一个错误消息。如果面对的是同型赋值，我们就希望以正常方式执行赋值动作。

dynamic_cast（见条款 2）可以协助我们实现上述愿望。下面是 Lizard assignment 操作符的做法：

```
Lizard& Lizard::operator=(const Animal& rhs)
{
  // 确定 rhs 真的是一只蜥蜴。
  const Lizard& rhs_liz = dynamic_cast<const Lizard&>(rhs);

  proceed with a normal assignment of rhs_liz to *this;
}
```

这个函数只有在 rhs 真的是一只蜥蜴时，才将 rhs 赋值给 *this。如果它不是，函数便向外传播“因 dynamic_cast 转型失败而发出”的 bad_cast exception（事实上该 exception 的类型是 std::bad_cast，因为标准程序库的各个组件以及被标准组件抛出的各种 exceptions 都位于 namespace std 内。关于标准程序库，请见条款 E49 和条款 35）。

即使不担心 exceptions，这个函数在平常情况下（将一个 Lizard 对象赋值给另一个 Lizard 对象）似乎也没有必要如此复杂和昂贵，因为如果动用到 dynamic_cast，那就需要咨询一个 type_info 结构（见条款 24）：

```
Lizard liz1, liz2;
...
liz1 = liz2;          // 不需执行 dynamic_cast，因为这个赋值动作一定有效。
```

不需劳驾 dynamic_cast 的复杂度和成本，我们依然可以处理这种情况，做法是为 Lizard 加上传统的 assignment 操作符（译注：形成两个重载函数）：

```
class Lizard: public Animal {
public:
  virtual Lizard& operator=(const Animal& rhs);

  Lizard& operator=(const Lizard& rhs);          // 加上这行。
  ...
};

Lizard liz1, liz2;
...
liz1=liz2;              //调用“接受一个 const Lizard&”的 operator=。

Animal *pAnimal1 = &liz1;
Animal *pAnimal2 = &liz2;
...
*pAnimal1=*pAnimal2;    //调用“接受一个 const Animal&”的 operator=。
```

事实上，有了第二个 operator= 之后，第一个 operator= 的实现亦得简化为：

```
Lizard& Lizard::operator=(const Animal& rhs)
{
  return operator=(dynamic_cast<const Lizard&>(rhs));
}
```

这一次我们企图将 rhs 转型为一个 Lizard。如果转型成功，就调用正常的 assignment 操作符。否则就会抛出一个 bad_cast exception。

坦白地说，运行时期的所有类型检验动作，以及对 dynamic_casts 的各种运用，都让我感到焦虑。就拿一件事来说，某些编译器仍未支持 dynamic_cast，所以凡是用了它的代码，虽然理论上具有移植性，实际上却并非如此。更重要的是，它竟然要求 Lizard 和 Chicken 的用户每次执行一个赋值动作时都待命捕捉 bad_cast exceptions，并做某些合理应对。在我的经验中，许多程序员不喜欢把程序写成这个样子。然而如果他们不这么写，就无法获得当初试图防堵“部分赋值（partial assignments）”而发展下来的这种种利益。

既然 virtual assignment operators 有着十分难以满足的情况，重新出发似乎是合理的。让我们尝试找出一个办法，阻止 clients 一开始就做出有问题的赋值动作。如果这样的动作在编译期就被拒绝，我们就不必担心它们会做出什么蠢事儿了。

阻止这种赋值动作的最简单办法就是，让 `operator=` 成为 `Animal` 的 private 函数。如果这样，蜥蜴就可以被赋值给蜥蜴，而小鸡可以被赋值给小鸡，部分赋值和异型赋值也得以禁止：

```
class Animal {
private:
  Animal& operator=(const Animal& rhs);    // 此函数如今成为 private。
  ...
};

class Lizard: public Animal {
public:
  Lizard& operator=(const Lizard& rhs);
  ...
};

class Chicken: public Animal {
public:
  Chicken& operator=(const Chicken& rhs);
  ...
};

Lizard liz1, liz2;
...
liz1 = liz2;                             // 很好。

Chicken chick1, chick2;
...
chick1 = chick2;                         // 也很好。

Animal *pAnimal1 = &liz1;
Animal *pAnimal2 = &chick1;
...
*pAnimal1 = *pAnimal2;                   // 错误！企图调用
                                         // private Animal::operator=
```

不幸的是，`Animal` 是一个具体类（concrete class），而上述方法却使得 `Animal` 对象彼此间的赋值动作也不合法：

```
Animal animal1, animal2;
...
animal1 = animal2;                  // 错误！企图调用
                                    //   private Animal::operator=
```

此外，它也造成我们无法正确实现出 `Lizard` 和 `Chicken` 的 assignment 操作符，因为 derived classes 的 assignment 操作符有义务调用 base classes 的 assignment 操作符（见条款 E16）：

```
Lizard& Lizard::operator=(const Lizard& rhs)
{
  if (this == &rhs) return *this;

  Animal::operator=(rhs);  // 错误！企图调用 private 函数。但
                           // Lizard::operator= 确实必须调用该函数，
                           // 才能将“Animal 成分”赋值给 *this。
  ...
}
```

将 Animal::operator= 声明为 protected，可以解决后一个问题，但是前一个难题仍然存在：阻止 Lizard 和 Chicken 对象之部分赋值（通过 Animal 指针）的同时，我们必须允许 Animal 对象相互赋值。可怜的程序员怎么做才好？

最简单的办法就是消除“允许 Animal 对象相互赋值”的需要，而完成此事的最简单做法就是让 Animal 成为一个抽象类。身为抽象类，Animal 就无法被实例化，也就没有必要“允许 Animal 对象彼此赋值”了。当然啦，这会导致新的问题，因为这个系统最初设计时曾假设 Animal 对象是必要的。一个很简单的方法可以解决这个难点。不要让 Animal 成为抽象，改以一个新的 class——比方说 AbstractAnimal（由 Animal，Lizard 和 Chicken 对象的共同特征组成）——成为抽象类。然后再令原先的每个具体类继承自 AbstractAnimal。修改后的继承体系如下：

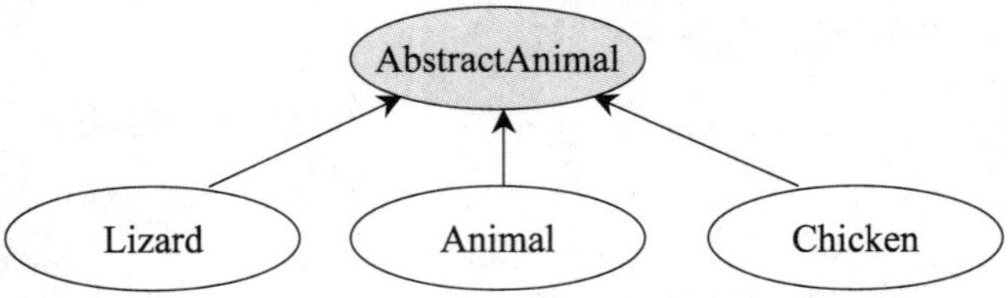

于是各个 classes 定义如下：

```
class AbstractAnimal {
protected:
  AbstractAnimal& operator=(const AbstractAnimal& rhs);
public:
  virtual ~AbstractAnimal() = 0;                          // 稍后说明。
  ...
};
```

```
class Animal: public AbstractAnimal {
public:
  Animal& operator=(const Animal& rhs);
  ...
};

class Lizard: public AbstractAnimal {
public:
  Lizard& operator=(const Lizard& rhs);
  ...
};

class Chicken: public AbstractAnimal {
public:
  Chicken& operator=(const Chicken& rhs);
  ...
};
```

这个设计提供你所需要的每一样东西。蜥蜴、鸡、动物之间允许同型赋值；部分赋值和异型赋值都在禁止之列；derived class 的 assignment 操作符可以调用 base class 的 assignment 操作符。此外，没有任何一行“涉及 `Animal`, `Lizard` 或 `Chicken` classes”的代码需要修改，因为这些 classes 都依然存在而且行为依旧（如同 `AbstractAnimal` 尚未加入之前）。当然啦，代码必须重新编译，但那只是小小的代价。

为了让一切都能有效运作，`AbstractAnimal` 必须是抽象类——它必须内含至少一个纯虚函数。大部分时候，选出一个这样的函数不成问题，但是偶尔你可能会发现你必须产生一个像 `AbstractAnimal` 这样的 class，其中没有任何 member functions 可以很自然地被你声明为纯虚函数。在这种情况下，传统做法是让 destructor 成为纯虚函数；如同以上所示。为了正确支持通过指针而形成的多态（polymorphism）特性，base classes 无论如何需要一个 virtual destructors（见条款 E14），所以让如此的 destructor 成为纯虚函数，唯一的成本就是必须在 class 定义式之外实现其内容，这有时候不太方便（想看个例子吗？p195 有）。

如果“纯虚函数竟然需要实现码”的观念令你震惊，镇定些！将函数声明为纯虚函数，并非暗示它没有实现码，而是意味着：

- 目前这个 class 是抽象的。
- 任何继承此 class 的具体类，都必须将该纯虚函数重新声明为一个正常的虚函数（也就是说，不可以再令它“`=0`”）。

的确，大部分纯虚函数并没有实现码，但是 pure virtual destructors 是个例外。它们必须被实现出来，因为只要有一个 derived class destructor 被调用，它们便会被调用。此外，它们通常执行一些有用的工作，如释放资源（见条款 9）或记录运转消息等等。纯虚函数的实现或许并不常见，但对 pure virtual destructors 而言，实现不仅是平常的事，甚至是必要的事。

你可能已经注意到了，上述对于“通过基类的指针，进行赋值动作”的讨论，是以“具体基类（如 Animal）含有 data members”的假设作为基础。如果具体基类之中没有任何 data members，你可能会说，那就没问题了，令一个具体类继承另一个不含数据的具体类，是安全的。

有两种情况可能发生在你那“不含数据”的具体基类身上：未来它可能拥有 data members，或者它可能一直都没有 data member。如果是前者，你所做的一切便都只是逃避问题，直到 data members 加入才面对。你只不过是以短暂的方便暂替长期的苦恼（见条款 32）而已。至于第二种情况，如果你的基类真的不该拥有任何 data members，那它岂不一开始就应该是个抽象类吗？一个具体基类却没有数据，用途在哪里呢？

将一个具体基类如 Animal 者，以一个抽象基类如 AbstractAnimal 者取代，好处不只在于让 operator= 的行为更容易被了解，也降低了“企图以多态方式对待数组”的机会——后者带来的不愉快后果条款 3 曾有说明。这个技术最具意义的利益乃在于设计层面，因为将具体基类以抽象基类取而代之，可强迫你明白认知有用之抽象性质的存在。也就是说，它让你针对有用的观念产生新的抽象类，即使你并不知道存在着那些有用的观念。

如果你有两个具体类 C1 和 C2，而你希望 C2 以 public 方式继承 C1。你应该将原本的双类继承体系改为三类继承体系：产生一个新的抽象类 A，并令 C1 和 C2 都以 public 方式继承 A：

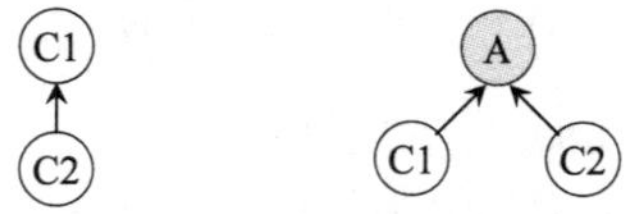

你最初的想法　　改变后的继承体系

这种转变的主要价值在于，它强迫你验明抽象类 A。很显然，C1 和 C2 有某些共同的东西；这正是为什么它们要以 public inheritance（见条款 E35）形成彼此关系的缘故。如果采用上述转变，你就必须鉴定出所谓“某些共同的东西”是什么。此外，你必须将那些共同的东西形式化为一个 C++ class，使它比一个模糊的概念更具体化些，进而成为一个正式而条理分明的抽象性质，有着定义完好的 member functions，和定义完好的语义。

这些说法导致某种令人忧虑的思想。毕竟，每一个 class 都是用来表现某种抽象性的，是否我们应该在继承体系中为每一个概念产生两个 classes，一个是抽象的（用以具体化抽象性中的抽象成分），另一个是具体的（用以具体化抽象性中的对象生成部分）？不。如果你这么做，你的继承体系会有太多 classes。这样的继承体系难以了解，难以维护，编译起来也费时。那不是面向对象设计的目标。

面向对象设计的目标是辨识出一些有用的抽象性，并强迫它们——也只有它们——成为抽象类。但如何辨识出有用的抽象性呢？谁知道什么样的抽象性可能在未来被证明是有用的？谁能够预言将来谁会继承什么东西呢？

哦，我不知道如何预言一个继承体系的未来用途或用法，但是我确知一件事情：某个环境下如果需要某种抽象性质，可能只是一种巧合，但如果多个环境下都需要某种抽象性质，那便通常饶富意义。因此，所谓“有用的抽象性”，就是在众多环境下都被需要的那种。也就是说它们与以下性质的 classes 相符：其本身有用（亦即，为该类型产生一些对象是有用的），对一个或多个 derived classes 也有用。

所以，为什么要将“具体基类”转变为“抽象基类”，原因很明白了：只有在原有的具体类被当做基类使用[亦即当该类被复用（reused）时]，才强迫导入一个新的抽象类。这样的抽象性是有用的，因为通过先前的阐述，它们证明了自己当之无愧。

当某个概念初次灵光乍现的时候，我们无法判断是否应该为它同时产生一个“针对概念而做”的抽象类，和一个针对“该概念之相应对象”而做的具体类。但是当第二次需要这个概念的时候，我们就可以认为，为它同时产生抽象类和具体类是正当的。先前我所描述的继承体系的转变只是将这样的过程机械化，因而强迫设计者和实现者明白表现出有用的抽象性——即使他们并不清楚什么是有用的概念。这也碰巧使我们得以轻松完成 assignment 操作符的稳健行为。

简单考虑一个例子。假设你正在开发一个应用软件，该软件处理网络上计算机之间的信息搬移，做法是将信息打破成为一个个封包（packets），并以某种通信协议来传输它们。这里我们只考虑用来表现封包的所有 classes。我们假设这样的 classes 对此应用软件而言是有意义的。

假设你只处理单一种类的传输协议，以及单一种类的封包。或许你听过其他通信协议以及封包形式，但你不想支持它们，也没有计划在将来支持它们。你应该为“封包”设计一个抽象类（用以表现“封包”所呈现的概念），并再为你真正使用的那种封包设计一个具体类吗？如果这么做，你一定是希望将来增加新的封包形式时，不需改变封包的基类。这可以使你在增加新的封包形式后，不必将封包的各个应用程序重新编译一遍。但是此种设计需要两个 classes，而你此刻真正只需要一个 class（用于你所使用的封包形式）。将设计搞得更复杂，为的是允许未来说不定不会发生的扩充性，是否值得 ？

这里无法明白告诉你正确的选择是什么，但是经验显示，我们不太可能为自己并不十分了解的概念设计出好的 classes。如果你为“封包”产生一个抽象类，你要如何正确地设计它？尤其是当你的经验只局限于单一封包形式的时候？记住，只有当你有能力设计某种 class，使未来的 classes 可以继承自它而它不需要任何改变时，你才能够从一个“封包抽象类”中获得利益（如果它需要改变，你必须重新编译封包的所有应用程序，那么你就什么好处都没捞到）。

不太可能设计得出一个令人满意的“抽象”封包类，除非你对于多种不同的封包格式造诣深厚，并且知道在不同的环境下如何使用它们。面对你那有限而薄弱的经验，我的忠告是不需要为封包定义一个抽象类。日后当你发现有“从具体封包类继承下来”的需要时，才补上一个抽象类就好（译注：就像先前的 `Animal` 和 `AbstractAnimal` 那样）。

这里我所描述的类变换，是鉴定“抽象类是否必要”的一种方法，不是唯一方法。还有许多其他方法可以鉴定抽象类的适当候选人；面向对象分析的相关书籍对此谈了很多。我并没有说“当你发现自己需要让一个具体类继承自另一个具体类”时便是导入抽象类的唯一时机，然而一旦需要将两个具体类以 public inheritance 的方式产生关联，通常的确就表示你需要一个新的抽象类了。

不过，常常，不美好的现实会迫使平静的理论思考激起阵阵波涛。第三方厂商开发的各种 C++ 类库，数量持续激增，如果你发现自己需要产生一个具体类，继承自程序库中的一个具体类，而你只能使用该程序库，不能修改，怎么办？

你无法修改程序库以安插一个新的抽象类，所以你的选择不但有限，而且也不吸引人：

- 将你的具体类派生自既存的（程序库中的）具体类，但需注意本条款一开始所验证的 assignment 相关问题，并且小心条款 3 所描述的数组相关陷阱。
- 试着在程序库的继承体系中找一个更高层的抽象类，其中有你需要的大部分功能，然后继承它。当然，这可能不是一个合适的类，就算是，你也可能必须重复许多努力，这些努力其实已经存在于你希望为之扩张机能的那个具体类的实现代码身上。
- 以“你所希望继承的那个程序库类”来实现你自己的新类（见条款 E40 和 E42）。例如，你可以令隶属于程序库类的一个对象成为你的 data member，然后在你的新类中重新实现该程序库类的接口：

```
class Window {                          // 这一个是程序库内的类。
public:
  virtual void resize(int newWidth, int newHeight);
  virtual void repaint() const;

  int width() const;
  int height() const;
};

class SpecialWindow {                   // 这一个是你希望继承自
public:                                 // Window 的类。
  ...
  // 放过那些非虚函数。
  int width() const { return w.width(); }
  int height() const { return w.height(); }

  // 重新实现那些继承而来的虚函数。
  virtual void resize(int newWidth, int newHeight);
  virtual void repaint() const;

private:
  Window w;
};
```

如果采用这个策略，每当程序库厂商修改你所依赖的类时，你就必须也修改自己的类。此策略也要求你必须放弃重新定义“声明于程序库类中的虚函数”的权力，因为除非你继承它们，否则不能够重新定义虚函数。

- 做个乖宝宝，手上有什么就用什么。修改你的软件，使程序库中的那些具体类够用。写一些 non-member functions 以供应你希望（但是没办法）加入 class 内部去的机能。这样做出来的软件可能不够干净清爽，也不好维护，效率不够好，扩充性不佳，但至少你可以如期交货。

这些选择没有一项吸引人，所以你必须加上某些工程意见，并选择其中最适合你的做法。这并不有趣，但是生活有时候就是这样。为了让你自己（以及其他人）将来更轻松，不妨给程序库厂商一些建议（与抱怨）。如果够幸运（而且来自客户的相同意见足够多），那些设计便有可能在某个时刻有所改善。

老样子，一般性的法则是：继承体系中的 non-leaf（非尾端）类应该是抽象类。如果使用外界供应的程序库，你或许可以对此法则做点变通；但如果代码完全在你掌控之下，坚持这个法则，可以为你带来许多好处，并提升整个软件的可靠度、健壮度、精巧度、扩充度。

条款 34：如何在同一个程序中结合 C++和 C

以 C++ 组件搭配 C 组件一起发展程序，很类似以多个 C 编译器所产生的目标文件（object files）组合出整个 C 程序；在许多方面，忧虑的事情是一样的。其实没有什么办法可以组合这些文件，除非不同的编译器在那些“与编译器相依的特性”上（例如 `ints` 和 `doubles` 的大小、参数由调用端至被调用端的传递机制、谁（调用端或被调用端）负责传递动作等等）取得一致。“软件开发过程中混合运用不同的编译器”这个主题，在语言标准化过程中完全被忽略，所以唯一可知道“来自编译器 A 的目标文件”和“来自编译器 B 的目标文件”是否可以安全结合于同一个程序的办法，就是询问厂商 A 和厂商 B 关于其产出码的兼容性。C 和 C++ 混合使用，形式就像上述一样，所以在你尝试这么做之前，请确定你的 C++ 和 C 编译器产生兼容的目标文件。

确定这个大前题之后，另有 4 件事情你需要考虑：name mangling（名称重整）、

statics（静态对象）初始化、动态内存分配、数据结构的兼容性。

Name Mangling（名称重整）

Name mangling，一如你所可能知道的，是一种程序；通过它，你的 C++ 编译器为程序内的每一个函数编出独一无二的名称。在 C 语言中，此程序并无必要，因为你无法将函数名称重载（overload）；但是几乎所有的 C++ 程序都至少有一些函数拥有相同的名称。例如，考虑 iostream 程序库，其中声明有数个版本的 `operator<<` 和 `operator>>`。重载（overloading）并不兼容于大部分连接器，因为连接器往往将多个同名函数视为不正常。Name mangling 是对连接器的一个退让；更明确地说是对“连接器往往坚持所有函数名称必须独一无二”的一个让步。

只要你一直在 C++ 封闭环境中，name mangling 就不应该是你关心的焦点。如果你有一个函数名为 `drawLine`，被某个编译器重整为 `xyzzy`，你还是可以（并应该）使用 `drawLine` 这个名称的，没有理由在乎底层目标文件使用的名称是 `xyzzy`。

但如果 `drawLine` 处于 C 函数库中，情况就不同了。这种情况下你的 C++ 原始文件或许会含入一个头文件，内含声明如下：

```
void drawLine(int x1, int y1, int x2, int y2);
```

而你对 `drawLine` 的调用动作以一般形式出现，每一个如此的调用都被编译器翻译为一个重整后的函数名称。所以当你这么写：

```
drawLine(a, b, c, d);          // 调用未经重整的函数名称。
```

你的目标文件内含的是一个像这样的函数调用码：

```
xyzzy(a, b, c, d);             // 调用重整后的函数名称。
```

但如果 `drawLine` 是个 C 函数，那么“`drawLine` 编译代码”所在的那个目标文件（或动态链接库）内将会有一个名为 `drawLine` 的函数，其名称并未重整。当你企图将那个目标文件连接进来，你会获得一个错误消息，因为连接器企图寻找名为 `xyzzy` 的函数，而那并不存在。

为解决这个问题，你需要某种方法告诉你的 C++ 编译器，叫它不要重整某些函数名称。是的，绝对不要重整以其他语言撰写的函数的名称——不论是以 C，assembler，FORTRAN，Lisp，Forth，COBOL，还是以任何其他语言。毕竟，如果你调用一个名为 `drawLine` 的 C 函数，它的真正名称就是叫做 `drawLine`；你的目标代码（object code）应该内含一份 reference，指向那个名称，而非一个经过重整的名称。

要压抑 name mangling，必须使用 C++ 的 extern "C" 指令：

```
// 声明一个函数，名为 drawLine；不要重整其名称。
extern "C"
void drawLine(int x1, int y1, int x2, int y2);
```

不要掉进陷阱之中，以为既然有 extern "C"，必然也会有 extern "Pascal" 和 extern "FORTRAN"。不，那不是真的，至少在 C++ 标准规格中不是。对待 extern "C" 的最佳态度并非是将它视为一种主张，主张相关函数以 C 写成；而是视之为一个叙述，说那个函数应该以 C 语言的方式来调用。技术上来说，extern "C" 意味这个函数有 C linkage，但这又是什么意思呢？不过，至少它总是意味了一个意思，那就是 name mangling 会被压抑不发。

举个例子，如果你非常不幸地必须以 assembler 写一个函数，你也可以将它声明为 extern "C"：

```
// 此函数以 assembler 完成，所以不要重整其名称。
extern "C" void twiddleBits(unsigned char bits);
```

你甚至可以将 C++ 函数声明为 extern "C"。如果你正以 C++ 语言开发一个程序库，而你希望供应给其他语言的客户使用，那么这个技巧也许有用。只要压抑你的 C++ 函数名称的 name mangling 程序，你的客户就可以使用你所选择的那个自然而直观的名称，而非经过编译器重整后的名称：

```
// 以下 C++ 函数被设计用于 C++ 语言之外，所以其名称不应该被重整。
extern "C" void simulate(int iterations);
```

通常你会有一麻袋函数，其名称不需要重整，如果每个函数之前都得加上 extern "C"，颇令人痛苦。幸运的是不必如此。extern "C" 可以施行于一整组函数身上，只要以花括号封住头尾范围即可：

```
extern "C" {     // 解除以下所有函数的 name mangling。
  void drawLine(int x1, int y1, int x2, int y2);

  void twiddleBits(unsigned char bits);
  void simulate(int iterations);
  ...
}
```

extern "C" 的运用可以简化"必须同时被 C 和 C++ 使用"的头文件维护工作。当这个文件用于 C++ 时，你希望含有 extern "C"；用于 C 时，你不希望如此。由于预处理器（preprocessor）符号 __cplusplus 只针对 C++ 才有定义，所以这种"通用于数种语言"的头文件可以架构如下：

```
#ifdef __cplusplus
extern "C" {
#endif
  void drawLine(int x1, int y1, int x2, int y2);
  void twiddleBits(unsigned char bits);
  void simulate(int iterations);
  ...
#ifdef __cplusplus
}
#endif
```

顺带一提，没有所谓的"name mangling 标准算法"。不同的编译器可自由地以不同的方法来重整名称，而各家编译器也的确各行其道。这是一件好事情。如果所有编译器都以相同方法来重整名称，你可能会误以为它们统统产生兼容代码。目前的情况是，如果你尝试混用不兼容的 C++ 编译器所产生的目标代码（object code），连接时就有机会因"被重整的名称彼此不吻合"而获得错误消息。这暗示你或许还有其他的兼容性问题，早点找出这种不兼容问题，当然比晚找出的好。

Statics 的初始化

一旦掌握了 name mangling，接下来你需要面对一个事实：许多代码会在 main 之前和之后执行起来。更明确地说，static class 对象、全局对象、namespace 内的对象以及文件范围（file scope）内的对象，其 constructors 总是在 main 之前就获得执行。这个过程称为 static initialization（见条款 E47）。这对于我们一般以为的 C++ 程序或 C 程序，是一种直接的反抗，因为我们通常把 main 视为程序的进入点。同样道理，通过 static initialization 产生出来的对象，其 destructors 必须在所谓的 static destruction 过程中被调用。那个程序发生在 main 结束之后。

啊呀，main 被认为是程序的起点，但却有些对象必须构造于 main 之前，这真令人进退维谷。为了解决这个问题，许多编译器在 main 一开始处安插了一个函数调用，调用一个由编译器提供的特殊函数。正是这个特殊函数完成了 static initialization。同样道理，编译器往往在 main 的最尾端安插一个函数调用，调用另一个特殊函数，其中完成 static 对象的析构。经过编译的 main，看起来像这样：

```
int main(int argc, char *argv[])
{
  performStaticInitialization();   // 此行由编译器加入。

  the statements you put in main go here;

  performStaticDestruction();      // 此行由编译器加入。
}
```

不要太过严苛地看待它们。函数 performStaticInitialization 和 performStaticDestruction 通常有更隐秘的名称，它们甚至是 inline 函数，这么一来你就不会在你的目标文件（object files）中看到任何这类函数。重点是：如果一个 C++ 编译器采用这种方法来构造及析构 static 对象，那么除非程序中有 main，否则这种对象既不会被构造也不会被析构。由于此种 static initialization 和 static destruction 做法十分普遍，只要你负责撰写某个 C++ 软件的任何一部分，你都应该尝试写 main。

有时候，在 C 成分中撰写 main 似乎比较合理——如果程序主要以 C 完成而 C++ 只是个支持库的话。尽管如此，C++ 程序库中内含 static 对象仍是极有可能的（如果目前不是这样，未来也可能这样）——见条款 32），所以如果能够，还是尽量在 C++ 中撰写 main 的好。然而这并非意味你需要重写你的 C 代码。只要将你的 C main 重新命名为 realMain，然后让 C++ main 调用 realMain 即可：

```
extern "C"                              // 以 C 语言
int realMain(int argc, char *argv[]);   // 完成此函数。

int main(int argc, char *argv[])        // 以 C++ 语言完成此函数。
{
  return realMain(argc, argv);
}
```

如果你这么做，最好是在 main 的上方放一些注释，解释为什么要这么做。

如果你无法在项目中的 C++ 这一部分撰写 main，你会遭遇一个问题，因为没有其他具有移植性的办法可以确保 static 对象的 constructors 和 destructors 会被调用。这并非意味一切都输掉了，只是说你必须更辛苦些。编译器厂商都会被告知这个问题，所以几乎每一家厂商都会提供某种语言以外的机制，用来启动 static initialization 和 static destruction 程序。至于如何启动，细节请看你的编译器文档，或是与厂商接洽。

动态内存分配

动态内存分配的一般规则很简单：程序的 C++ 部分使用 new 和 delete（见条款 8），程序的 C 部分则使用 malloc（及其变种）和 free。只要内存是以 new 分配而得，就以 delete 删除之。只要内存是以 malloc 分配而得，就以 free 释放之。对着一个“new 返回的指针”调用 free，会导致未定义的行为，对着一个“malloc 返回的指针”调用 delete，情况也一样。所以，唯一需要记忆的事情就是，严密地将你的 news/deletes 与你的 mallocs/frees 分隔开来。

有时候说比做容易得多。考虑粗糙（但好用）的 strdup 函数，它虽然并非 C 或 C++ 标准的一分子，却被广泛使用：

```
char * strdup(const char *ps);        // 返回一个 ps 所指字符串的副本
```

如果要避免发生内存泄漏问题，strdup 分配的内存必须由 strdup 的调用者负责释放。但是这块内存如何释放呢？使用 delete？或是调用 free？如果你调用的 strdup 来自 C 函数库，那么应该是后者。如果它来自一个 C++ 程序库，那么应该是前者。因此，调用了 strdup 之后，你应该做的事情不只随系统的不同而不同，也随编译器的不同而不同。为了降低这种头痛的移植问题，请尽量避免调用标准程序库（见条款 E49 和条款 35）以外的函数或是大部分计算平台上尚未稳定的函数。

数据结构的兼容性

在 C++ 程序和 C 程序之间传递数据，可能吗？想要让 C 函数了解 C++ 的特性，是不可能的，所以两个语言之间的对话层次必须限制于 C 能够接受的范围。因此，没有任何具有移植性的做法，可以将对象或是“member functions 指针”传给 C 函数。然而由于 C 确实了解一般指针，所以如果你的 C++ 和 C 编译器有着兼容的输出，两个语言的函数便可以安全地交换对象指针、non-member 函数指针，或是 static 函数指针。很自然地，structs 以及内建类型的变量（例如 ints, chars）也可以安全跨越 C++/C 边界。

由于 C++“掌管 `struct` 内存布局”的规则，与 C 语言的相关规则一致，所以同一个 struct 定义式在两种语言编译器中被编译出来后，应该有相同的布局。如此的 structs 可安全地在 C++ 和 C 之间往返。如果你为 C++ 版的 struct 加上一些非虚函数，其内存布局应该不会改变。所以 struct（或 class）之中如果只含非虚函数，其对象应兼容于 C structs（译注：因为 C++ member functions 并不在对象布局中留下任何蛛丝马迹）。如果加上虚函数，这场游戏就玩不下去了，因为在class内加入虚函数，会造成其对象采用不同的内存布局（见条款 24）。令一个 struct 继承另一个 struct（或 class）通常也会改变其布局，所以一个 struct 如果带有 base structs（或 classes），无法和 C 函数交换。

从数据结构的观点来看，我们可以说：在 C 和 C++ 之间对数据结构做双向交流，应该是安全的——前提是那些结构的定义式在 C 和 C++ 中都可编译。为 C++ struct 加上非虚函数，虽然不兼容于 C，但可能不影响其兼容性；其他任何改变则几乎都会影响。

摘要

如果你打算在同一个程序中混用 C++ 和 C，请记住以下几个简单守则：

- 确定你的 C++ 和 C 编译器产出兼容的目标文件（object files）。
- 将双方都使用的函数声明为 `extern "C"`。
- 如果可能，尽量在 C++ 中撰写 `main`。
- 总是以 `delete` 删除 `new` 返回的内存；总是以 `free` 释放 `malloc` 返回的内存。
- 将两个语言间的“数据结构传递”限制于 C 所能了解的形式；C++ structs 如果内含非虚函数，倒是不受此限。

条款 35：让自己习惯于标准 C++ 语言

自从 1990 发行之后，*The Annotated C++ Reference Manual*（昵称 *ARM*；见 p285）就成为那些有必要知道“C++ 里头有什么、没有什么”的实战级程序员最后也最可靠的参考凭借。然而在 *ARM* 出版后的这些年，ISO/ANSI 委员会对这个语言的标准化工作，在宏观和微观上都改变（主要是扩充）了这个语言。以“最后参考凭借”的标准而言，*ARM* 不再适合。

后 *ARM* 时代对 C++ 的改变，深刻影响了 C++ 优良程序的写法。所以，对 C++ 程序员而言一件很重要的事情便是，赶快熟悉 C++ 标准规格与 *ARM* 之间的主要差异。

C++ ISO/ANSI 标准规格，是编译器厂商的咨询对象，也是 C++ 书籍作者写作时的手边依据，同时也是 C++ 程序员遇到争议问题时的最后仲裁。在 *ARM* 出版后的这些年，C++ 最重要的几项改变如下所示。

- **增加了一些新的语言特性**：RTTI、namespaces、`bool`、关键词 `mutable` 和 `explicit`、enums 作为重载函数之自变量所引发的类型晋升转换，以及“在 class 定义区内直接为整数型（integral）`const` static class members 设定初值”的能力。
- **扩充了 Templates 的弹性**：允许 member templates 存在、接纳“明白指示 template 当场实例化”的标准语法、允许 function templates 接受“非类型自变量（non-type arguments）”、可用 class templates 作为其他 template 的自变量。
- **强化了异常处理机制（Exception handling）**：编译期间更严密地检验 exception specifications（译注：见条款 14）、允许 `unexpected` 函数抛出 `bad_exception` 对象（译注：见 p76）。
- **修改了内存分配例程**：加入 `operator new[]` 和 `operator delete[]`，内存未能分配成功时由 `operators new/new[]` 抛出一个 exception，提供一个 `operators new/new[]` 新版本，在内存分配失败时返回 0（见条款 E7）。

- **增加了新的转型形式**：`static_cast`，`dynamic_cast`，`const_cast` 和 `reinterpret_cast`。
- **语言规则更为优雅精练**：重新定义虚函数时，其返回类型不再一定得与原定义完全吻合。此外临时对象的寿命也有了明白的规范。

几乎所有这些改变都描述于 *The Design and Evolution of C++*（见 p285）。目前各 C++ 教科书（写于 1994 之后）应该也都涵盖了它们（如果你发现哪本书没这么做，丢了它）。此外，*More Effective C++*（本书）有一些例子，示范如何使用这些新特性中的大部分。如果你对其中某个特性感到好奇，试着从书后索引去寻找它们。

然而，C++ 语言结构的改变，与标准程序库所经历的天翻地覆相比，可说是小巫见大巫。标准程序库的演化过程不像语言那样有良好的公开，例如 *The Design and Evolution of C++* 就几乎没有提到标准程序库。市场上讨论标准程序库的书籍，有些恐怕亦已过气，因为标准程序库在 1994 年有相当大的变化。

标准程序库的能力可区分为以下几个大项（亦见条款 E49）：

- **支持 C 标准函数库**。别担心，C++还记得它的根源。某些微小的变化，使“C++版本的 C 函数库”与“C++的强烈类型检验性质”得以一致。但是，你对 C 函数库所知道的一切，以及对它的爱恨情仇，在 C++ 中都依然存在。
- **支持 `string`s**。就像 C++ 标准程序库小组主席 Mike Vilot 所说：“如果没有提供一个标准的 `string` 类型，恐怕会出现街头流血事件！”（有些人就是这么感情用事。）冷静点，放下那些砖头棍棒——C++ 标准程序库提供了 `string`。
- **支持国别（地域别、本土化，localization）**。不同的文化使用不同的字符集，并在显示日期、时间、排序事物、货币值的时候有着不同的习俗。标准程序库对于国别的支持，使程序开发得以轻松容纳多种文化差异。
- **支持 I/O**。iostream 程序库仍旧是标准 C++ 的一部分，但是委员会对它做了一些修补。虽然某些 classes 被剔除了（特别值得注意的是 `iostream` 和 `fstream`），某些 classes 被取代了（例如 `string`-based `stringstreams` 取代了 `char*`-based `strstreams`，后者不再被标准委员会认可），不过 iostream 内的各个标准 classes 仍可忠实反映那些早已存在多年的基本功能。

- **支持数值应用**。复数（complex numbers）长久以来是许多 C++ 教科书的示范对象，如今终于被奉祀于标准程序库的殿堂上。此外，标准程序库还包含特殊的数组类（valarrays），可以制止别名（aliasing）的发生。这些数组比传统的内建数组有更进取的优化倾向，特别是在多进程结构体系（multiprocessing architectures）下。标准程序库也提供一些常用的数值函数，包括“部分和（partial sum）”以及“相邻差值（adjacent difference）”。
- **支持广泛用途的 containers（容器）和 algorithms（算法）**。C++ 标准程序库内含一组 class templates 和 function templates，统称为 Standard Template Library（STL）。STL 是 C++ 标准程序库中最具革命性的部分。稍后我会摘要说明其特征。

描述 STL 之前，我必须先介绍两个你有必要知道的 C++ 标准程序库特质。

第一，标准程序库中的每一样东西几乎都是 template。本书之中我或许说过“标准的 string class”这样的话，但事实上并没有这样的 class。实际上是一个名为 basic_string 的 class template，用来表现字符序列，此 template 接受一个参数，正是架构出该序列的字符类型。这使得 strings 可由 chars 构成，也可由 wide chars、Unicode chars 或其他什么东西构成。

我们一般所想的 string class，其实是 basic_string<char>。由于其使用极为频繁，标准程序库特别提供了一个 typedef：

```
typedef basic_string<char> string;
```

即使如此，还是虚饰了许多细节，因为 basic_string template 接受 3 个自变量；除了第一个之外都有默认值。为了真正了解 string 类型，你必须面对完整的、清晰的 basic_string 声明：

```
template<class charT,
         class traits = string_char_traits<charT>,
         class Allocator = allocator>
  class basic_string;
```

不需要了解这等官样文章才能使用 string 类型，因为虽然 string 是上述那个“简直来自地狱”的 template 的实例的一个 typedef，其行为却像是个 non-template class。只要在心里埋藏一颗种子：如果需要自行指定字符串所容纳的字符类型，或是想要微调那些字符的行为，或是想要篡夺字符串的内存分配控制权，

basic_string template 允许你这么做。

string 类型的设计方法——泛化为 template——在标准程序库中一再出现。IOstreams 吗？哦，它们是 templates，它们有个类型参数（type parameter）用来定义 streams（数据流）的字符类型。complex 吗？哦，也是 templates，它有一个类型参数用来定义复数的实部和虚部的数值形态。valarrays？也是 templates，它有一个类型参数用来定义每一个数组中的内容是什么形态。至于 STL 的所有组成当然完全都是 templates。如果你不熟悉 templates，现在是开始学习的绝佳时机。

关于标准程序库，其他需要知道的就是，它的所有成分都位于 namespace std 内。为了在不需写出显式完全限定名（那可能会很长）的情况下使用标准程序库的组件，你可以利用一个 using directive 或（最好）使用多个 using declarations（见条款 E28）。幸运的是，当你 #include 某些头文件时，编译器会自动注意到“限定修饰词”的相关语法。

Standard Template Library（STL）

C++ 标准程序库中最大的组成分子就是 STL：Standard Template Library。由于 C++ 程序库的几乎每一样东西都是 template，STL 这个名称似乎不再那么恰当。不过这毕竟是标准程序库中容器（containers）和算法（algorithms）这一部分的名称，所以不论如何，我们还是这么用吧。

STL 影响了 C++ 标准程序库的许多（甚至可以说是大部分）结构，所以熟悉其一般原则，对你而言非常重要。STL 并不难理解，它以 3 个基本概念为基础：containers，iterators 和 algorithms。**Containers** 持有一系列对象。**Iterators** 是一种类似指针的对象，让你可以遍历 STL containers，就像以指针来遍历内建数组一样。**Algorithms** 是可作用于 STL containers 身上的函数，以 iterators 来协助工作。

了解 STL 的最简单方法就是，时时拿 C++（和 C）在数组上的运作法则做例子。其实只有一个规则是我们需要知道的：一个指向某数组的指针，可以合法地指向数组中的任何元素，抑或超越数组尾端的任何位置。如果指针指向数组尾端以外的位置，那么它就只能用来和其他指向数组的指针相比较；对它取值（dereferencing）是没有意义的。

我们可以利用这个规则来写个函数，在数组中寻找某特定值。面对整数数组，我们的函数如下：

```
int * find(int *begin, int *end, int value)
{
  while (begin != end && *begin != value) ++begin;
  return begin;
}
```

这个函数在 begin 和 end 范围（不含 end——end 指向数组最后一个元素的下一个位置）之间查找 value，并返回一个指针，指向它所找到的第一个目标；如果没有找到，就返回 end。

“返回 end”似乎是“查找无结果”的一个可笑表示法。返回 0（null 指针）难道不更好吗？当然 null 似乎更自然，但不见得更好。find 函数必须返回某个特殊指针，用以表示查找失败；就此目的而言，end 指针和 null 指针一样好。此外，一如我们即将见到的，end 指针可以对其他类型的 containers 带来泛型效果，这是 null 指针做不到的。

坦白地说，你或许根本不是以这样的写法完成你的 find 函数，但这么写不是没有道理的，而且其泛型程度出人意料地好。如果你能遵循这个简单的例子，你便能够精通 STL 的大部分观念。

你可以这样使用 find 函数：

```
int values[50];
...
int *firstFive = find(values,         // 查找范围是:
                      values+50,      // values[0] ~ values[49]
                      5);             // 查找目标是 5

if (firstFive != values+50) {         // 查找成功了吗?
  ...                                 // 是的。
}
else {
  ...                                 // 不，查找失败。
}
```

也可以使用 find 来查找数组的子范围：

```
int *firstFive = find(values,          // 查找范围是:
                      values+10,       // values[0] ~ values[9]
                      5);              // 查找目标是 5
int age = 36;
...
int *firstValue = find(values+10,      // 查找范围是:
                       values+20,      // values[10] ~ values[19]
                       age);           // 查找目标摆在 age 内。
```

find 函数中并没有什么动作只限对整数数组运作，所以可将它改成一个 template：

```
template<class T>
T * find(T *begin, T *end, const T& value)
{
  while (begin != end && *begin != value) ++begin;
  return begin;
}
```

在转换为 template 的过程中，请注意我们将数值的传递由 pass-by-value 转换为 pass-by-reference-to-const。那是因为现在我们传递的是任意类型，所以必须关心 pass-by-value 的成本。“by-value 参数”的成本包括：每次函数被调用时，会连带调用该参数的 constructor 和 destructor。使用 pass-by-reference 可避免这些成本，因为它不需要调用对象的 constructor 和 destructor（见条款 E22）。

上述的 template 很好，但还可以进一步泛型化。请看施加于 begin 和 end 身上的动作，用到的不外乎是“不等于”（inequality）判断式、取值（dereferencing）、前置递增（prefix increment，见条款 6）、复制（以便产生函数返回值——见条款 19）。这些都可以重载，那么何必将 find 限制为只能使用指针呢？为什么不让凡是支持了这些操作行为的对象都可以被使用呢？这么做的话，便可使 find 函数从内建指针的意义中跳脱出来。举个例子，我们可以为链表（linked list）数据结构定义一个类似指针的对象，其前置递增操作符（prefix increment operator）可将该“泛型指针”移到链表的下一元素。

这便是隐藏于 STL 背后的 iterators 观念。Iterators 是一种行为类似指针的对象，针对 STL containers 而定义。它们是条款 28 所说的 smart pointers 的表兄妹，只不过 smart pointers 的规模宏大得多。从技术的眼光来看，它们是以相同的技术实现出来的。

Iterators 是“行为类似指针”的一种对象。是的，拥抱了观念之后，我们便可以将 find 函数内的指针以 iterators 取代，于是 find 重新写为：

```
template<class Iterator, class T>
Iterator find(Iterator begin, Iterator end, const T& value)
{
  while (begin != end && *begin != value) ++begin;
  return begin;
}
```

恭喜！你完成了 Standard Template Library 的一小部分。STL 内含几十个 algorithms，可与 containers 和 iterators 搭配使用，find 便是其中之一。

STL containers 包括 bitset，vector，list，deque，queue，priority_queue，stack，set 和 map，你可以将 find 应用于任何一种 container 身上：

```
list<char> charList;      // 产生 STL list 对象，用来存放 chars
...
// 查找 charList 中的第一个 'x'
list<char>::iterator it = find(charList.begin(),
                               charList.end(),
                               'x');
```

“哇喔！”，我听到你大叫，“这看起来完全不像先前那个数组例子！”它其实是；只不过你得先知道关键。

为了将 find 应用于一个 list 对象身上，你需要一对 iterators，分别指向 list 的第一个元素和“最后一个元素的下一位置”。如果没有 list class 的帮助，这是件困难的工作，因为你完全不知道 list 是怎么实现出来的。幸运的是 list 及其他所有 STL containers 都提供了一对 member functions begin 和 end。这些 member functions 返回你需要的 iterators，于是你将它们当做 find 的前两个参数，像上面那样。

find 返回一个 iterator 对象，指向被找到的元素（如果有的话），或是返回 charList.end()（如果没找到任何元素的话）。由于你对 list 如何实现一无所知，所以你对 iterators 如何指入 lists 之内也一无所知。那么，你如何知道 find 返回什么样的东西呢？再一次，list class（及所有其他 STL containers）有强制解法：它提供一个 typedef iterator，这便是“指向 list”的 iterators 类型。由于 charList 是一个由 chars 组成的 list，所以一个“指向此等 list”的 iterator，其类型便是 list<char>::iterator，这正是上述例子所用的东西（每个 STL container class 实际上定义有两个 iterator 类型：iterator 和 const_iterator。前者的行为像一般指针，后者的行为像个 pointer-to-const）。

相同的做法亦可施行于其他 STL containers 身上。此外，C++ 指针也是一种 STL iterators，所以先前的数组也可以用于 STL 的 find 函数：

```
int values[50];
...
int *firstFive = find(values, values+50, 5);  //没问题，调用 STL find。
```

STL 的核心十分单纯。它只是一堆“固守着一组惯例”的 class templates 和 function templates。STL container classes 提供了 begin 和 end 函数，返回“该 class 所定义之 iterator 类型”的对象。STL algorithm 利用 STL containers 的 iterator 对象，在 containes 内部元素之间移动，以利元素的处理。STL iterators 则是行为类似指针的一种 class templates。整个故事就是这样，没有巨大的继承体系，也没有虚函数，只有一些 class templates 和 function templates，以及一组由它们共同承诺的惯例。

这导出另一个发展：STL 是可扩充的。你可以将自己的 containers, algorithms 和 iterators 加入 STL 家族内。只要你遵循 STL 的规矩，标准的 STL containers 便能够和你的 algorithms 合作，而你的 containers 也将能够与标准的 STL algorithms 合作。当然，你的这些 templates 不可能成为 C++ 标准程序库的一员，但它们都建立在相同的原理基础上，同样有高度的可重用性。

C++ 标准程序库的组成比我在这里所描述的多得多。在能够有效运用这个程序库之前，你必须进行更多的学习——比我这份摘要多得多。在你能够写出与 STL 兼容的 templates 之前，你必须对 STL 核心所奉行的那套惯例进行更多的学习。C++ 标准程序库远比 C 函数库丰富许多，但花费在它身上的学习时间绝对值得（见条款 E49）。此外，这个程序库的设计原理——一般性、可扩充性、可定制性、高效率、可重复运用性——都值得你学习。学习 C++ 标准程序库，不仅可以增加你的知识，知道如何将包装完整的组件运用于自己的软件上面，也可以使你学习如何更有效地运用 C++ 特性，并对如何设计更好的程序库有所体会。

推荐读物

Recommended Reading

可能你对 C++ 相关信息的欲望还未满足。别担心，还有更多——多得是。以下列出我对 C++ 进阶读物的推荐。我想不必特别声明，推荐当然是主观的。不过我愿意再说一次：推荐是主观的，你有选择权。

书籍

C++ 书籍成百成千，新的竞争者以极大的频率加入这场骚动之中。我并未看过所有这些书籍，仔细阅读过的也不是非常多，但我的经验是，其中有的非常好，有的并不理想。

下面开出来的书单是我自己在 C++ 软件开发过程中遇到问题时的咨询对象。其他好书当然也有，但这些是我自己使用过的，所以我可以放心推荐。

从描述“语言本身”的书籍开始，应该是个好起点。除非你非常在乎这些书籍与官方标准文件之间的一些细微差异，否则我建议你阅读它们：

The Annotated C++ Reference Manual, Margaret A. Ellis and Bjarne Stroustrup, Addison-Wesley, 1990, ISBN 0-201-51459-1.

The Design and Evolution of C++, Bjarne Stroustrup, Addison-Wesley, 1994, ISBN 0-201-54330-3.

这两本书涵盖的不只是语言本身的描述，也解释了隐藏在设计之下的基本原理——那是你无法从官方标准文件中获得的东西。*The Annotated C++ Reference Manual* 如今已经不够完整（它出版之后，C++ 又新增了一些语言特性——见条款 35），从某方面说已经过气，但它仍然是语言核心方面（包括 templates 和 exceptions）的最佳参考书籍。*The Annotated C++ Reference Manual* 遗漏的主题，大部分已涵盖于 *The Design and Evolution of C++* 之中，唯独欠缺 Standard Template Library（见条款 35）的讨论。这些书籍都不是学习指南或自修书，它们是参考工具，但如果你不了解这些书籍所谈的东西，实在不能说是真正了解 C++。

至于 C++ 语言及标准程序库方面的一般性参考书籍，没有谁比得上 C++ 语言创造者所写的书：

The C++ Programming Language (Third Edition), Bjarne Stroustrup, Addison-Wesley, 1997, ISBN 0-201-88954-4.

从 C++ 语言诞生伊始，Stroustrup 便涉及其设计、实现、应用及标准化。他知道的恐怕比任何其他人都多。他对 C++ 语言特性的描述，形成了这本密度极高的读物。密度高主要是因为，信息就是那么多。书中与 C++ 标准程序库相关的各章篇幅，提供了 C++ 重要部分的一个良好导入。

如果你即将跨越语言本身，努力思考如何有效运用 C++，可以考虑我的另一本书：

Effective C++, Second Edition: 50 Specific Ways to Improve Your Programs and Designs, Scott Meyers, Addison-Wesley, 1998, ISBN0-201-92488-9.

此书组织风格类似本书，但涵盖不同（可以说是较为基础）的题材。

有一本书的基调和我的 *Effective C++* 差不多，但涵盖主题不同：

C++ Strategies and Tactics, Robert Murray, Addison-Wesley, 1993, ISBN 0-201-56382-7.

Murray 的书在 template 相关设计方面特别着墨，他在这上面"贡献"了两章。另有一章专注于"从 C 的开发迁徙至 C++ 的开发"这个重要题目。我对 reference counting（引用计数，条款 29）的讨论亦是以 *C++ Strategies and Tactics* 的观念为基础。

如果你是那种喜欢从阅读代码的过程中学习程序技术的人，下面这本书适合你：

C++ Programming Style, Tom Cargill, Addison-Wesley, 1992,ISBN 0-201-56365-7.

此书的每一章，一开始都以某些公开发行的 C++ 软件作为例子，示范如何正确进行某些事情。然后 Cargill 开始活体解剖每个程序，找出可能出现麻烦的地点，不良的设计选择，短暂易碎的实现决定，以及根本就错误的动作。然后他重写每一个例子，消除那些缺点。经过他的改造，代码更健壮（robust）、更易维护、更有效率，亦更容易移植，并且仍能解决原先的问题。任何 C++ 程序员，特别是对那些需要检阅别人程序的人，最好能够留心此书带给我们的课题。

C++ Programming Style 所没有讨论的一个主题是 exceptions。Cargill 把他那对语言特性有特异功能的鹰眼摆在以下文章中，该文告诉我们，为什么写出“面对 exception 依然安全（所谓 exception-safe）”的程序，其困难度比大部分程序员所了解的更困难：

“Exception Handling: A False Sense of Security,” *C++ Report*,Volume 6, Number 9, November-December 1994, pages 21-24.

如果你重视 exceptions 的使用，动手之前请先读过上篇文章。

一旦你精通了 C++ 基本面，准备开始收成，你必须让自己熟悉：

Advanced C++: Programming Styles and Idioms, James Coplien, Addison-Wesley, 1992, ISBN 0-201-54855-0.

我常称此书为“the LSD book”（译注：Lysergic Acid Diethylamide 是一种迷幻药），因为它有紫色的封面，而且它会使你的心神膨胀。Coplien 涵盖某些直接而明确的素材，但他真正的焦点在于告诉你如何在 C++ 中做到你以为无法做到的事情。想要将对象构造于另一个对象之上吗？他告诉你怎么做。想要回避强烈类型检验（strong typing）吗？他给你一个方法。想要在程序执行时为 classes 加上数据和函数吗？他为你解释如何进行。大部分时候，你大概只是循着他所叙述的技术前进，尽情地浏览，但有时候这些技术刚好可以提供你手上某个棘手问题的解答。此外，它为我们揭示了 C++ 可以做到什么样的事情。这本书可能令你害怕，可能使你茫然，但是当你读完它，你再也不会像以前一样地看待 C++ 了。

如果你打算设计和实现 C++ 程序库，漏看以下书籍，只能说是有勇无谋：

Designing and Coding Reusable C++, Martin D. Carroll and Margaret A. Ellis, Addison-Wesley, 1995, ISBN 0-201-51284-X.

Carroll 和 Ellis 讨论了程序库设计和实现上的许多实用方向，这些方向常被每个人忽略。好的程序库的特色是小、快、可扩充、容易升级、在 template 实例化时有优雅的表现、威力强大、健壮。没有一个人能够达到上述每一项要求，所以你必须有所取舍。*Designing and Coding Reusable C++*验证这些取舍，并提供现实的忠告，告诉你如何达成你所选择的目标。

不论你写的软件是否应用于科学或工程，你都应该看看这本书：

Scientific and Engineering C++, John J. Barton and Lee R. Nackman, Addison-Wesley, 1994, ISBN 0-201-53393-6.

此书第一部分为 FORTRAN 程序员解释 C++（这可不是件值得羡慕的工作），但是稍后所涵盖的技术几乎适用于任何领域。书中对 templates 的广泛运用，简直像一场革命；这或许是目前为止最先进的应用，我猜一旦你看过这些作者以 templates 完成的奇迹，你再也不会以为所谓 templates 只不过是比 macros 好一点的玩意儿。

压轴的是面向对象软件开发过程的 patterns 训练（见 p123）。这个主题描述于：

Design Patterns: Elements of Reusable Object-Oriented Software, Erich Gamma, Richard Helm, Ralph Johnson, and John Vlissides, Addison-Wesley, 1995, ISBN 0-201-63361-2.

这本书对于 patterns 背后的概念，提供了一份导览。其主要贡献在于对可应用于众多领域的 23 个基本 patterns，加以分类整理。任何人翻阅这份分类目录，几乎一定可以找到一个你曾经于过去某时候自行发明的 pattern。而同时你也几乎一定会发现此书的设计优于你的设计。书中所提的 patterns 名称，几乎已经成为面向对象设计领域的标准词汇。如果不知道这些名称，可能会造成你和你的同事之间沟通上的危机。此书特别重视软件应该如何设计和实现，才能将未来的演化优雅地纳入（见条款 32 和条款 33）。

Design Patterns 也以 CD-ROM 的形式呈现：

Design Patterns CD: Elements of Reusable Object-Oriented Software, Erich Gamma, Richard Helm, Ralph Johnson, and JohnVlissides, Addison-Wesley, 1998, ISBN 0-201-63498-8.

杂志刊物

喜欢 C++ 硬梆梆素材的家伙们，这本刊物大概是你生活中唯一的乐趣：

C++ *Report*, SIGS Publications, New York, NY.

这本刊物做了一个神志清醒的决定，放弃"C++ only"的老根。不过由于持续增加与特定领域和特定系统有关的程序设计主题，并且做得很好，所以即使 C++ 方面的题材偶尔"程度不够深"，整体而言仍然很有价值。

如果你喜欢 C 甚于 C++，或是如果你发现 *C++ Report* 的题材太极端，或许可以在这本刊物中找到一些符合自己口味的文章：

C/C++ Users Journal, Miller Freeman, Inc., Lawrence, KS.

如其名称所示，这本刊物兼含 C 和 C++。其中 C++ 文章对读者程度的要求，比 *C++ Report* 所要求的低。此外，编辑群对于作者的约束很紧，所以刊出的文章相对比较主流。这有助于过滤掉狂暴边缘的某些想法，不过这也限制了你真正看到"锐利"技术的机会。

网络社区（Usenet Newsgroups）

有 3 个 Usenet 讨论群专注于 C++ 这个大主题。一般性的、什么都可以上去的讨论群是 `comp.lang.c++`。这个场所进行全方位交易，从高阶程序技术的细微讨论，到胡说八道似的瞎搅和（谁谁谁喜欢 C++ 啦，谁谁谁讨厌 C++ 啦），再到全世界大学生在此火烧屁股地寻求作业协助，都有！这个讨论群上的内容实在是太多了。除非你有数个小时的自由时间，我想你会运用过滤器来帮你筛出粗糠中的小麦。选一个好点儿的过滤软件吧，粗糠很多呢！

1995 年 11 月，一个有主持人驻守的 `comp.lang.c++` 诞生了。这个名为 `comp.lang.c++.moderated` 的讨论群，也是用于 C++ 及其相关主题的一般讨论，但主持人会删除特定平台上的问题和见解、在线常见问答集（on-line FAQ，Frequently

Asked Questions）已涵盖的问题、口水战（不管是为了什么），以及大部分 C++ 程序开发者不太感兴趣的话题。

一个范围更窄的讨论群是 `comp.std.c++`，它专注于 C++ 标准规格的讨论。语言方面的专家多出没于此讨论群中。如果你那吹毛求疵的 C++ 问题在其他讨论群上一直没有人回答，或回答得不令你满意，这里是发问的好地方。这个讨论群有主持人，所以“信号/噪声”比率相当令人满意；你不会在这里看到任何作业请托。

auto_ptr 实现代码

条款 9、条款 10、条款 26、条款 31 和条款 32 都证明了 auto_ptr template 具有非常值得注意的功能。不幸的是，极少编译器搭配有正确的 auto_ptr 产品[11]。条款 9 和条款 28 大致描述了自行撰写 auto_ptr 的方法，但当我们着手真实世界中的项目时，最好是能够拥有更实际的东西。

下面列出两份 auto_ptr 作品。第一份作品对 class 的接口有注释说明，并将所有 member functions 实现于 class 定义区外。第二份作品则是在 class 定义区内实现每一个 member function。以风格而言，第二份作品比第一份作品拙劣，因为它没有将 class 的接口和实现分离开来。不过，由于 auto_ptr 只是生产出简单的 classes，所以第二份作品或许反而让人看起来一目了然。

下面是 auto_ptr 及其接口说明：

```
template<class T>
class auto_ptr {
public:
  explicit auto_ptr(T *p = 0);      // 关于“explicit”，见条款 5。

  template<class U>                // copy constructor member template
  auto_ptr(auto_ptr<U>& rhs); // （见条款 28）：以任何兼容的 auto_ptr
                                   // 作为一个新的 auto_ptr 的初值。
  ~auto_ptr();

  template<class U>          // assignment operator member template
  auto_ptr<T>&               // （见条款 28）：以任何兼容的 auto_ptr
  operator=(auto_ptr<U>& rhs);    // 作为赋值动作的右端。
```

---

11 这主要是因为 auto_ptr 的规格一直变来变去。1997 年 11 月才终于确认了最后一份规格。细节请参考本书 WWW 网站的 auto_ptr 相关信息。注意，本处所列的 auto_ptr 未含官方版本中的某些细节，例如 auto_ptr 应该置于 std namespace（见条款 35）内、其 member functions 保证不抛出 exceptions 等等。

```
  T& operator*() const;              // 见条款 28。
  T* operator->() const;             // 见条款 28。

  T* get() const;                    // 返回 dumb pointer。

  T* release();                      // 撤回 dumb pointer 的拥有权
                                     // 并返回其值。

  void reset(T *p = 0);              // 将拥有的指针删除;
                                     // 并承担 p 的拥有权。
private:
  T *pointee;
template<class U>                    // 让所有的 auto_ptr classes 都
friend class auto_ptr<U>;            // 成为另一个 auto_ptr 的 friends
};

template<class T>
inline auto_ptr<T>::auto_ptr(T *p)
: pointee(p)
{}

template<class T>
  template <class U>                 // 译注：原书 CD 版少此行。
  inline auto_ptr<T>::auto_ptr(auto_ptr<U>& rhs)
  : pointee(rhs.release())
  {}

template<class T>
inline auto_ptr<T>::~auto_ptr()
{ delete pointee; }

template<class T>
  template<class U>
  inline auto_ptr<T>& auto_ptr<T>::operator=(auto_ptr<U>& rhs)
  {
    if (this != &rhs) reset(rhs.release());
    return *this;
  }

template<class T>
inline T& auto_ptr<T>::operator*() const
{ return *pointee; }

template<class T>
inline T* auto_ptr<T>::operator->() const
{ return pointee; }

template<class T>
inline T* auto_ptr<T>::get() const
{ return pointee; }
```

```
template<class T>
inline T* auto_ptr<T>::release()
{
  T *oldPointee = pointee;
  pointee = 0;
  return oldPointee;
}

template<class T>
inline void auto_ptr<T>::reset(T *p)
{
  if (pointee != p) {
    delete pointee;
    pointee = p;
  }
}
```

下面这个 auto_ptr 把所有的函数都定义在 class 定义区内：

```
template<class T>
class auto_ptr {
public:
  explicit auto_ptr(T *p = 0): pointee(p) {}

  template<class U>
  auto_ptr(auto_ptr<U>& rhs): pointee(rhs.release()) {}

  ~auto_ptr() { delete pointee; }

  template<class U>
  auto_ptr<T>& operator=(auto_ptr<U>& rhs)
  {
    if (this != &rhs) reset(rhs.release());
    return *this;
  }

  T& operator*() const { return *pointee; }
  T* operator->() const { return pointee; }

  T* get() const { return pointee; }
  T* release()
  {
    T *oldPointee = pointee;
    pointee = 0;
    return oldPointee;
  }

  void reset(T *p = 0)
  {
    if (pointee != p) {
      delete pointee;
      pointee = p;
    }
  }
```

```
  private:
    T *pointee;

  template<class U> friend class auto_ptr<U>;
};
```

如果你的编译器尚未支持关键词 `explicit`，你可以利用 `#define` 将它自以上代码中移除（尚称安全）：

```
#define explicit
```

这并不会使我们的 `auto_ptr` 失去任何功能，但是会流失一点点安全性。细节请见条款 5。

如果你的编译器尚未支持 member templates，你可以使用条款 28 所描述的 non-template `auto_ptr` copy constructor 和 assignment operator。这会使你的 `auto_ptrs` 使用上没那么方便，但是再没有其他方法可以近似 member templates 的行为了。如果 member templates（或其他语言性质）对你非常重要，请让你的编译器厂商知道。愈多客户要求新的语言特性，厂商们就会愈快提供它们。

索引（一）

General Index

这份索引范围涵盖本书的所有内容，但不包括我用来作为样例的 classes, functions 和 templates。如果你想参考任何一个特定的 classes，functions 或 templates 样例，请查阅 313 页的索引（二）。至于 C++ 标准链接库中的 classes，functions 和 templates（例如 string，auto_ptr，list，vector 等等），请查阅本份索引。

大部分时候，操作符（operators）都条列于 *operator* 栏。也就是说 operator<< 列于 operator<< 栏目下而非 << 栏目下，依此类推。不过如果操作符的名称是字词（words）或类字词（word-like），例如 new, delete, sizeof, const_cast，等等，它们会被我列在适当字词栏目，如 new, delete, sizeof, const_cast，等等。

样例中凡用到较新或较少为人所知的语言特性，皆被我列于 *example uses* 栏目下。

译注：本索引完全依照英文版制作，未加任何增减修改。由于中文版页次与英文版页次相同，且专用术语时时中英并陈，故直接采用英文版索引，效果尚称良好。事实上由于英文索引之语言结构关系，欲在保持原索引结构精准度的原则下译为中文，亦不可得。窃以为本书之读者应能够（并乐意）接受英文索引。

请注意：

（1）虽说中文版页次与英文版页次相同，但每页头尾若非恰为分段点，便可能与英文版之文字排列布局稍有差异（中英语文结构差异之故）。使用本份索引时请注意此点。

（2）英文版致谢（Acknowledgments）部分，中文版略而未译。本索引出现之 xi~xv 页码，为原致谢文内之人名、书名或相关字词。

（3）中文版之目录，中英并陈，篇幅多于原书目录。因恰在书籍最前端，故不影响本份索引。

Before A

D

F

G

K

L

M

N

O

P

W

Y

索引(二)

Index of Example Classes, Functions, and Templates

Classes and Class Templates

Functions and Function Templates

"传世经典书丛"之翻译版

传承大师智慧 领悟技术本真

经典名著 翻译良品 典藏不二之选

“传世经典书丛”——致读者

感谢您选择本丛书，相信您会从书中获得难忘的阅读体验，或是拨云见日，醍醐灌顶；或是相见恨晚，如获至宝。“独乐乐不如众乐乐”，我们为本套丛书专门定制了网站(www.broadview.com.cn/classic)，力图以此为契机，打造一个外版经典图书交流平台。您可以通过这个平台与志同道合的朋友交流读书心得，切磋编程技艺，也可以向我们推荐国外大师著作；或是毛遂自荐，亲自参与图书的翻译或原创工作。您既是我们的读者，也可以成为我们的作(译)者。

北京博文视点(www.broadview.com.cn)资讯有限公司成立于2003年，是工业和信息化部直属的中央一级科技与教育出版社——电子工业出版社(PHEI)下属旗舰级子公司，已走过了七年的开拓、探索和成长之路。

我们以开发IT类图书选题为主业，以传播完美知识为己任，年组织策划图书达300个品种，并开展相关信息和知识增值服务。

我们将专业眼光面向专业领域，用诚挚之心奉献精品佳作，创建了完备的知识服务体系、形成了独特的竞争优势，打造了IT图书领域的高端品牌。

我们始终保持着励精图治、兢兢业业的专业精神，打造了一支团结一心的专业队伍、赢得了众多才华横溢的作者朋友和肝胆相照的合作伙伴。

我们愿与所有曾经帮助、关心过我们的朋友、作者、合作伙伴携手奋斗。未来之路，不可限量！

欢迎投稿：zhangcy@phei.com.cn

地址：北京市万寿路173信箱博文视点 邮编：100036

总机：010-88254356 传真：010-88254356-802

反侵权盗版声明

电子工业出版社依法对本作品享有专有出版权。任何未经权利人书面许可，复制、销售或通过信息网络传播本作品的行为；歪曲、篡改、剽窃本作品的行为，均违反《中华人民共和国著作权法》，其行为人应承担相应的民事责任和行政责任，构成犯罪的，将被依法追究刑事责任。

为了维护市场秩序，保护权利人的合法权益，我社将依法查处和打击侵权盗版的单位和个人。欢迎社会各界人士积极举报侵权盗版行为，本社将奖励举报有功人员，并保证举报人的信息不被泄露。

举报电话：（010）88254396；（010）88258888

传　　真：（010）88254397

E-mail:　　dbqq@phei.com.cn

通信地址：北京市万寿路 173 信箱

电子工业出版社总编办公室

邮　　编：100036